ちくま学芸文庫

戦争の起源

石器時代からアレクサンドロスにいたる戦争の古代史

アーサー・フェリル
鈴木主税 石原正毅 訳

筑摩書房

THE ORIGINS OF WAR

From the Stone Age to Alexander the Great

by

Arther Ferrill

Japanese translation rights arranged with
Thames & Hudson Ltd, London
through Japan UNI Agency, Inc., Tokyo

目次

はしがき

古代の戦闘といえば、夢と栄光、流血と蛮行にいろどられた異様なイメージがつきまとう。弓矢が使われ、騎兵は鐙《あぶみ》をつけず、投石器や槍、剣、投げ槍も使われていた。こうしたことがあいまって、古代の戦闘は果てしなく遠い昔のお伽話のような雰囲気につつまれ、現代から見るとまるで場ちがいなものに思われるのである。だが、実際には、古代の戦闘技術は高度な水準に達していたのであり、それが正当に評価されることはめったにない。古代の軍隊が帝国の興廃を決するうえでどのような役割を果たしたかという点にばかり目が注がれているのだ。古代の兵士が鐙をつけず、火薬もなしに戦ったのは事実だけれども、本書のテーマの一つは、さまざまな進歩によって戦術的に統合されたアレクサンドロス大王の軍隊が生みだされ、それによってナポレオン時代までの近代戦の礎石が据えられて、その形が定まったということである。西欧中世の軍隊は、アレクサンドロス軍の攻撃を持ちこたえることができなかったであろう。火薬が導入されたとはいえ、一九世紀半ばに歩兵隊が一般にライフル銃で武装するようになるまで、戦争の態様に起こった変化は驚くほどわずかなものだったのである。アレクサンドロスを賛美していたナポレオンが、アレクサンドロスのごく普通の用兵術を学び、戦場で応用していたなら、フランス軍はワーテルローの戦いに勝っていたであろうということを、私は本書の最終章で具体的に立証してみたい。

二〇世紀の初め、ハンス・デルブリュックは『政治史の枠組みの中での戦争の技術の歴史』の冒頭で、こう述べている。軍事史は、人類の歴史とともに始まるが、軍事史家は、「多少とも確認できる事実が散見されはじめる有史以前の黎明期から」筆を起こすべきではなく、「充分な情報資料が現われはじめ、諸事件について詳細かつ有効な調査が可能になる時期から」始めるべきである、と。デルブリュックにとって、その時期とはペルシア戦争を意味した。彼の見解は、一九〇〇年にはたぶん正しかったであろう。しかし、二〇世紀に、先史時代と古代近東について非常に多くのことが解明されたので、世紀末に近づきつつある現在〔一九八五年〕では、もはやデルブリュックの態度は当を得ていない。しかしながら、デルブリュックの方法は、いまもなお広く応用されている。最近出版され、当然ながら絶賛を博したサー・ジョン・ハケット将軍の著書『職業としての戦争』(一九八三年)も、スパルタ人の戦闘から説き起こしているのだ。

さらにまた、ギリシアの重装歩兵、いわゆる装甲歩兵密集軍をもって軍事史の筆を起こす傾向から、古代軍事史の主な特徴に関して重大な誤解が生じた。アレクサンドロス以前の時代には、二つの独立した軍事的発展の系統があった。その一つは、旧石器時代に始まり、先史時代を経てエジプトとメソポタミアに至り、アッシリアおよびペルシア帝国において絶頂に達した。もう一つは、前七〇〇年頃のギリシアに始まったものであり、ギリシアが古代近東における発展から孤立していたこの時期に、装甲歩兵密集軍が出現したのである。二〇〇〇年のあいだ、この二つの系統は並行して発展したが、相互の交流はなかった。前五世紀初めのペルシア戦争の時期に、両者は行きあたりばったりに接触しはじめた。ギリシアはペルシアから騎兵隊や散兵や軽装歩兵の使い方について多くを学び、ペルシアはギリシアから重装歩兵の使い方を学んだ。そして、ついにフィリッポスとアレクサンドロスが、二つの流れの最良の要素を融合させて、軍事的戦略および戦術を高度の水準に引き上げたのである。その後、ナポレオン時代に至るまで、これに匹敵する水準に達した将軍はまれであり、ましてやそれを乗り越えた者はいっそう微々たるものである。

本書では、概して陸上および海上における戦闘の実相にポイントをおいて、戦争を考察してみた。したがって、ここでは戦争の「原因」あるいはより広範にわたる政治的、経済的、社会的結果についてはほとんど触れていない。それらを考察の対象から除いたのは、原因や結果の歴史的重要性を否定する意図からではなく、本書の目的が戦争の中でもあまり分析の対象とならない、どちらかと言えば純粋に軍事的な側面を解明することにあったからである。

多数の友人、同僚たちにお礼を述べなければならない。フリッツ・リーヴィは、全章を読んで、思慮に富んだ多くの貴重な批評を寄せてくれ、そのおかげで本書をよりよいものにすることができた。ウェストポイントのアメリカ陸軍士官学校のマイケル・バーン大尉についても同じことが言える。キャロル・トマス、ソロモン・カーツ、ジョン・ブリッジマン、マクリン・バーグ、ドナルド・トレッドゴールド、スコット・ライトルは、それぞれ何章かに目を通してくれた。チェスター・スターとトマス・ケリーには、たいへんお世話になった。私が協力を求めると、彼らはいつものように喜んで応じてくれた。最後になったが、キャスリーン・ハリスンは、すばらしい手際で原稿をタイプしてくれた。

戦争の起源——石器時代からアレクサンドロスにいたる戦争の古代史

第一章　先史時代の戦争

戦争とは何か

「戦争には、ほとほとうんざりした。戦争の栄光など、たわごとにすぎない……戦争は地獄だ」

ウィリアム・テカムセ・シャーマン、一八七九年六月一九日

実際、そのとおりである――第二次世界大戦で、朝鮮で、ヴェトナムで傷つき、とりわけ恐ろしい経験をした私の友人たちにとって、その思いは鮮烈であるにちがいない。「私はいまでも、あの馬のいななきをはっきり記憶している」と、ヒトラー軍との戦いに加わったある退役軍人は語っている。ドイツ軍は、第二次世界大戦の当初から馬を使っていたが、戦争が終わりに近づき、燃料が欠乏してくると、大砲を運ぶのにますます馬を頼みと

するようになったのである。死んでいく馬のいななきが戦場に響きわたったのだ。

近代の戦争史をひもとくと、苦痛と悲しみに満ちたきわめて個人的な人間感情にもとづく省察が見られ、そこに暗い色調を与えている。ワーテルローの戦いの数年後、砲兵大尉カヴァリエ・メルシェは、砲手が腕を撃ち砕かれた瞬間にあげたかん高い苦悶の叫びに「心底から」衝撃を受けたことを思い出に書きとめている。[1] ジョン・キーガンの軍事史の傑作、『戦場の素顔』（一九七六年）はワーテルローの「惨事」を描いているが、その中には、鮮烈な現実描写によって感銘を与え、戦争の「いまわしさ」をありありと表現している一節がある。

「およそ二平方マイル以内の空間に広がるのは、さえぎるものとてなく、水もなければ木もなく、人も住まない田園だった。その日の早朝までは、まだ刈られていない農作物が一面をおおいつくしていたのだが、日が暮れる頃、そこに横たわっていたのは、四万人の人間と一万頭の馬であり、その中にはまだ生きていてひどく苦しんでいる者も多かった」[2]

本書では、たびたび古代の戦争をワーテルローの戦いと照らし合わせて検討することになろう。ナポレオンと鉄公爵（ウェリントン）とのあいだにくりひろげられたこの戦闘は、戦争の歴史における大国同士の戦いの中で、アレクサンドロス大王（前三五六年―三二三年）をあてはめて考えてみても場ちがいとならない最後の戦闘であろう。中世初期に鐙《あぶみ》がとりいれられ、中世後期に火薬が使われるようになって、戦闘が実質的にかなり変化したことは確かだが、二〇世紀の読者が想像するほど変わってしまったわけではない。いかにも、ナポレオンはワーテルローで大砲を使ったが、アレクサンドロスの弩砲《どほう》は、射程距離でも破壊力でも大砲にほぼ匹敵する威力を持っていた。ナポレオン軍の兵力は約七万二〇〇〇人であったが、アレクサンドロスはカイバル峠を越えてインドへ侵入したとき、およそ七万五〇〇〇の軍勢を擁していた。ワーテルローの戦いは、実際のところ、前三二六年七月にインドのパンジャブで起こったヒュダスペス川の戦いにくらべて、戦場の規模も狭く、戦術面から見てもスケールの小さい戦闘だったのである。

ワーテルロー以後、クリミア戦争やアメリカの南北戦争の頃になると、技術革新の結果、戦争は古代の将軍たちの想像もおよばないものになってしまった。鉄道や高度に発達した火器のおかげで、ペルシアの征服者、キュロス大王やアレクサンドロスがいかに想像をたくましくしても思いおよばぬほど、機動力と火力が増大したのである。しかし、一八一五年には、ナポレオンにしろウェリントンにしろ、アレクサンドロス以上に遠くまで、あるいは彼よりも迅速に自軍を動かすことができなかったのである。ナポレオンが、軍隊の移動は胃袋次第だと考えていたことは有名だが、その辺はアレクサンドロスも心得ていた。駆逐艦はナポレオン戦争の時代にまでさかのぼるが、その頃には、実際は、ほとんど使われていなかった。それにアレクサンドロス軍の兵站組織は、ナポレオン軍のそれにあまり劣らないほど円滑に、うまく機能していた。(3) 一九世紀初めに現われたマスケット銃について言えば、アレクサンドロス軍の弓や投石器の戦士たちは、貫通力でこそおよばなかったが、より多く発射することができたし（マスケット銃は弾丸を再装塡するのに二秒ほどかかった）、有効射程距離では上まわっていた。ジョン・キーガンがナポレオン時代の狙撃兵の技量について述べているところによると、「五〇ヤードの距離でさえ、マスケット銃兵の大部分は完全に的をはずしていた――このことからして、多くのマスケット銃兵はまったく狙いを定めていなかったか、あるいは少なくとも特定の人間を標的として狙っていなかったという疑いが濃いのである(4)」。

クレシーやアジャンクールで行なわれた中世の戦闘は、アレクサンドロス時代の尺度から見れば、ささいな交戦にすぎない。自慢の長弓によって勝利を収めたイギリス軍も、重装備の歩兵と軽装備の歩兵に騎兵と散兵をバランスよく組み合わせたアレクサンドロスのすばらしい軍隊にかかってはひとたまりもなかったであろう。また、アレクサンドロスは、アジャンクールの戦いで使用された火薬の威力にも、たじろぎはしなかったろう。アレクサンドロスとナポレオンとのあいだには、二〇〇〇年以上も時代のへだたりがあるのだが、軍事技術においては驚くほどの連続性が見られる。この連続性がついに断ち切られたのは、一九世紀および二〇世紀の産業革命の結果にほかならない。

戦争を体験したことのある人びとは、戦争を定義づけようとする学者たちの試みに接して、面白がったり、いらだたしい思いをさせられたりしてきた。戦火をくぐりぬけてきた人にとっては、「戦争は地獄である」と言えばそれで充分なのである。だが、社会的行動の複雑な一類型（この場合は戦争）の起源を探究する歴史家や考古学者は、あいにくそうはいかない。特に、闇に閉ざされた先史時代まで探究の手をのばそうとする本書の場合、満足できる定義、少なくとも有効な定義が必要である。一つだけ確かなことがある――戦争の起源は先史時代にまでさかのぼるということだ。記録に残る歴史の初め、すなわち文明が出現した最初の時期において、メソポタミアやエジプトでは、戦争はすでに人の行動の一つのパターンとして確立されていたのである。

軍事科学においては、定義は周知のとおりの難解なものか、さもなければあきれるほど恣意的なものだということは広く認められている。[5] たとえば、『エンサイクロペディア・ブリタニカ』の最新版には、Warfare（戦争）という項目の名論文があり、「戦略」と「戦術」のように基礎的な軍事用語の区別の問題が実例をあげて説明されているが、これは軍事史の専門家にはとうの昔にわかっていることばかりだ。軽装備旅団の突撃を見て、ボスケ元帥が述べた有名な言葉――C'est magnifique, mais ce n'est pas la guerre（「すばらしい。だが、それは戦争ではない」）――が、問題点を見事なほど明らかにしている。言うまでもなく、戦争をどのように定義しようと、修正や例外や議論の余地が残ることは免れないであろう。

行きすぎた単純化におちいる危険を承知のうえで言わせていただくなら、「組織化された戦争」の最良の定義は、一語で足りる。すなわち陣形がそれである。すべての軍事理論家がこれとまったく同じ言葉を使うとはかぎらないが、基本的な考え方ではだいたい一致している。兵士たちは、陣形を組んで戦場に送り出されるとき、そして指揮官のいない勇士たちの一団としてではなく、司令官ないし指揮官の統率のもとに一体となって行動するとき、「原始的な」戦争から「本当の」、すなわち「組織化された」戦争への境界線（「軍事的水準《ミリタリー・ホライズン》」と呼ばれてきた）を、すでに越えているのである。[6] 原始的な戦争は、待ち伏せ攻撃、宿怨に根ざす争い、偶発的な小戦闘からなるが、組織化された戦争に含まれるのは、エドワード・クリーシーの古典的著作、『世界の行方を決めた一五の戦闘』（一八五一年）でくわしく論じられているような正真正銘の戦闘である。ナポレオン時代に至るまで採用されてきた基本的な陣形は、縦隊、横隊、方陣および円陣である。最後の二つは、基本的に防御陣形である。進軍に際しては縦隊を組み、攻撃にあたっては横隊に展開するのが、武器や軍事技術のいかんにかかわらず、戦争の必須条件である。

ワーテルローの戦いにおける比較的小さな出来事を書きとめた記録の中で、問題点が鮮やかに解明されている。イギリスの竜騎兵第二連隊は、フランスの歩兵連隊に攻撃をかけたが、勝利に目がくらんで軽率にも深追いしすぎた。参謀将校の一人は、こう書いている。

わが連隊の兵士は手に負えなかった。声の届く範囲内にいる全士官は、兵士たちの質、を高めようと最善をつくした。しかし、手も足も出ない敵軍の惨状は、騎兵たちにとってあまりにも大きな誘惑であり、われわれの努力も無駄だった……もし一〇〇人の兵士をしっかりした隊形に組むことができていたら、立派に後退でき、多くの人命を失わずにすんだろう。ところが、わが連隊は、いかなる陣形をも組むことができず、敵の歩兵連隊がわが方の攻撃にたいして無力であったのと同じくらい、敵の攻撃にたいしてなすところがなかったのである。何をなすべきかは、すべての人にわかった……旅団の全損害は、まさにこうした対処の誤りから起こったのである。(7)

ジョン・キーガンも陣形（これは規律を意味する）の重要性を強調しているが、彼が力点を置いたのは、右の例とは反対の側面である。

　あらゆる軍隊の内部にいるのは、そこから逃げ出そうともがいている群衆であり、すべての司令官がつねに最も恐れている——その恐れは、戦いに敗れることや、あるいは兵士の反乱にたいする恐れよりもなお強い——のは、自分の犯す何らかの誤りによって、自分の軍隊が再びもとの群衆と化してしまうことである……多くの軍隊は、もとをただせば群衆であり、最後まで群衆性を失わない……戦術面でも組織的な訓練をまったく受けていなかったため、よく訓練された意志強固で均質な軍隊の攻撃にたいしては、まるで抵抗できなかったのである……群衆からなる軍隊に代わって職業軍人を中核とする軍隊を持つことが、ヨーロッパの歴史において、紆余曲折はあったにしても、最も重要な発展過程の一つとなった。(8)

さて、研究しようとする対象や戦争とは何かについて、少なくともおよその認識を得ることができたので、戦争の起源を探究すべく、文字に残された情報源という歴史家の命綱を断ち切って、先史時代の暗闇と謎の中へ踏みこんでいくことにしよう。

現代科学と先史時代の戦争

組織化された戦争の起源も、縦隊と横隊の展開も、大規模な防御用要塞の使用も、長距離と中距離および短距離の射程を持つ兵器開発の技術も、すべては先史時代までさかのぼって、その発展を跡づけることができる。さまざまなかたちで文明人が戦争の近代化と技術的革新に果たした役割はともかくとして、戦争は文明人の創始になるものではない。とはいえ、やがて見るように、近東やギリシアの古代文明は、新石器時代から受け継いだ武器や戦法に新しい強力な要素をつけ加えた。

奇妙なことだが、現代の考古学者や人類学者たちは、先史時代における戦争行為の変遷にこれまで概して無関心だった[9]。原始時代の戦争に関する現代の諸研究についてある人が述べているように、「人類学者や社会学者をはじめとする社会科学者たちは、その著作の中で、人間の諸関係において大きな役割を演じてきたこの行動類型を理解しようと試みるよりも、おおむね戦争の意義を軽視することをもっぱらとしてきた[10]」。現代の学者たちは、先史時代の社会集団の社会、経済、政治および宗教構造については、かなりの紙幅を費やしてきたが、先史時代の戦争に関する彼らの考察は、その儀式としての意義や、政治的諸制度の形成に果たした役割にポイントが置かれてきた。あるいはまた、彼らは戦争を初期の人口増加の圧力による副産物として、しばしば人口学的観点から眺めてきた[11]。

しかしながら、先史時代の戦争は、原始社会において、農業の発見や原始的都市集落の発展や組織された宗教的諸制度の出現に劣らず、独自の重要な意義を持っていたのである。実際、あとで見るように、新石器革命を多くの意味で特徴づけるのは、人間の戦争遂行能力における爆発的な革命であり、ある地域での原始的都市集落の出現は、少なくとも農業の発見による影響と同じくらいに戦争の影響を受けた結果なのである。それどころか、農作物の栽培は、多くの地方でさまざまの理由から始まったとしても、いくつかの地域では、実際のところ、農業よりもむしろ戦争の結果として、新石器時代初期の集落が形成されるに至ったのである。

最も原始的な形態の戦争は、これら新石器時代の集落よりもなお古く、旧石器時代の初期および中期にまでさかのぼることができる。動物にたち向かう武器として槍や火や石や棍棒が使われていたことは、充分に立証されている。こうした武器は、ときには人間同士の戦いにも使われたにちがいない。もっとも、組織化された戦争と呼べるものがあったという証拠が見られるのは、実のところ、もっぱら旧石器時代後期の遺跡であり、それ以前のものからは、ほとんど出ていない。部族間の確執や反目がときとして暴力沙汰や殺人にまでおよんだことは疑いをいれないところである。原人および初期の人間の骨には、暴力によって死に至ったことをうかがわせるものがあるが、それが戦争の結果なのか、戦争に類似した行動の結果なのかは、どちらとも言い切れない。とはいえ、残された証拠を仔細に検討してみれば、少なくとも旧石器時代の終わり頃には組織化された戦争が起こるようになったことがわかるだろう。

アウストラロピテクス猿人

「人間は捕食動物であり、その自然的本能は武器によって殺すことである」

ロバート・アードリー

『アフリカ創世記——殺戮と闘争の人類史』、三一六ページ最近の一世代のあいだに、原始時代に人間と似た生きもの（ときに「先行人類」と呼ばれることもある）が存在したことを示す驚くべき痕跡がアフリカで新たに発見された。[12]一九七五年までに、考古学者や自然人類学者たちはアウストラロピテクス猿人の頭蓋骨を四〇個ほど発掘したが、彼らの主張するところによれば、それは人間の進化、発展の最初の時期、すなわちおよそ五〇〇万年前から一〇〇万年前にかけての時期に、三つとは言わぬまでも少なくとも人類に似た二つの種類の動物が存在したことを証明しているという。これらの発見によって大きな論争が起こったが、中でも最も激しい論争は、生物学的にみて人間の祖先とみられる初期の動物がどうやら攻撃的な性格を持っていたらしいということをめぐってであった。人間は、そもそもの初めから生物学的に好戦的な動物として生まれついたのであろうか。

なるほど、実際には、アウストラロピテクス猿人の骨が発見される前から論争はあった。しばしば引用される「卑劣で残忍で短気な」原始人の生活に関するホッブズの描写にたいして、ルソーは文明の害悪に毒されていない高貴な野蛮人の生活を魅力的に描きだしている。二〇世紀の初め、ウィリアム・ジェームズは、趣旨としては平和主義を主張するエッセイの中で、「歴史は血の洗礼であり」、人間の好戦的衝動には遺伝的に受け継がれてきた要素があると主張した。

原始人は狩人であり、近隣の部族を襲って男を殺し、村を略奪して女を手に入れるのは、きわめて刺激に満ちているだけでなく、大いに実入りのよい生計手段でもあった。こうして、より好戦的な部族が生き残り、族長の場合も民衆の場合も純粋な好戦性と栄誉欲がもっと根強い略奪欲と結びついていったのである……現代人は、生得の好戦性と名誉欲を、すべて祖先から受け継いでいるのだ[13]。

ジークムント・フロイトは、『文明への不満』(一九三〇年)およびアルベルト・アインシュタインあての有名な手紙の中で、人間の「攻撃欲は本能的な資質の一つと見なされるべきです……」と述べている。フロイトはアインシュタインへの手紙の中でこう語っている。

あなたは、人間がひどく戦争熱にうかされやすいことに驚き、人間には激しい憎悪と破壊の本能があって、そのためにそうした刺激に反応しやすいのではないかと推測しておられます。私もまったく同感です。私は、こうした本能が存在することを信じており、最近、その発現形態の研究に力を注いでおりますが……この問題に関連して観察したことから得た結論は、人類の攻撃的傾向を抑えることはできそうもないということです[14]。

こうした見解は、多くの場合、平和主義者の感情をひどく傷つけた。マーガレット・ミードも論争に加わり、「戦争はつくりだされたものにすぎず、生物学的必然ではない」[15]と題するエッセイを発表した。

一九二四年にレイモンド・ダートがアウストラロピテクス（「南の猿」の意）を発見し、つづいてその意義を明らかにするにおよんで、論争はさらに大きく発展した。一九五三年に発表された論文、「捕食動物としての猿から人間への推移」の中で、ダートは、アウストラロピテクス猿人は肉食性で、食人種であり、武装して狩りをしていたと、物議をかもしそうなかなりどぎつい自説を展開している。[16]ダートによると、アウストラロピテクス猿人の小さな脳（およそ四〇〇―五〇〇立方センチ）は……

彼らが人類出現当時の怪力無双のサムソン的段階にあって、粗野で雑食性の食人種であり、骨製の棍棒を振りまわして敵の顎骨を打ち砕いていたことを立証してあまりあるものだ……人間の唾棄すべき残酷さは、他の動物と区別する必然的な特徴の一つとなっており、それは人間が元来は肉食であり食人種であったことを考えに入れて初めて説明できるのである……。

後年の著書、『ミッシング・リンクの謎――人類の起源をさぐる』（一九五九年）の中で、ダートはアウストラロピテクス猿人の顎を分析し、それが「正面から猛烈な打撃を加えられて陥没しており、しかも顎のちょうど左側にたいへんな正確さで命中している」と断定した。彼の確信するところによれば、武器はアンテロープ（レイヨウ）の上腕骨であった。彼の見るところ、アウストラロピテクス猿人はまったくたちの悪い生物であった。「彼らは殺人者であり、肉を求める狩人であった。愛用の武器は骨製の棍棒で、通常はアンテロープの大腿骨か上腕骨でできていた⒄」

思うに、ダートが提起した人間の遺伝的な殺戮衝動の問題も、彼を熱烈に信奉したロバート・アードリーがいなかったら、学問的な著作や専門誌で取り上げられるだけで大きく脚光を浴びることはなかったかもしれない。アードリーはこの二五年間に、この問題に関して『アフリカ創世記――殺戮と闘争の人類史⒅』（一九六一年）をはじめ、いくつかの通俗的な著作をあらわしている。コンラート・ローレンツの『攻撃――悪の自然誌⒆』（一九六六年）の重要性も見逃してはならない。ローレンツは、動物の行動についての初期の著作でノーベル賞を受けており、人間における動物的な攻撃性に関する彼の見解は、権威のあるものとして尊重された。しかし、当然のことながら、こうした見解にたいしては反論があらわれた。アシュリー・モンタギューの『暴力の起源――人はどこまで攻撃的か』（一九七六年）やリチャード・E・リーキーの『オリジン――人はどこから来てどこへ行くか』（一九七九年）は、その典型的なものである[20]。彼らは、アウストラロピテクス猿人における攻撃性についてのダートの見解を裏づける証拠が、控え目に言っても薄弱であることをはっきりと論証したが、さらに議論を進めて正反対の見解を主張するに至った。原始人は概して穏やかで協力的であったというのである。すなわち、「客観的な評価をもってすれば、人間の過去が比較的平和なものだったことを示す証拠のほうが多いと認めなければならないのは確かである[21]」。

だが、実際には、どちらの説を立証するにも、証拠があまりにも乏しいのだ。たぶん、時代が進み、新たな発見によって原始人の生活がよりよく理解されるようになるにつれて、先史時代研究家はアウストラロピテクス猿人の社会の一定の特徴について、ある程度筋の通った正確な構図を描き直すことができるのだろう。現在はまだ、そんなことはまったく不可能である。時代が下って過去一〇〇万年以内のことになっても、確実さがそれほど急速に増すわけではない。ホモ・エレクトゥス（ジャワ原人および北京原人）は、おそらく六〇万年前から四〇万年前にかけて生存したと思われるが、その実像は幻のようにはっきりしないのである。コンラート・ローレンツによれば、北京原人は「火を保存する方法を知り、自分の仲間を殺してその肉を焼くのに火を用いたプロメテウスであった。恒常的に火を使っていたことを示す最も古い遺跡のそばに、シナントロプス・ペキネンシス（北京原人）そのものの、切断されて火あぶりにされた骨がころがっている[22]」。この見解は、多くの教科書では、これほど生々しく描かれていないとはいえ、既定の事実と見なされている。ところが、実は、周口店で発見されたすべての人骨およびその断片のうち、火であぶられたことを示す証拠があるのは、たった一つの破片だけであり、その一つにしても、本当に火であぶられたものかどうかは疑問があるのだ㉓。

それでも、北京原人が巧みに動物を殺したことは疑いをいれないし、火を使うことを知っていたのも事実である。周口店の遺跡からは、約三〇メートルという大きさの埋蔵物が出ており、その中には、マンモスやサイなど多くの大きな動物の骨が含まれている㉔。こんな獣を殺すには、それだけで相当な技術が必要であり、木製の槍で殺すのは骨の折れるたいへん危険な仕事だが、北京原人は、明らかに大きな獣を殺す技術を身につけていた。その槍あるいは他の狩猟用武器を、別の人間にたいして向けることが果たしてあったのだろうか。たぶん、あったのだろう。しかし、五〇万年前に組織された北京原人の軍隊が中国の原野を進軍していた姿を思い描くのは、現在手に入る証拠からは、とうていできないことである。

旧石器時代の道具と武器
——アウストラロピテクスからホモ・サピエンス・ネアンデルターレンシスへ

武器と戦争には明らかに密接な相互関係がある。もっとも、理論的には、戦争にかならずしも手の込んだ細工がほどこされた武器が必要だとは言えない。人間は組織的な陣形を組めば素手で相手を殺すことができる。それに、棒きれや石や動物の骨のような、充分に致命的な傷を負わせる威力のある武器が自然から与えられているのだ。けれども、およそ七万年前、最後の氷河期が始まる以前、ネアンデルタール人が広大な地域にわたって住んでいた頃には、戦争のための主要な武器の一つが発見されていた。槍である。槍は二〇世紀に至るまで、銃剣というかたちで引きつづき使われていた[25]。それは投げ槍としても使えた。木製の槍あるいは投げ槍は、鋭利に削られ、先端がほとんど針のようにとがっていたので、喉や胸や腹に向かって使用されれば恐ろしい武器となった。いわゆる先史時代の道具や狩猟用武器が、いやしくも人間に向かって使用されたと断定できる証拠は、実のところ、旧石器時代の最後期以前にはまったく見当たらない。オルドヴァイ峡谷から発掘された手製の石斧や周口店から出たもっと精巧な石斧は、明らかに殺人の目的でつくられたものではない。棍棒か動物の骨で頭部に打撃を加えたほうが効果的だったと思われるからだ。

実際、石斧（および、のちに改良された手斧）は、著名な大家の言葉をかりれば、「石器時代初期のアフリカ、西ヨーロッパおよび南アジアの狩猟民が使っていたものの中でも最も重要な道具であった[26]」。それは、事実上、軍事的目的には使われなかった。火打ち石か石英を強く打ちつけて、鋭利な石の薄片をつくれることに気づくとともに、人間はものを切るための刀を手に入れたが、これもおそらくすぐには戦闘に使われなかったことだろう。棍棒と槍と投石が、ネアンデルタール人の時代全体を通じて代表的な短距離、中距離および長距離兵器だったのである。人間同士の戦闘が行なわれたという直接の証拠はほとんどないが、一人のネアンデルタール人の骸骨の骨盤部分には槍で突かれたためにできたと思われる穴が見られる(27)。

洞窟の壁画

旧石器時代後期(前三万五〇〇〇年―一万二〇〇〇年)、すなわちホモ・サピエンスのクロマニョン人が洞窟壁画を残した時代には、人間の攻撃能力に新たな発展が見られた。石や骨でできた槍の穂先は珍しくなかったし、アメリカ大陸で発見された矢投げ器に匹敵する槍投げ器がフランスで見つかっている。槍投げ器によって、実質的に人間の前腕の能力が拡大し、槍の射程距離と的中度と貫通力が増したのである。

しかし、洞窟壁画には、戦闘が行なわれたことや武器技術の進歩をうかがわせる証拠はほとんど見られない。動物を描いた絵が数千点もあるが、概して牧歌的で平和な光景ばかりである。人間を描いたものらしく思われるのは――その姿態の描写がひどく粗雑なので、本当に人間かどうかははっきりしないが――全部で一三〇点ほどにすぎず、そのうち数人

(ひょっとしたら人間かもしれないという意味で「擬人」と呼ばれることもある)は、傷を受けて死んだか、死に瀕しているように見える。とはいえ、擬人を扱った一三〇点のうちのほとんどは、平和な光景を描いたものである。(28)

洞窟壁画の研究者の中には、弓矢が使われていたことを証明する絵があるとする者もいるが、仔細に検討してみると、それはひいき目に見ても決定的な証拠とは言えないようだ。洞窟壁画を描いた人びとは、おそらく弓矢を知らなかっただろうし、矢のように見える二、三の切り傷は、何か特別の意味を持つシンボル――性的な意味があると主張する権威者もいる――か、それとも無意味な落書きだろう。(29) 旧石器時代のすべての洞窟壁画の中で、矢かもしれないと思われるものが描かれているのが一点だけあるが、弓を描いたものは皆無である。「矢」が多くの人びとの信じているような男性の性的シンボルでないとすれば、槍ないし投げ槍と考えることも同様に可能である。

戦争の起源――亜旧石器時代および新石器時代

前一万二〇〇〇年から八〇〇〇年にかけての亜旧石器時代および前期新石器時代(ひっくるめて中石器時代とも言われる)には、武器技術に革命が起こった。近代以降でこれに匹敵する革命は、火薬、機関車、飛行機、戦車および原子爆弾の発明といった数少ない例が

この旧石器時代の絵（左）は、狩りをしているとき動物に殺された人間を描いたものであろうか。それとも、ひょっとすると、これは槍で殺された人間なのだろうか。旧石器時代の洞窟画には、人間はまったくと言ってよいほど描かれておらず、戦争が行なわれていたことを示す確かな証拠は見当たらない。

クニャックで発見された旧石器時代の絵の一部である、このいわゆる擬人（右）は、本当に人間なのだろうか。そして、槍で突き刺されるか、矢で射ぬかれたのだろうか。旧石器時代の洞窟美術には、弓矢が使われていたことを示す確かな証拠は見られない。

ピレネー山脈のニオーの洞窟壁画に描かれたこの先史時代の野牛は、矢や投げ矢か槍で傷ついたのだろうか。それとも、矢のように見えるシンボルには性的な意味があるのだろうか。専門家の間でも意見が一致していない。

あるにすぎない。圧倒的に強力な四つの新しい武器が出現したのである。これらの武器は(旧石器時代の槍とならんで)、紀元一〇〇〇年以降に至るまで、最も有力な武器として戦争の帰趨を左右した。すなわち、弓、投石器、短刀(あるいは短剣)および鎚矛《つちほこ》がそれである。こうした革命的な新しい武器技術の発達にともなって軍事上の戦術が考えだされるにおよんで、歴史的な尺度から見て初めて本当の意味での戦争が発生したのである。

弓矢がどこで発明されたかはわからないが、おそらく旧石器時代の(最も)遅い時期(前一万二〇〇〇年—一万年)のいつかに出現し、地中海地方を中心に急速に広まったのであろう。[30]新石器時代の洞窟壁画を見ると、弓矢が動物にたいしてだけでなく、人間にも向けられたことは明らかである。[31]弓矢が軍事目的に使われるようになったのは、もっと以前のことにちがいないが、フランスやスペインにある旧石器時代の洞窟壁画に描かれていないのだから、たぶん、それよりは後のことだったのであろう。射撃能力《ファイア・パワー》が飛躍的に伸びた。槍が投擲兵器、すなわち投げ槍として使用されるとき、その飛距離は約五〇ヤードであった。弓矢によって、射程がその二倍になったのである。[32]そのうえ、弓は費用のかからない武器だった——少なくとも新石器時代の単純な弓はそうである。弓は誰にでもつくれたし、ある程度の距離をおいて身を隠せる場所から敵を殺すことができた。一群の人びとが集団的に行動し、指揮に従って発射すれば、大量の矢を次々と放つことができたし、兵士一人で槍よりはるかに多くの矢を持ち運びできた。

戦争の歴史のうえではるかに重要なのは、新石器時代の初めまでに、戦略と戦術が応用されるようになり、計画に従って軍隊が編制されていた証拠があることだ。人間の戦争における戦略と戦術は、旧石器時代の狩猟の複雑なパターンから派生してきたものと一般に考えられているが、これはたぶん正しいだろう。人間の組織された集団が、ほとんどの場合、指揮官の統率のもとに行動していたことは疑いなく、それが大きな動物を崖っぷちに追い込んだり、泥沼に引き込んだりするのに役立ったと考えてよい証拠は少なからずある。[33] 原始社会の狩猟習慣として知られているものが現代まで残っていることからして、右の仮定の正しさは証明されている。

新石器時代の遺跡から証明できる限りで最も確実に言えるのは、縦隊、横隊の展開がすでに行なわれていたことである。ある権威者はこう述べている。

この二つの社会的組織法を利用しない人びとが、まだ軍事的水準に達していないことは、議論の余地がない。彼らの戦闘は、いかに大量の流血を招こうとも、乱闘にすぎず、戦争とは呼べない……横隊は、最も単純な戦術的陣形であり、この社会組織上の特徴なしには、真の意味での戦争は起こりえないのである。[34]

縦隊と横隊の出現は、指揮と組織の存在を意味しており、すでに戦術が考案されている

新石器時代には、すでに弓矢が狩猟で使われていたことは明らかである（スペイン領レヴァント）。

ということにほかならない。別掲の図で、縦隊の指揮官が、自分を部下と区別する目印の頭飾りをつけていることに注意してほしい。また、死刑執行人の横隊が明らかに命令にもとづいて一斉発射している図がある。

初めて現われた甲冑を描いたものかもしれないという意味で興味を引く絵も何枚かある。描かれている弓の射手たちは、衣類ないしさまざまなタイプの防具をつけている。絵で見るかぎり、衣服は肩掛けマントや腰布や膝当てが普通だが、実はそれが胸や生殖器や脚を防護するための革製ないし樹皮製のおおいだという可能性も同じくらいにある。

さらにいっそう興味をそそられるの

ここに見られる新石器時代の弓の射手たちは、「組織化」され、協同して鹿の群れに立ち向かっているようだ。組織的な狩猟の技術は、たぶん先史時代の戦闘でも応用されたであろう。

スペイン領レヴァントで見つかった新石器時代の絵。行進する兵士たちは、弓矢を持っている。指揮官は、特徴のある頭飾りをつけており、後に従う兵士たちとはっきり区別がつく。新石器時代の兵士たちは、行進の際に「縦隊」を組むことを心得ていた。

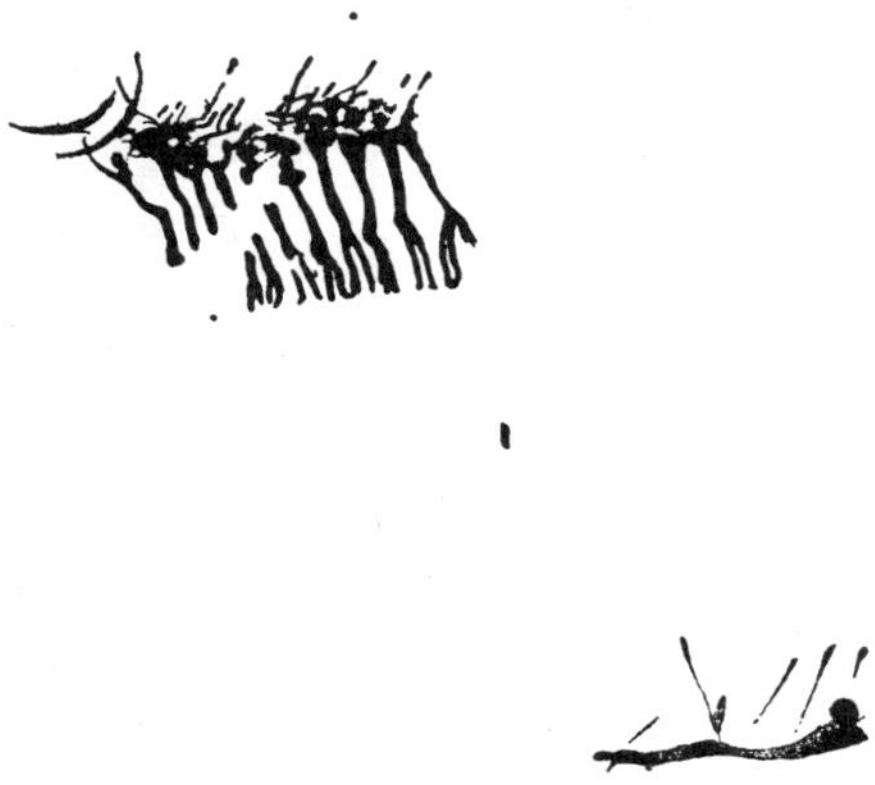

スペイン領レヴァントから出た絵に描かれた新石器時代の処刑場面。弓の射手たちが横一線に並んで、おそらくは命令一下、矢を発射したことがわかる。部隊を縦隊および横隊に展開したことは、初期の組織化された戦争の最も重要な特徴の一つである。

は射手たちの戦闘の図であり、そこでは新石器時代における萌芽的形態の両翼包囲が図解されている。すなわち、一つの横隊が敵の横隊を取り囲み、その両翼を同時に攻撃する作戦である。それは四人対三人の兵士によるきわめて小規模な戦闘であり、その意義を過大評価するのはばかげたことだろう。しかし、この図では、「四人の軍隊」のうち中央の二人の兵士が「三人の軍隊」に向かって正面から進撃し、他方「四人の軍隊」の両翼に位置する他の二人が側面攻撃を加えているように見えるのであり、そうした作戦を図示しているのは確かである。もちろん「戦闘隊形」は現実の姿というよりは、むしろ見せかけのものかもしれないし、作戦というよりも自然の成りゆきでそうなったとも考えられる。けれども、旧石器時代後期および新石器時代の人間が新たな武器を装備して、縦隊および横隊を展開し、側面攻撃作戦を実行していたとすれば、強力な軍隊（「四人の軍隊」ではなく）を戦場に繰り出すことができたはずである。のちに見るように、新石器時代初期の要塞を調べてみると、強力な軍隊が存在したことを裏づける有力な証拠が見られるのである。

原始時代の武器の猛烈な威力のほどを知るには、古代ヌビアのナイル川沿いに広がる墓地の遺跡を見れば充分である。エジプトとスーダンの国境のスーダン側で、ワディ・ハルファの北方二マイル足らずのところにあるジェベル・サハバの墓地である。古代エジプト先史学の専門家たちは、この遺跡を「共同墓地一一七」と呼んでいる。一九六〇年代に発見されたもので、カダン文化（前一万二〇〇〇年―四五〇〇〇年）に属し、おおむね亜旧石器時代のものとされるが、少なくとも細石器が広範に使用されていたことや、実験的に農業が試みられていたことからすれば、新石器時代初期のものかもしれない(35)。

遺跡一一七からは四九の墓が発掘されており、人体の骨格は概して良好な状態で保存されている。発掘に当たった人びとの前に現われたのは、人間が驚くほど凶暴であったことを物語る形跡である。人骨のうち約四〇パーセントについては、同じ墓の中に先の鋭くとがった石片（細石器）が埋められていたが、槍や投げ矢にしては小さすぎるようなので、おそらく矢尻であろう。実のところ、矢尻は四人の男女の骨（数カ所も傷を負っている者もいた）の中に食いこんでいた。そのうち二人の場合、矢尻が頭蓋骨中の蝶形骨の中から発見されており、それは下顎の下から入ったのにちがいない。そのことはおそらく、これらの人びとが負傷して身体がきかなくなって、

新石器時代の戦争。人間同士の戦闘の模様を示す絵は、このスペインの絵を見てもわかるように、新石器時代に始まる。「4人の軍隊」が「3人の軍隊」にたいして、側面攻撃をかけようとしていることに注意してほしい。「包囲」戦が行なわれていたことを示す最古の例かもしれない。

仰向けに倒れ、頭をのけぞらせて苦しんでいるとき、弓矢で喉を射抜かれたことを意味している。

これらの遺骨の主は、戦争で死んだというより、処刑されただけなのかもしれないが、多くの傷の中には、想像するだにぞっとさせられるものもある。墓番号四四の若い成人女子の場合、体内に二一個の石片が入っていた。そのうち三個は、それぞれ下顎の前部と内部とうしろ側から発見されたが、それらは口の中へ射込まれた矢柄についていた穂先などであったにちがいない。どう見ても、この女性は身体中のいたるところに矢を射込まれている。現代人の目から見れば、必要以上に残酷な殺し方かもしれないが、古代ではそれが当たり前だったのである。墓番号二〇および二一の二人の成人男子の場合は、二一番の頭蓋骨の中から石製の器物が二個見つかったのを含めて、それぞれ六カ所および一九カ所の傷があるのがわかった。

共同墓地一一七に葬られた他の六〇パーセントの人びとも、傷がもとで死んだのかもしれない。おそらく、ときには死体から矢を穂先ごと完全に抜きとることもあったろうが、その場合には暴力によって死に至ったことを示す考古学上の証拠はまったく残らないだろう。七体の人骨には腕の骨折が見られるが、これは敵の加える打撃を腕で払いのけようとする際によく起こるものである。こうした骨折は、死ぬ前に治癒しているが、共同墓地一一七に葬られた人びとの生活が危険に満ちていたことを物語っている。この遺跡からは、

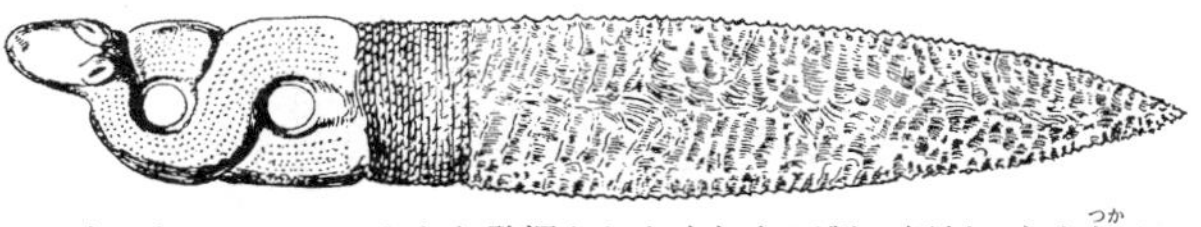

チャタル・ヒュユクから発掘された火打ち石製の短剣のうち柄《つか》が骨製のものは、たぶん「儀式用」兵器だったろう――実戦用にしては立派すぎる――が、柄が木製のものは、間違いなく白兵戦で敵に致命傷を負わせる威力があったはずである。

全部で子ども一一人、成人男子二〇人、成人女子二一人、性別不明の成人七人の人骨が発掘されている。そのうち、男女ともほぼ同じ割合（およそ四五パーセント）の人びとが、明らかに細石器によって殺されており、一一人の子どものうち四人（三六パーセント強）もまた同様の方法で殺されている。この遺跡の発見により、先史時代に戦争があったことが、人骨に残された証拠にもとづいて一般的に立証されたと言えるかもしれない。多くの傷を負った死者は、ただ処刑されたにすぎないとも考えられるが、処刑されたにしては、この集団の中に占める割合が信じられないほど高いところから見ると、戦闘行為の結果死んだ可能性のほうがはるかに大きいのである。組織された戦争だったのか、原始的な待ち伏せや小競合い程度だったのかはわからないが、犠牲者たちにとって、それはどうでもよいことだ。歴史に残る戦闘においてさえ、生き残った人びとは自分たちのまわりで起こったことについて、きわめて漠然とした認識しか持っていないことがしばしばある。ワーテルローの戦いの生き残りの一人の例を思い起こすのだが、彼は翌日、戦闘の話をするように求められてこう言ったものだ。

「誰がそんなことおぼえているものか。一日中、ぬかるみの中で踏みつけにされ、馬を乗りまわす奴らに踏みにじられていたんだからね」[36]。共同墓地一一七に葬られた人びと、少なくとも生き延びて平和に埋葬された人びとも、ほぼ同じことを感じていたかもしれない。しかし、彼らを攻撃したのは、騎兵ではなく、たぶん歩兵だったと思われる。

新石器時代の要塞に話を進める前に、弓と同時に出現した他の攻撃兵器、すなわち短刀や投石器や鎚矛について考えてみよう。この三つの武器は、いずれも前七〇〇〇年頃のアナトリア（小アジア）の遺跡チャタル・ヒュユクから出土している[37]。見事な仕上げの石製の短刀が数振り発掘されており、それらの中には儀式用のものもあるが、明らかに実際使用されたものもあり、その中の一振りは革製の鞘におさめられていた。

新石器時代の主要な長距離兵器の一つに投石器がある。これはひどく軽視されてきたが、初期の単純な弓よりも威力があり、射程距離でも正確さでもまさっていた[38]。聖書に描かれたダビデとゴリアテの物語は、投石器の威力のほどを如実に示している。

ダビデは手を袋に入れて、その中から一つの石を取り、石投げで投げて、ペリシテびとの額を撃ったので、石はその額に突き入り、うつむきに地に倒れた。
こうしてダビデは石投げと石をもってペリシテびとに勝ち、ペリシテびとを撃って、これを殺した。だが、ダビデの手につるぎはなかった……。

現在のトルコ領にあたるチャタル・ヒュユクの新石器時代初期の集落から出土したこの絵（左）を見ると、新石器時代には投石器が使われていたことがわかる。

トラヤヌス帝時代のローマ軍の投石兵（右）は、かなり大きくて重い石を使っており、おそらく甲冑を着けていても骨を砕く威力があったであろう。丈の短い投石器を使うことによって、投石兵は、このトラヤヌスの縦隊に見られるように、密集隊形で戦えるようになった。

（サムエル記上第一七章四九―五〇）

投石器は、チャタル・ヒュユクから出土した新石器時代の美術品の中にも描かれており、アナトリアの他の遺跡からは、投石器用の丸い石が大量に発見されている。新石器時代のアナトリアの多くの集落（ハジュラルはほんの一例にすぎない）からは、弓が使われていたことを示す証拠はまったく出ていないが、住民たちは、粘土を焼いて投石器用の弾丸をつくっていた[39]。さらにのちの歴史時代となると、投石器は地中海地方全域にわたって使われ、世界中の原始社会で見られるようになる[40]。射程は二〇〇ヤードにもおよび、それ以上の距離に達したという話もなくは

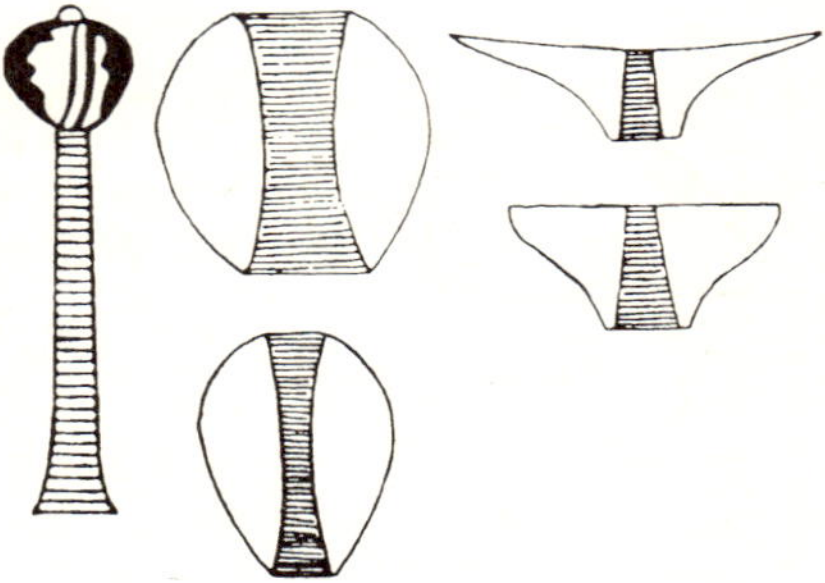

鎚矛には、いろいろな形のものがあった。ここに描かれているのは、リンゴ形、西洋ナシ形および台皿形のものである。柄のついたものはエジプト製である。

ない。クセノフォンが『アナバシス』の中で述べているところによると、ロードス島の投石兵は、ペルシア軍の弓兵を圧倒し、射撃の正確さでもまさっていた。[41] 二〇世紀の初め、マダガスカル島のタナラ族について書いたある学者は、「原住民の手にする投石器は、五〇ヤードの距離だと、小火器と同じくらい物騒な武器である」と述べている。[42] 一九世紀に、スサの近くで、フランスの考古学調査隊が原住民の襲撃を受けたが、「マスケット銃やピストルや槍はお粗末なもので、投石器のほうがはるかに恐ろしかった」[43]という。投石器から放たれるこぶし大の重い石は、頭蓋骨を砕き、腕や肋骨や脚を折るほどの威力がある。さらに時代が下ると、甲冑に身を固めた兵士にたいしてさえ有効だった。

横隊では投石器を使う兵士が場所をとりすぎるので、作戦遂行にあたって投石器は弓ほど役に立たないとしばしば言われる。[44] 投石器で石を放つさい、隣に立っている人に当たらないようにするため、投石兵は弓兵にくらべ、おたがいの間隔を広くとらなければならず、

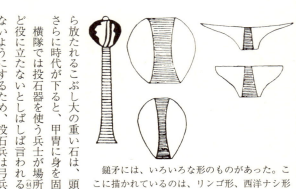

密集した横隊を組むことができないのである。しかし、投石器はかならずしも前後の幅を広くとる必要がないので、ローマのトラヤヌス帝の縦隊は、投石兵を密集陣形に組んでいる。

古代ローマの投石兵については、ウェゲティウスの戦記によって、その姿を多少は知ることができるが、彼らは投石器ですばやく石を放てるように訓練されていた。[45] 共和制時代のローマでは、軍団の中に正規の投石隊があり、他方、弓については同盟軍あるいは傭兵に依存していたことが知られている。[46] 投石器を効果的に使いこなすには、弓の場合より多くの訓練が必要なのは事実だが、古代地中海世界では、一般に信じられているより広範な地域にわたって投石器が使用されていたのである。[47] 新石器時代の単純な弓にたいし、投石器は武器として一歩も譲らなかったけれども、大きな動物の狩猟用には貫通力の大きい矢の方が有効だったかもしれない。矢は出血によって死に至らしめたからである。

木製の柄がついた殴打用の武器——石製の突起のある鎚矛、斧、手斧——も、旧石器時代後期および新石器時代には広く使われるようになった。これらは、旧石器時代の棍棒やハンマーの前身とくらべ技術的に進歩していたものの、弓や投石器ほど重要なものではなかった。しかし、特に金属製の兜《かぶと》が発達する以前には、頭蓋骨に打撃を加えた場合、どれほどの威力を発揮したかは想像に難くない。

新石器時代の要塞

「新石器革命」について書いたとき、V・ゴードン・チャイルドが念頭においていたのは、軍事行動よりもむしろ農業の発見であった。しかし、亜旧石器時代人および前期新石器時代人が、槍、弓、投石器、鎚矛、斧、短刀といった強力な攻撃兵器を開発し、使用していたことは、農業の影響に劣らず、人間の相互関係に劇的かつ重大な変化をもたらしたかもしれないのである。その変化の大きさと先史時代の戦争が持つ総体的な重要性は、東地中海地方全域にわたって、前八〇〇〇年から四〇〇〇年にかけての要塞の遺跡が広がっていることを見ればはっきりとわかる。

世界でも屈指の考古学者の一人で、新石器時代を専門とするジェームズ・メラートがこの一〇年来主張してきたところによれば、農業の発見にともない永続的な集落が形成されて新石器時代の村や町ができ、さらにそれが発展して文明都市となったというチャイルドの説は誤りである。メラートは、旧石器時代に多くの「永続的な」集落があったと指摘している。

後期旧石器時代の遺跡、洞窟、岩陰の避難所や野外の集落の大多数が、この時代の特徴は人びとが目的もなく放浪していたことだとする古い学説にたいして、有力な反証となっている。西ヨーロッパに岩陰の避難所が多数存在していることを思えば、こんな考えはたちまち吹っ飛んでしまう。領土意識や一定範囲にわたって他と区別される文化圏を形成していた点でも、おそらくのちの時代とたいしてちがわなかったろう。農業が、すでに発達過程にあった行動様式を安定化させるのに役立ったのは否定できないにしても、それによって永続的な集落が形成されはじめたわけではないのだ。(48)

さらに、メラートの信ずるところでは、チャイルドは、新石器時代を「都市革命」の先がけ、あるいは近東における文明の出現を予告するものと見た点でも誤っていた。メラートによると、都市の発展は新石器時代初期から始まっているのである。

エリコ、ムレイベット、チャタル・ヒュユク、ベイダ、アリコシュ、テペ・グラン、テル・エス・サワン、エリドゥ、ハジュラル、シアルク、ビブロスのように、独自の基礎の上に経済発展をとげた永続的な集落を、私は都市と見なすのである。これらは、いずれも従属関係にある町や村を持たなかったにしても、それぞれ一つの都市国家の中心と考えてよい。小なりとはいえ、領土を経済的必要に応じて支配していたにちがいないからである……実際、考古学が教えるように、都市は町や村と時を同じくして出現したのであり、農作物の栽培や動物の放牧が行なわれていたことを証明する形跡のうちで最も古いものは、村ではなく、前述のような初期の重要な都市の遺跡から発見されているのだ。(49)

メラートがこれら新石器時代初期の遺跡を都市と呼んだのは、おそらく行きすぎであり、大多数の先史学者の賛成を得られないだろう。(50) そうした遺跡の中には、人口が一〇〇〇人に満たないところもあったのだ。しかし、都市と呼べるかどうかはともかくとして、「初期の遺跡」に注目した点でメラートが正しかったことは疑いない。それらの遺跡を見ると、農業や動物の飼育が行なわれていたことをうかがわせるものがあるのは事実のようだ。だが、彼が他の考古学者たちとともに見落としているのは、それらの遺跡の多くが要塞——かならずしも城壁で囲われていたわけではないが——で防備を固めていたことである。(51)

新石器時代の初めに、近東では組織化された正真正銘の戦争が起こった。この戦争が近東の歴史にたいして持つ意義は、前四世紀のアレクサンドロスによるペルシア征服、紀元七世紀のイスラム教徒の進軍に劣らないほど大きい。初期の新石器時代人は、新たな武器体系に基づく強力な攻撃から自衛するため、要塞を築きはじめた。そうした要塞の遺跡は、まぎれもなく当時の軍事革命の名残をとどめる考古学上の遺物であり、戦争が人類の文化に与えた影響を劇的に示している。地域によっては、さまざまなタイプの大規模な要塞ができたために、農業の発見と動物の飼育が可能になった、あるいはむしろ必要になったと考えられるケースもあるのだ。

新石器革命に戦争が与えた影響を考古学者たちが無視してきたのは、実地調査にたずさわる専門家たちが戦争そのものを人類文化の主要な一面として直接手がけるのを概して嫌ったのに加えて、新石器時代初期の建造物の持つ軍事的性格がかならずしも容易に見てとれるものではなかったことが、一つの理由である。城壁だけが要塞なのではない。新石器時代の多くの遺跡は、民家の集落にすぎないように見えるが、実際には建築上の観点からすると外部からの攻撃にたいする防御を目的に設計されていたのである。

新石器時代の最古の集落の一つとして知られるエリコには、大規模な古典的城壁と塔があり、新しい長距離兵器による攻撃に備えた堡塁がある。(52) 土器出現以前のA群新石器文化を代表するこの集落(前八三五〇年—七三五〇年)は、その周囲に厚さ一〇フィート、高さ一三フィート以上の城壁をめぐらしていた。また直径三三フィート、高さ二八フィートの堅固で巨大な塔があり、その中心に階段があって昇り降りができ、基部にある戸口から出入りするようになっていた。城壁全体はまだ発掘されていないが、おそらく約一〇エーカーの地域の周囲にめぐらされ、総延長は約七六五ヤードに及んでいるであろう。塔はほかにもいくつかあったかもしれない。

この時期のエリコの人口は、たぶん二〇〇〇人ぐらいだったろうが、五〇〇〇人から六〇〇

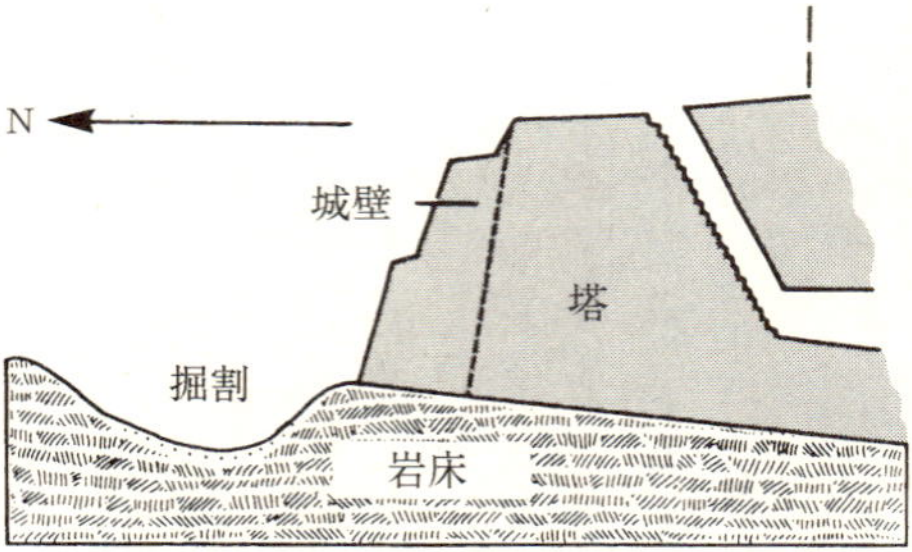

エリコにおける掘割と城壁と塔の断面図。城壁の内側には、土器出現以前の新石器時代を代表する石造の塔があり、その高さは、28 フィートに保たれている。塔の内部には階段があり、中央を通って下へ降りることができる。

〇人の戦闘員がいれば、城壁の周囲に守備兵を一ヤードおきに配置できたろう。[53] 動物が飼育されていたという証拠はないが、エリコの泉によって形成されているオアシス地帯から発掘された新石器時代初期の堆積物からは、（野生というよりも）栽培されたと考えられる籾殻つきの二条大麦やエンマ小麦の残した痕跡、それにヒラマメやイチジクの炭化した種子が発見されている。[54] エリコのオアシス地帯は、そこに定住した狩猟民の共同体にとって、明らかに最高の土地だったのである。大部分の先史学者たちは、農業の導入によって富の蓄積が可能になり、それを守るために城壁を築くことが必要になったのだと思いこんでいる。けれども、城壁が築かれる以前に農業がすでに行なわれていたと言える考古学上の証拠はない。

城壁の築かれたのが先だったと仮定しても、同じように理屈にはかなっているのだ。エリコに人びとが集まり、定住するようになったのは、そこが狩猟に適した土地だったからである。動物は、水の豊富なこの地域に集まってきた。弓や投石器で外部から侵入を企てる者にたいし自衛するために、エリコの住民は大規模な城壁を築き、それによってこの土地と離れがたく結びついていった。その後、農作物の栽培が行なわれるようになったのは、自然の成りゆきだったかもしれない。旧石器時代に小規模な農業の実験が行なわれていたことは広く知られているが、ひとたび防御用の城壁が築かれると、食糧の貯蔵がより容易になり、もっと安心して自分たちの土地で農耕にいそしめるようになった[55]。

軍事的に言えば、城壁のおかげで、鉄壁とは言えないまでも、がっちりと安全が確保された。エリコの住民は自ら弓をとり、食糧と水を蓄えて、城壁から侵入者を撃退することができた。破城槌が採用されたり、城壁の下に坑道を掘る戦術が考え出される以前なら、攻撃側の人数が防御側をいちじるしく上まわらない限り、城壁都市は、壁をよじのぼって来る敵を寄せつけなかったはずである。城壁で固められた集落にたいしては、夜間、城門に奇襲をかけるのが、最も成功率の高い戦術だっただろうが、住民の側はたぶん、つねに夜警を怠らなかったろう。このように大規模な城壁が存在したこと自体、とりわけそれと並んで塔があったことを考慮すれば、軍事技術がかなりの発達をとげていた証拠となる。しかし、それをあまり高度なものと考えすぎてはならない。発掘された塔は、城壁の内側に建てられていて、外部に突出した城壁から離れた位置にあった。そのため、エリコの住民は側面からの攻撃には不利をこうむったが、これは塔の位置を少し変えるだけで是正で

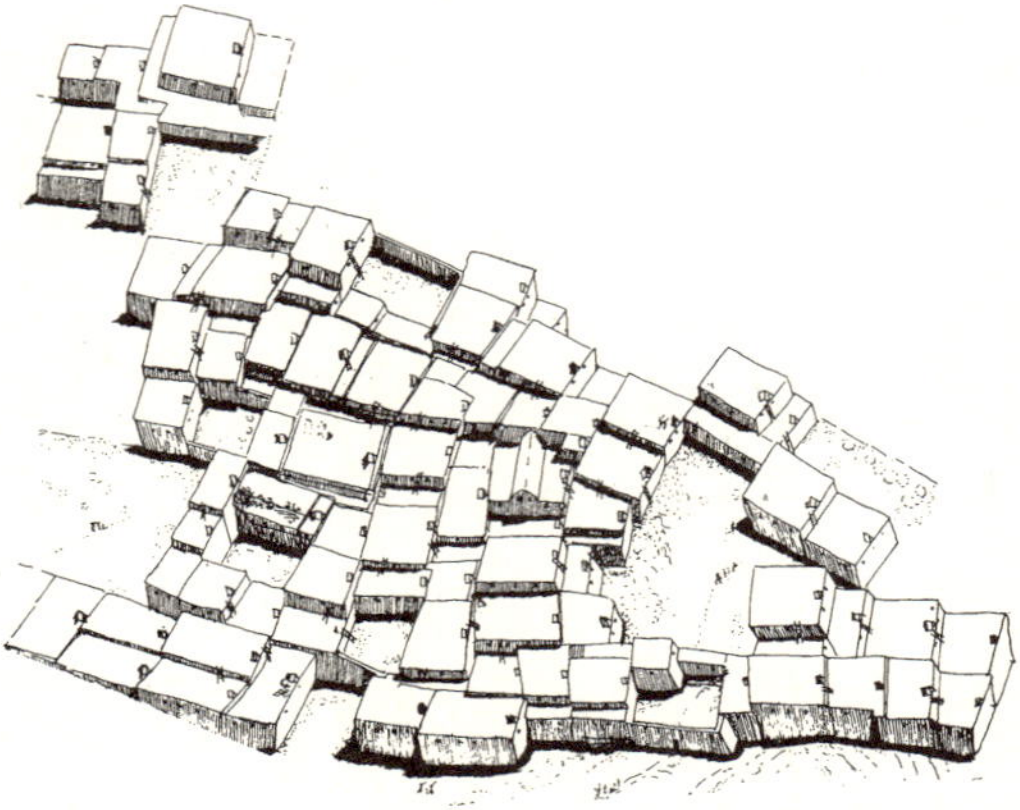

新石器時代に属するチャタル・ヒュユクの防御用土手の南東の一郭を復元した図（メラートによる）。隣接の壁が要塞の役割を果たす仕組みになっていたことがわかる。各戸へは、屋根に設けられた穴から出入りするようになっていた。敵が近づいたときは、たぶん梯子が撤去されたのであろう。

きたはずである。

エリコは、先史学者たちがかつて示唆していたような例外的な存在ではない[56]。新石器時代初期の遺跡で、周囲に城壁をめぐらしていたところや、少なくとも要塞によって防備が固められていたところはほかにもあるのだ。チャタル・ヒュユクは、周囲に堅固な城壁をめぐらしてはいなかったが、要塞化された集落の最良の例である。人口およそ五〇〇〇から六〇〇〇のこの集落では、たがいに連結した家々が標準的な長方形の平面プランにもとづいて建てられ、その周囲には共通の壁がめぐらされていた。おのおのの家へは、屋根に設けられた穴から梯子を使って出入りしたのである。それが建てられたのは前七一〇〇年から六三〇〇年のことだが、その建築様式には明らかに軍事的な意味があった(57)。ある研究家が指摘しているように、「家々を取り囲んだ窓のない壁が、外部にたいして切れ目のない正面の防衛線として有効に機能していたので、町全体を守るために、あらためて城壁を築く必要はなかった。外壁をどこかの地点で、どうにかして破って侵入しえた者も、気がついてみれば、自分が入り込んだのは町の中ではなく、どこかの家の一室だったということになるだろう……(58)」。

チャタル・ヒュユクの建築様式の軍事的性格をわかりやすくはっきりと説明するには、個々の家がばらばらに散在して、防壁をめぐらしていない集落の場合、いかに外部からの攻撃に無力であるかを強調するのがいちばん適切である。こうした集落で、夜になって村民がそれぞれの家に入ってしまい、外に見張りを置かなければ、敵がその地域に潜入したとき、住民の生活は相当な危険にさらされることになる。彼らは、侵入者側に包囲され、それぞれの小屋ないし家に閉じこめられたまま、いっきょに攻め落とされるだろう。ある専門家は、その危険を次のように説明している。

ベーリング島のエスキモーのあいだでは、敵の村に潜伏し、夜まで待って、それからこっそりとそれぞれの家に忍び寄り、家の戸口を外からバリケードで封鎖してしまうという戦法が古くからとられていた。こうして村民は閉じこめられ、侵入者側は煙の排出口からおもむろに矢を射込んで中にいる人びとを殺すことができた。これは、どちらかと言えば単純な方法である。(59)

少なくとも近東(アメリカ大陸の大半についても同じことが言えるが)の新石器時代人はそれほど無知ではなかったことが立証されている。ハジュラルやメルシンでは、チャタル・ヒュユクに見られる棟つづきの建物に加えて、外側に堅固な城壁がめぐらされていた。新石器時代のその他の集落では、チャタル・ヒュユクと同じ防衛戦略を採用しており、もっぱら棟つづきの住居に依拠し、それをもって外部からの攻撃にたいする正面防備としていた。前五〇〇〇年頃のメソポタミア、テル・エス・サワンでは、扶壁で強化された要塞で周囲を固めていた。前四五〇〇年頃までに、防御用構築物の築造技術にはいちじるしい進歩が見られた。カスピ海沿岸低地地方のヤランガチでは、城壁に円塔があって外側に面しており、侵入者に側面攻撃を加えるための拠点となった。

戦争が、先史時代——少なくとも後期旧石器時代以後——の人間の生活を特徴づける大きな要素であったことを立証する証拠は、すでに充分に示されている。石器時代については文字によって書きとめられた記録はないから、英雄や将軍たちについて語ることはできないし、近代の軍事史家がワーテルローの戦いを分析するように戦闘の様子を説明するわけにもいかない。おそらくホメロスの『イーリアス』と『オデュッセイア』によって形象化され不滅の生命を与えられたのと似たような戦士たちが、新石器時代に活躍したのにちがいないが、明らかに新石器時代に属する戦争伝説で歴史時代まで残り、初期文明の文学作品の中に具現された例としては、エリコの城壁の話があるだけである(60)。最古の文明は、先史時代から、発達した武器や攻撃および防御の戦略および戦術、そして領土の観念を遺産として受け継いだ。人間は、文字で考えを表わす方法を知ると、すぐさま戦争について文字による記録を残しはじめたのである。

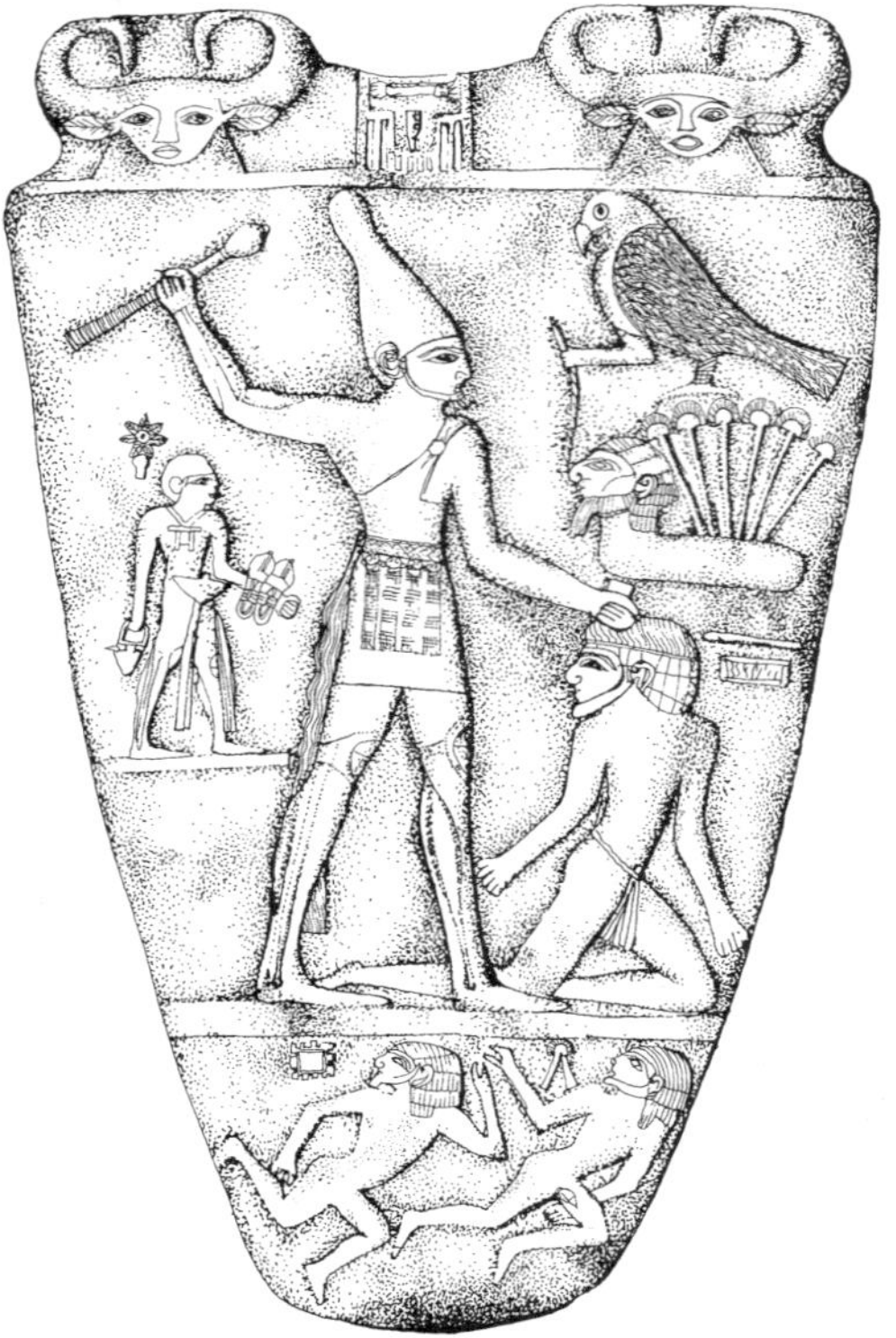

古代エジプトの統一は、戦争を通じてなしとげられた。前 3100 年頃のナルメルの化粧板（裏面）には、新王が鎚矛で敵を血祭りにあげ、鷹の姿をしたホルスにいけにえとして捧げている図が描かれている。パピルス草は下エジプトを表わしている。

第二章　古代近東の戦争

銅石器時代および青銅器時代

古代近東の戦争は、たいていの軍事史家が先史時代の戦争の起源よりいくらか多くの注意を払ってきたとはいえ、いまだにひどくなおざりにされているテーマである[61]。リデル・ハートやJ・F・C・フラーのような現代を代表する軍事史家は、ギリシア・ローマ時代の戦争の研究から少なからぬ創造的刺激を受けたが、それ以前の時代の戦争にはまったく関心を示さなかった[62]。残された証拠、特に文献的証拠に乏しいのは確かである。これまでに出版された著作（最も有名なのは、おそらくイガエル・ヤディンの二巻からなる記念碑的な作品『聖書に描かれた土地での戦闘の技術』［一九六三年］であろう）は、主として考古学的な遺跡研究に基づき、考古学者が遺跡を発掘した結果わかった要塞と武器技術の発達を強調している[63]。

古代近東の戦争について、技術的発達に注意を向けるあまり、その動態、戦略、戦術の移り変わりに無関心だったことから、古代の軍事史の主要な特徴に関して誤解が生じた。前四世紀にアレクサンドロスの侵略にたいし帝国を守ろうとして戦ったペルシア軍が、その横隊の中央にギリシア式の装甲歩兵による密集方陣を配置したことを、歴史家たちはしばしば皮肉をこめて指摘し、古代の近東諸国がギリシア人から重要な軍事的教訓を学びとっていたことを示唆している。だが、それよりもずっと皮肉なことに、アレクサンドロス軍は、ペルシア軍がギリシアに負っていたよりもはるかに大きな恩義を、ペルシアにたいして負っていたのである。包囲攻撃戦法や騎兵隊と散兵は、古代近東の戦争の中で採用されるようになったのであり、古典期のギリシア軍は、そうした面で技術的にひどく立ちおくれていた。古代近東諸国が何世紀にもわたって帝国の広大な領土を支配しつづけ、軍隊を途方もない遠方まで移動させることができたのは、その兵站組織のおかげだった。前七〇〇年から五〇〇年にかけて、ギリシア人は、哲学、文学、美術、政治の面でいちじるしい進歩をとげたが、陸上における戦闘技術を習得するという面ではおくれをとっていた。ペルシアの軍事技術を広範に取り入れるにおよんで初めて（前五〇〇年から三三六年にかけて）、ギリシア世界はバビロニアまで進軍可能な独立の軍隊を戦場に投入しうるようになったのである。(64)

本章でのちに見るとおり、古代における初期の戦闘の展開が無視されてきたのは、古王

ナルメルの化粧板（表面）に描かれているのは、国王が軍旗の下で首のない敵の死体を点検している図である。中央に見える２頭の首の長い動物は、上下２つのエジプトを表わしており、両者は相争おうとするのを抑えられている。底部に見えるのは、ナルメルの雄牛が敵の要塞基地を破壊している図である。

国時代のエジプト（前二六五〇年―二一五〇年）が孤立主義をとり、特異な地形のために常備軍を必要としなかったというエジプト学者らの、おそらく誤解を招きやすい臆断が一つの理由である。しかしながら、日本史の研究者なら誰でも知っているように、防衛のための方策は、攻撃手段に劣らず、本質的に軍国主義的性格を持っており、古王国時代のエジプトのファラオたちが、中王国および新王国時代の後継者たちほど拡張主義的でなかったのは事実だとしても、だからといって、彼らがより平和主義的であったということにはならないのである。(65)

初期エジプト史における一つのきわめて重要な事実は、ナイル川流域に誕生した文明が戦争を通じて形成され、ファラオの王国が軍事力によって維持されていたことである。考古学上の証拠と初期王朝時代の芸術や文献に残された記録によって見れば、軍隊が重要な役割を果たしていたのは確かである。古代史研究者で、前三一〇〇年頃の初代ファラオ、ナルメル（メネス）王の有名なスレート製化粧板のことを知らぬ者はいないほどだが、それにもかかわらず国家としてのエジプトの誕生を描いたこの化粧板について、政治と対比される要素としての軍事的な意味を強調するエジプト学者はほとんどいない。(66)そこに身の毛もよだつほど詳細にわたって描かれているのは、南部からやって来てデルタ地帯を征服し、大虐殺の末にエジプトの二つの王国を統一した新しい支配者の姿である。裏面は、上エジプトの王冠をかぶったナルメルが捕虜の敵兵に時を移さず鎚矛の一撃をお見舞いし、処刑している図である。また、ナルメルを象徴する太陽神ホルスの鷹が、下エジプトのシンボルである六本のパピルス草から突き出す顎鬚のある敵の首につないだ綱をつかんでいる図も描かれている。表面の方は、ナルメルが下エジプトの王冠をいただいて、自軍の旗の下で、自軍が血祭りにあげた敵の、首のない死体を点検している図である。上下両エジプトの統一は、二頭の首の長い動物が相争うのを制止されている図で象徴されている。上部の右側にあるのはナルメルの船であり、両面ともに底部に描かれているのは、要塞遺跡の小さな図である。

この化粧板は、明らかにエジプト史の初期に組織的な戦争が重要な意義を持っていたことを物語っているが、これは実を言えば、こうしたことを明らかにする最古の史料ではない。先王朝時代後期のエジプトの化粧板が残っており、それには、要塞と扶壁で守りを固めた七つの町が包囲され、破城槌によって攻められている図が描かれている。要塞の内側に見られるシンボルによって、おそらくは場所を特定できるのだろうが、いまのところ解読できていない。故アラン・ガードナー卿によれば、動物の姿をかりて描かれた襲撃者たちは「まぎれもなく、連合軍としてともに戦っている諸国を示している」(67)。反対側の面には戦利品――牛、驢馬、雄羊、オリーヴ油（オリーヴの木の小さな森として表現されている）――が示され、攻撃を正当化する役割を果たしている。木立の右側にあるシンボルによって、戦争で略奪されたのはリビアであることがわかる。

要塞の化粧板の反対側には、戦利品——牛、驢馬、雄羊や香木——が描かれている。下部の右側には「投げ槍の国」リビアのシンボルが見える。

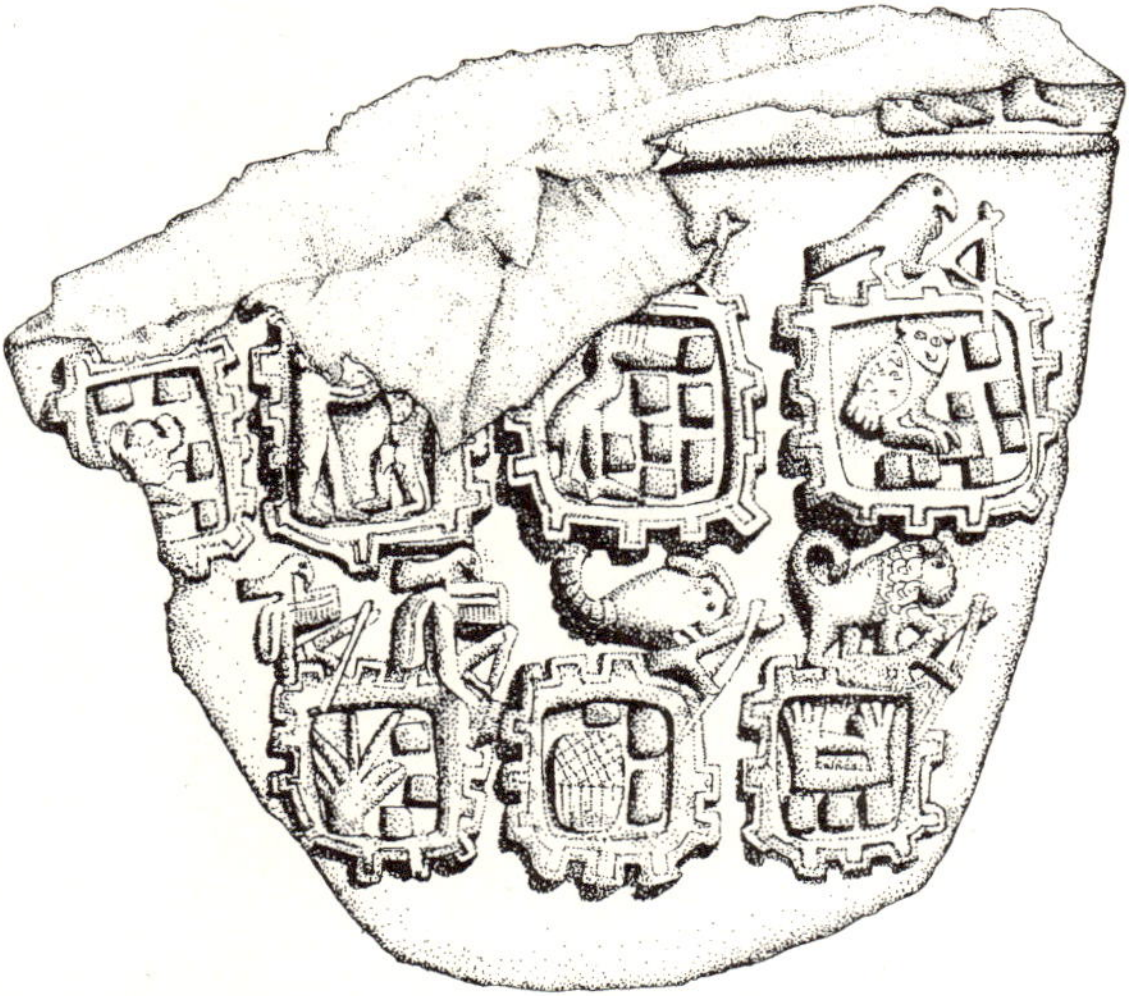

要塞の化粧板（エジプト先王朝時代後期）に描かれている動物は、おそらく同盟軍を表わしており、要塞化された町を包囲している。この化粧板は、エジプトで要塞が構築されていたことを証明する初期の例である。

同様に、メソポタミアでも、早くから軍国主義化が進んでいた証拠があるが、それについては本章の後半で検討することにしよう。はっきりしているのは、文明の誕生とともに、先史時代にはとうてい考えられないほど大きな規模で国民的な大軍隊が動員されるようになった証拠が残っていることだ。こうした発展が可能になったのは、一つには大河の流域での灌漑と耕作によって驚くほど急激に人口が増えたためである。また、国家の起源を生み出したあの複雑な現象の主要な副産物である新たな支配者たちの政治権力と権威も、あずかって力があったことだろう。

こうした初期の軍隊の規模がどれほどのものであったかを示せば、その歴史的意義を具体的に解き明かすのに役立つかもしれない。古王国時代に「何万人もの」軍隊が存在したという記録がある。たいていのエジプト学者はむきになってこの数字を誇張だとしてしりぞけようとしているが、誇張であろうとなかろうと、新王国時代（前一五五〇年―一〇七〇年）には実際に前一三世紀の初めに起こったカデシュの戦いに見られるように、ファラオは二万の軍隊を戦場に投入することができたのである。ヒッタイトは一万七〇〇〇の兵力をもってこれに対抗した。二〇世紀に生きるわれわれは、何百万という軍隊がぶつかりあう戦争に慣れっこになっているので、西欧世界の歴史の大半を通じ、また近代に入ってからもなお、二万の軍隊と言えばきわだって大きな戦力であったという事実を忘れがちである。クレシーの戦い（一三四六年）で、エドワード三世は二万の兵力を展開して勝利を収め、アジャンクールの戦い(一四一五年)では、兵力六〇〇〇から七〇〇〇のイギリス軍が二万五〇〇〇のフランス軍を打ち破った。一七世紀になると、スウェーデン王グスタフ・アドルフがおよそ二万の軍隊によって近代戦に革命的変化をもたらした。ずっと時代が下って、ニューオーリンズの戦い(一八一五年)では、ジャクソン将軍の率いる四〇〇〇のアメリカ兵が、少将エドワード・パケナム卿および九〇〇〇のイギリス兵を撃破した(68)。古代近東の軍隊は、少なくとも規模の点では、のちの時代に重要な役割を果たした多くの軍隊にひけをとらなかった。そして兵站部門(物資などの補給を組織的に行なう機関)が創設されてからは、エジプトとメソポタミアの軍隊は、本拠地から何百マイルも離れた遠方まで出征できるようになった。だが、こうした軍隊が採用した戦略と戦術について考察する前に、人間が金属の使用を知るようになって可能となった新たな兵器技術を検討しなければならない。

金属と兵器

「戦争とは本来、殺戮にほかならないという事実を認めるのはいやなことだ。けれども、それがこの本に書かれている最も単純な真理である」

S・L・A・マーシャル、一九六四年

先史時代のおそらく前六〇〇〇年頃には、少なくともアナトリアで新石器時代人がすでに銅を使おうとしはじめていた。もちろん、進歩は緩慢なものであり、金属の採掘と製錬によって、一般に青銅器時代という名で特色づけられている重要な新技術が生み出されたのは、前三〇〇〇年代に入ってからである。青銅器時代の始まりは、近東に文明が誕生したのとほぼ時を同じくしているが、新時代の主な特徴である金属製の兵器の使用によって、戦争は新石器時代よりもはるかに多くの人命を奪う行為となった。

兵器研究家は通常、攻撃用兵器を火力の強さによって、大ざっぱに長距離、中距離、短距離の三つのカテゴリーに分けてきた。火力という概念は、明らかに古代の兵器にはふさわしくないが、非常に便利なので、歴史的な説明にかぎって便宜的に使わざるをえない[69]。

火力、すなわち殺戮するための攻撃能力が槍の穂先や矢、投げ槍、あるいは剣によって得られるとすれば、たとえ火薬が使われていなくても、火力の強さに基づく用語を古代の戦闘に適用してもよいはずである。兵器を二つのカテゴリー――白兵戦で敵を打ちのめしたり突き刺したりするのに用いる突撃兵器と敵を目がけて射ったり投げたりするための飛翔兵器――に大別する在来のより正確な分類も、いまなお古代の戦闘を論じる場合にときおり使われることがある。本書ではこの新旧の両分類法を適宜使い分けることになろう。(70)

第二次世界大戦の映画で銃剣をかざして突撃する勇壮な場面が見られるけれども、突撃戦――至近距離で直接わたりあう白兵戦――は、現代ではめったに起こらない。ライフル銃、機関銃、火炎放射器、手榴弾といった創意に富む工夫のおかげで、一方の側の弾薬がつきた場合を除いて、突撃兵器はほとんど必要がなくなった。しかし、古代の戦争では、鎚矛あるいは戦斧、槍や剣を手にした人間同士が激突したり、戦車や騎兵隊によって襲撃する突撃戦でしばしば勝敗が決したのである。中・長距離兵器、すなわち投げ槍、矢、投石器や弩砲《どほう》は、戦闘開始の衝突の際に使われるのが普通で、それだけで戦闘の決着がつくことはほとんどなかった。対立する両軍が激突し、接近戦を交えて初めて戦いが終わったのである。また、長距離超強力兵器の昔から変わらぬ魅力に眩惑されて誤った結論を出してはならない。歴史を通じてみると、突撃戦法しか知らない軍隊が、中・長距離兵器に依拠した軍隊を破った例は珍しくないのだ。

人間が金属を使うようになって、突撃兵器の性能が変わった。石の鎚矛は金属製のものとほとんど変わらないほど強力だが、衝撃には弱く、割れやすい。ところが、金属製の戦斧は石よりはるかにすぐれている。硬くてもろい石の性質は、鋭利な刃をつくるのにはまったく向かないが、金属はこのような刃先をつくれるだけでなく、広く多様な形に加工することができたのである。金属製の兜《かぶと》が採用されたことにより、鎚矛が古代の戦場から事実上姿を消し、少なくとも甲冑の材質によっては、それを貫いたり切断したりできる戦斧の方が幅をきかすようになった。エジプトやメソポタミアの遺跡から判断すると、長くて薄手の刃がついていて深く貫通する鋭利な斧が武器として愛用されたようだ。皮肉なことに、青銅器時代の最も重要な新兵器である戦車が出現したのは、金属の使用よりもむしろ車輪の発明の結果だった(71)。戦車が初めて現われたのは、前二〇〇〇年代のメソポタミアであり、ヒクソス王朝によってそれがエジプトに導入されるより一〇〇〇年も前のことだった。初期のメソポタミア人は、戦車を引くのに馬よりも驢馬を用い、最古の車輪は中空でなく、輻《や》がなかった。牽引力を強めるために、車輪のへりにV字形の刻み目が入っているものも時には見られた。前一〇〇〇年代には、馬に引かせた輻《や》つき車輪の戦車が、古代の軍隊の中でも最良の攻撃兵器となっており、基地から戦場への輸送手段としてよりも、主として機動的な射撃台として使われた。これは機動性と安定性を兼ね備えていたが、構造によっては、たとえば四輪戦車のように、安定性が増す代わりにその分だけスピードが落ちた。戦車が活躍した時代（前一七〇〇年―一二〇〇年）の花形だった軽二輪戦車は、スピードは速かったけれども、射撃台としては、やや安定性に欠けたし、一台当たりの射撃能力《ファイア・パワー》も劣っていた。

この時代にはまた、強力な攻撃兵器の複合弓も発達した(72)。複合弓は、木と動物の骨や腱および膠《にかわ》でつくられており、強い弦を必要としたが、訓練された射手が使えば有効射程距離は二五〇―三〇〇ヤードに達した。これは中世イギリスの長弓をしのぐものである。複合弓に加えて、矢尻も新たに金属製のものが使われるようになったため、古代近東の軍隊では、弓兵が歩兵隊の最前線に立つようになった。とはいえ、突撃兵器により接近戦を交える能力こそ、依然として一般に欠かせないものだった。

実際、突撃戦の重要性は、メソポタミアの古代美術を見ればじつによくわかる。そこでは、エジプトの古代美術以上に、槍や矛の役割が明らかにされている。そこに描かれているシュメール人は、戦車に守られながら、のちのギリシアの装甲歩兵による密集方陣のように、突撃用の槍を手にし密集隊形を組んで前進している。穂先が金属製になったため、槍の威力が強化された。機動力（戦車）および防護力（矛兵）に短距離、中距離、長距離兵器（槍、投げ槍、弓）を組み合わせることによって得られる利点は、古代近東では早くから理解されていた。これにくらべ、古典期のギリシア人はそうした可能性になかなか気づかなかったのである。

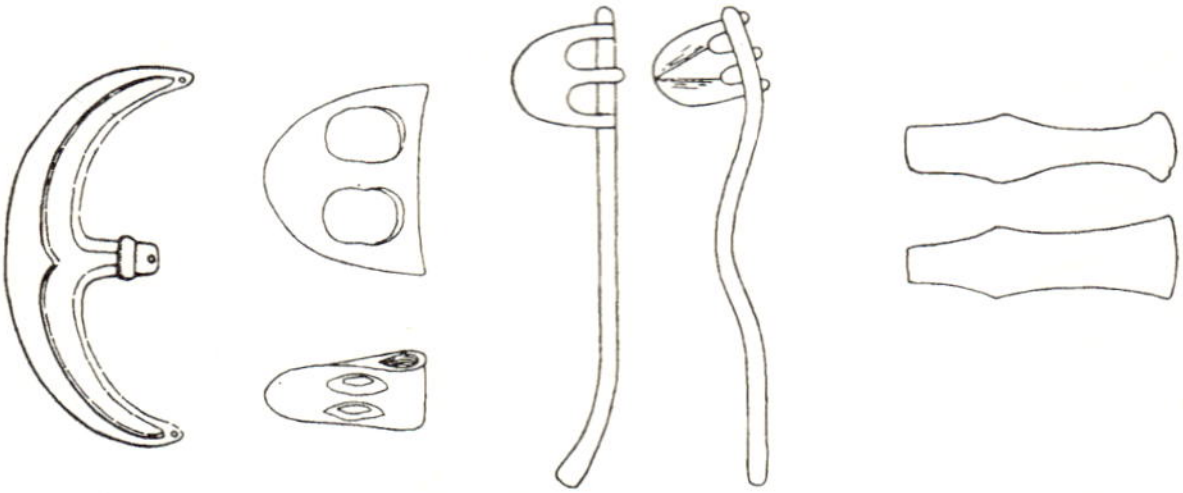

古代近東では、多様な形状の戦斧が出現した。ここに描かれているのは、エプシロン（ε）や眼やカモノハシの形をした斧の頭部、刀身を受け口にはめ込んだ斧、突起のある斧の頭部である。

練習場で訓練を受けるエジプトの弓兵（テーベの新王朝時代の墓から出た絵）は、教師の指導のもとに、複合弓（右）および、より扱いの容易な単純な弓（左）の使い方をならう。エジプト軍では、専門技術の訓練が徹底的に行なわれていた。

驢馬に引かせたシュメール人の軽装備2輪戦車（前2800年頃）。飾り鋲を打ちつけた車輪は、3枚の板でできている。この戦車には兵士が乗っておらず、御者も武装していないようなので、主として命令を伝えるためか、さもなければ儀式用に使われたものにちがいない。テル・アグラブで見つかった銅貨の原型に基づいて描かれた絵。

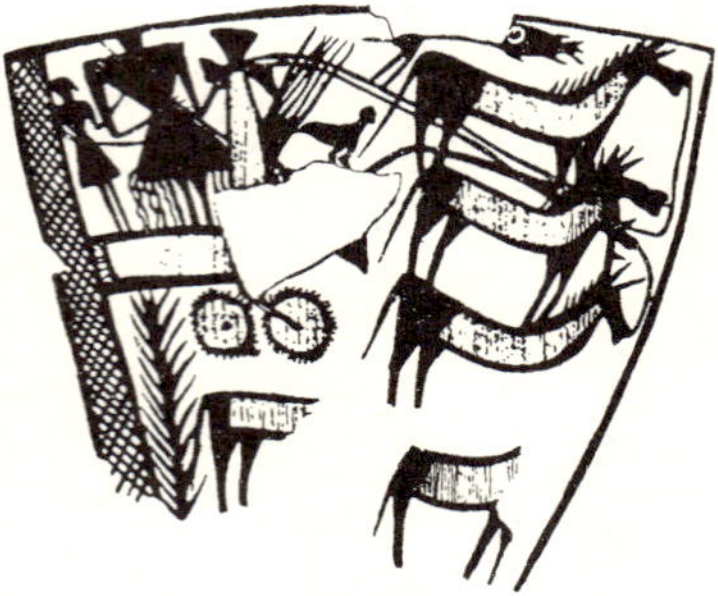

馬に引かせた4輪戦車を意匠とするメソポタミアの花瓶の代表的な例（前2800年頃）。この戦車は2人乗りである。

すでに見たように、先史時代に個々の兵士の身体を防護するためのさまざまな甲冑があったことは疑いないが、青銅器時代にはこの面の軍事技術に長足の進歩が見られた。種々の意匠と構造を持つ楯のほかに、金属製の小札鎧《こざねよろい》（鎖鎧）が加わったことにより、恐ろしい新兵器にたいして、少なくともある程度は身を守れるようになった。青銅器時代には円形から8の字形まで、敵の使用する武器によっても使い分けるため、ありとあらゆる種類の楯が出現した。新しい殺傷用の攻撃兵器の登場に対応して、兜の様式はいろいろと変化したが、おそらく暑い気候のためであろう、古代近東では顔の全面をおおう兜は見られなかったようである。

新しい技術の展開を概観するに当たって、特に触れておかなければならない攻撃兵器がもう一つある。金属の使用により戦闘用の刀剣がつくれるようになり、近東周辺に急速に広く普及したことである。新石器時代に石製の短剣が見られたが、石は概してもろく、長い剣をつくるのには向かなかった。とはいえ、石製の刀剣で今日まで残っている例もある。

前 2000 年代の「ウルの軍旗」に描かれた一情景からは、矛を持ち甲冑を身につけて整列するシュメールの歩兵の様子がうかがわれる。弓は、初期のメソポタミアでは、エジプトで使われていたほどには一般に普及していなかった。4 輪戦車に乗っている兵士でさえ矛ないし投げ槍を使っていた。車輪は、2 枚の厚板を締め金で固定したものでできていることに注意してほしい。

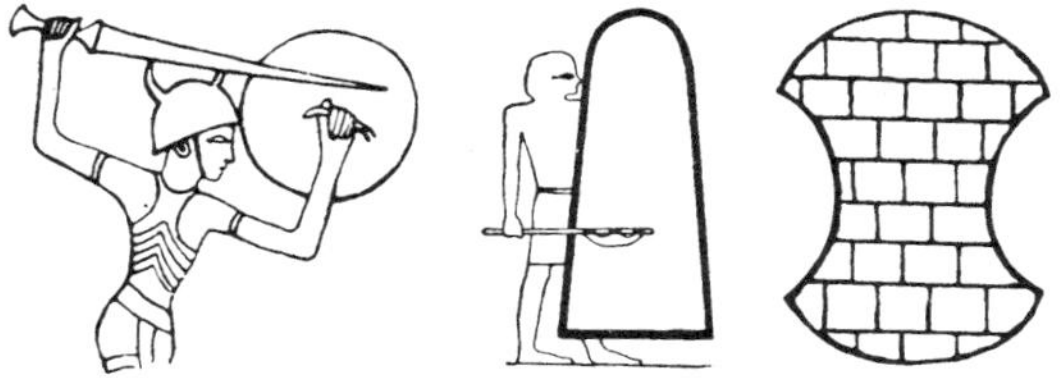

古代近東では、いろいろな形と大きさの楯が設計された。左の円形の楯は、海洋民族が使っていたもの。中央の長い楯はエジプト人、「8 の字形」の楯はヒッタイト人のもの。

青銅を使うことによって、突き刺したり切断したりできる剣がつくれるようになり、多様な形の剣が出現した。しかし、青銅にしても、硬くて鋭利な刃を持つ本当に頑丈な剣がつくれるほど強くはなかった。剣は普通、儀式用に使われ、ときおり戦闘にも使われたが、この新兵器の使用が軍事的に重要な意義を持つようになるには、もっと硬い金属が必要であり、製鉄技術の発達を待って初めてそれが可能になるのである[73]。

　青銅器時代に兵器製造技術が発達し、古代近東の諸国家が強大化した結果、組織された軍需産業が現われた。エジプトの壁画には、弓矢、楯、戦車の車輪その他の軍需品を生産する兵器工場が描かれている。だが、人間の戦争遂行能力はいちじるしく増強されたけれども、青銅器時代の戦士たちは、今日のわれわれ同様、疑いもなく軍事的な技術革新の大きなディレンマ、すなわち「攻撃と防御の発明のいたちごっこ」に直面していた[74]。戦争を構成する三つの不可欠の要素――機動力、防護力、攻撃力――は、たがいに密接なつながりを持っているので、そのうちの一つが変われば他の要素もそれに応じて変わらざるをえない。兵士は、甲冑をつけていなければ戦場でより機動的に動けるが、身の安全は守れない。身動きできないほどの武器を持って重装備していれば、攻撃力は増す。重い甲冑をつけて身の安全を確保すれば、機動力も攻撃力も失われる。青銅器時代も含めて、古代の将軍たちはこのディレンマを無視し、危険を覚悟で戦ったのである。

古代エジプトの総合戦略

「総合戦略」とは、とらえどころのない概念である。それは、単純な戦略と化すこともしばしばあり、純粋に政治的かつ経済的な考慮が影響をおよぼすかぎりでは、総合戦略と軍事的計画との結びつきがときとして希薄に見えることもある。(75) それにもかかわらず、なにごとも実際は定義の内容ほど単純ではないことを認めたうえで言えば、本書の目的からして、総合戦略とは国家の安全と領土の保持を目的とする総合的な防衛計画であると言える。国家の支配のおよぶ領土の拡張が必要であり、かつ望ましい場合には、それもまた総合戦略に含まれる。国家の総合戦略を遂行するにあたっては、軍事的手段のみならず外交的ならびに経済的手段に頼ることもありうる。

ナポレオン時代から第二次世界大戦の終結に至るまでの大戦略家たちは概して、大きな戦闘で決定的な勝利を収めうるようにつくりあげた強力な、目ざましい攻撃力を持つ軍隊を保持する必要性を強調してきた。このように国の安全を守るうえで「攻撃」に重点をおく思想は、おおむねドイツの偉大な軍事理論家クラウゼヴィッツと結びつけて考えられているが、クラウゼヴィッツは、ジョミニ、デュ・ピック、フォッシュ元帥、リデル・ハートなど同じ考え方をする多くの人びとの中で最も有名な存在であるというにすぎない。(76)

古代エジプトでは、ファラオが独自の兵器工場を持っていた。上は、中王国時代の兵器工場の情景である。新王国時代の兵器工場を描いた絵も残っている。この場面（ベニハサンで発見された絵の中の）では、職人が弓と矢をつくっている。

しかし、攻撃を重視する思想が、つねに総合戦略を支配してきたわけではない。一九四五年以降、強力な新兵器が開発されたため、戦略家たちは大きな戦闘を避け、「限定」戦争と外交による戦いを半永久的につづけざるをえなくなったことを力説してきた。この場合、破壊的な核兵器を保有するのは、直接の軍事目的よりも、むしろ心理的効果を狙ってのことである。エドワード・N・ルトワクは名著『ローマ帝国の総合戦略』（一九七六年）の中で、軍事的にきわめて組織化されていたが、ローマ帝国の総合戦略はどちらかと言えば攻撃より防御に重点をおいていたことを明らかにし、それを正しく理解するにはクラウゼヴィッツの影響を払拭しなければならないと述べている(77)。

こうしたことを背景として考えると、古代エジプトの総合戦略は、ことのほか興味深い。なぜなら、何世紀にもわたる時代の推移とともに、古王国の防衛的軍国主義から新王国の侵略的かつ攻撃的な帝国主義へと変貌したからである。本章の初めに見たとおり、統一エジプトの初代ファラオは、情け容赦なく軍事力を誇示することによって支配を固めた。すなわち、軍隊の力で下エジプトを撃破し、これを併合したのである。しかし、ひとたび武力によってエジプトの国内問題に決着をつけると、古王国歴代のファラオは、攻撃的というより防衛的な総合戦略を推進した。だからと言って、エジプト学者たちがしばしば述べてきたのとはちがって、古王国が常備軍を必要としなかったということにはならない。アラン・ガードナー卿ほどの偉大な権威でさえ、古王国時代のエジプトは平和で、常備軍ではなく「警察隊」があれば十分だったという旧来の説を述べているが、その一方、そうした説を裏づける証拠は何もないことを認めている。実際のところ、古王国時代の史実を明らかにできる記録は乏しいけれども、皆無というわけではなく、それによればエジプトの総合戦略は本質的に防衛的であったにしろ、軍国主義に基づいていたことがうかがわれるのである。

一部のエジプト学者の研究は、いまのところ標準的な教科書に採用されていないとはいえ、古王国時代のファラオが常備軍および城砦網を保持しており、要塞で固めた基地にたいし、理にかなった複雑な攻囲戦を遂行する能力を備えていたことを示している[78]。このことは、初期の化粧板が明瞭に物語っているし、ブヘン（第四王朝）の荒石づくりの城壁の廃墟やヒエラコンポリスの城壁の突角をなす門楼、さらに第五王朝時代のディシャーシャにおける攻囲戦の模様を描いた図を見ればいっそうはっきりする。この攻囲戦では、兵士たちが破城棒を用い、梯子を使って城壁を登ったことがわかるのである。攻囲戦は、単なる「警察力」をもって行なうにはあまりにも複雑すぎる作戦であり、文献に残された記録も、常備軍が存在していたことを明らかに示唆している。(79) 最も有名な文献としては、古王国時代のエジプトの高官、ウニの伝記がある。それによると、ファラオは、正規軍およびヌビア人傭兵隊に加えて、徴兵制により必要に応じて「何万人」もの軍隊を編制している。(80) また、おそらくある程度の軍事的訓練を受けた地方の民兵を召集する制度があったことも確かである。(81) ヌビアとの国境の防備だけでなく、時にはシナイ半島で戦争が起こることもあったけれども、この時代のファラオはもっぱら防衛的な総合戦略を追求し、ナイル文明を守るだけで満足していた。そして国境の防衛にあたっては、小規模の常備軍に依拠し、地理的に孤立していたエジプトの地の利を頼みとしたのである。

古王国時代の軍隊の戦術と組織に関しては実際のところ何もわかっていないが、象形文字による記録を見れば、元帥とか「兵士監督官」といった肩書きがあったことは明らかであり、第一王朝から第七王朝までのあいだに、エジプトには少なくとも一五人の元帥がいたという資料もある。(82) これらの武官のうち一〇人ほどについては指揮官として割り当てられた部署がわかっており、その多くはシナイ半島で活動した。しかし、南方のヌビアへの遠征軍を指揮したのは、「隊商の首領たち」であり、彼らはヌビア国境での戦闘で要求される戦法については、職業軍人並みに習熟していたにちがいない。皮肉なことに、「何万人」もの軍勢を率いた例のウニが、大軍に物資を供給するという途方もない難題を課せられた文官であったのは確かである。それだけでなく、この時代には「二つの兵器庫の監督官」とか、「砂漠のトーチカや大要塞の監督官」といった職名があり、後者は時に「要塞問題監督官」とも呼ばれた。要塞は、間違いなくデルタ地帯の側面およびヌビアとの国境の防備を固める役割を担っていた。これにたいし、トーチカはナイル川に沿って上流に向けて広がっており、その目的は砂漠の遊牧民がワジ（雨期以外は水のない河床）を下って、ときおり流域一帯へ攻めこむのに備えるところにあった。

前二一五〇年頃、無秩序と封建制の波が押し寄せる中で古王国が崩壊して、混乱期（第一中間期、前二一五〇年―二〇四〇年頃）に入った。エジプト諸州の知事ないし長官が、おそらくは各地の民兵や地域的に実施された徴兵制に基づき、それぞれ私兵を集め、割拠したのである。混沌の中から、上エジプトのテーベを拠点とする中王国（前二〇五〇年―一六四〇年頃）が出現した。中王国のファラオは、軍隊を再編制して秩序を回復するとともに、エジプト国家のための新たな総合戦略を打ちたてた。中王国は、概して古王国より一段と軍国主義的であり、第一二王朝のファラオが創設した新しい軍隊は、以前の軍隊にくらべ、はるかに専門的な軍事的鍛練を積んでいた。

中王国の支配者は、大きな州の知事たちが私兵を集めるのを黙認せざるをえなかったけれども、諸州のあいだの私闘を抑えるに足る強力な全国的規模の常備軍を設け、必要とあれば、それらの大物（州知事）たちの軍隊を国軍と並んで配備することができた。[83] 徴兵官は国中をまわり、各地方で一〇〇人につき一人の割合でファラオの軍隊の兵士を徴募した。「上下エジプト軍司令官」すなわち「最高司令官」がいて、その下に国軍の正規の将軍たちが直属していた。記録によると、さらにもう一つ「突撃部隊司令官」という新しい武官が存在したことがわかっており、これはおそらく攻撃部隊を統率していたものと思われる。最後に、中王国では「家臣団」からなる一種の近衛兵（平時には宮殿の警護にあたり、戦時にはファラオ直属の精鋭部隊として活躍した）が組織されていた。

おびただしい数の軍事関係事務官が現われた。「軍隊内の国王の秘密管理者」という肩書きを持つ将軍がいるところを見ると、あるいは組織的な情報機関があったのかもしれない。記録には、「中隊」とか「連隊」、そして「守備隊」にあたる用語が見られる。軍隊自体は「若年兵」部隊と突撃部隊の二軍団に分かれており、前者はさらに「新兵」と「精強兵」の二つの部隊に組織されていた。「新兵」は徴募兵だったが、「精強兵」と突撃部隊は間違いなく職業軍人だった(84)。中王国の戦術的な組織面の詳細について正確なことはわかっていないが、軍事的専門化が急速に進み、それによってエジプトの将軍たちは戦術を駆使するうえでいちじるしく柔軟になった。

この新しい軍隊によって、中王国のファラオは、エジプトの国境防衛のための革新的な総合戦略の確立にのりだした。混乱期の第一中間期に、北東の国境防衛がおろそかになり、パレスチナから来た侵略者——いわゆるアジア系の砂漠遊牧民——が、ときおりデルタ地帯を襲ったことはありうるし、おそらく実際にあったと考えられる。いずれにしても、中王国時代のファラオは、エジプトの国境をもって唯一無二の防衛線となす専守防衛体制を放棄し、少なくともサマリアのシェケムまでは軍を進めた。そして、敵を掃討殲滅する戦略をとり、アジア系遊牧民の要塞を破壊した。エジプト軍がどこまで北上したかについては議論が分かれるが、オロンテス川の河口まで達したということは考えられる。意味深いのは、ファラオがこうした遠征を帝国主義的目的よりも主として戦略的観点からとらえていたらしいことである。戦利品の魅力にひかれてその地域に侵入したことも、ときにはあったかもしれないが、パレスチナに駐留軍をおいたり、その領土を併合したりしようとした証拠はない。確かに、彼らは「王子の防壁」（城壁というより一連のつながりを持つ堡塁網だった）によって、スエズ地峡の要塞を強化したが、この外辺部を最後の防衛線と見なしていたことは明らかであり、エジプトの安全を保障するためとあれば、その防衛線を越えて何百マイルも進軍する用意があった(85)。

南方では、つねにヌビア人の襲撃を受ける危険があったので、中王国時代を通じて、エジプト軍はナイル川の第一瀑布から第二瀑布へと進出していた。この地域における戦略は、北東部でのそれとは少し異なっていた。ここでは、エジプト軍は第一瀑布を最後の防衛線としており、このことは同瀑布上の南北の二つの荷揚げ場のあいだに四マイルにわたって延びる巨大な防壁によっても象徴されていた。この防壁は、ナイル川が遮断された箇所での陸路を守るためのものだった。[86]第一瀑布から第二瀑布にかけては少なくとも一五の要塞があり、第二瀑布から四〇マイル以内に、さらに七つの要塞があった。これらの構築物は大規模なもので、純粋に軍事目的のためにつくられたのである。中王国のファラオは、諸瀑布間の領土を植民地にしようとはしなかった。南部国境における戦略は、第一および第二瀑布間の、古典的な縦深防御論による外辺部陣地の防衛に基づいていた。それは第二瀑布の第一防衛線で敵の侵入を阻止しようという合理的かつ強固な意志のあらわれである。

概して言えば、中王国の総合戦略は、歴史家たちが考えているほど拡張主義的ではなかった。北東方面の戦略は、古王国の国境を固守することを大前提としており、そのために要塞を強化し、機動性のある軍隊によってパレスチナで大規模な掃討殲滅作戦を遂行するための基地としてこれを利用したのである。南方でも、ファラオは第一瀑布を国境とする古王国の伝統を踏まえていたが、第二瀑布にかけて一連の砦を展開し、エジプト軍がナイル川およびその流域を支配する軍事領域を設けることによって防備を固めた。第一瀑布に依拠しながら、南部国境の防衛にあたってはるかに強固な立場を占めたのである。確かに、パレスチナから得られる戦利品やヌビアで採れる金を考えると、南北の両戦略ともに軍事的に正しかったばかりでなく、経済的にも引きあったわけだ。この多角的な総合戦略は、中王国に裨益するところが大きく、結果として平和と安定と繁栄の時代をもたらした。

しかしながら、中王国の末期に、謎に満ちた恐るべきヒクソスの侵入によってエジプト国家は崩壊し、それとともに第二中間期（前一六四〇年―一五五〇年）が始まった。ヒクソスは下エジプトを支配下においたが、彼らが支配した時代は後世のエジプト人からひどい屈辱と見なされた。ヒクソスは東方からデルタ地帯に侵入したらしい。中王国の末期には、東方国境の防備が手薄になっていたにちがいないからである。ヒクソスについては多くの疑問があって、まだ解明されていない。しかし、本書の目的からすれば、古代エジプトの軍事史上、ヒクソスの貢献が甚大であったことを指摘しておけば充分である。ヒクソスが導入した戦車は、やがてエジプト軍の主要な目ざましい攻撃手段となる。また、いくつかの新しい兵器と要塞構築法を採用したのも彼らである。(87)

前一六世紀に第一八王朝を興したアアフメス（アマシス）がヒクソスをデルタ地帯から駆逐し、エジプト史における新王国を創始した。アアフメスおよびその後継者たち、特にトゥトメス（トゥトモシス）三世とラムセス（ラメスス）二世の治下、新王国は旧来の防衛的な総合戦略を放棄し、ファラオが展開する軍隊は絶えずシリアやエチオピアに侵入した。これは、一つには、エジプト学者たちが主張してきたように、テーベの支配者がデルタ地帯に居すわるヒクソスに刺激され、ヒクソスの導入した技術革新によって相当な影響を受けて軍隊を大々的に編制しなおした結果である。また、むきだしの帝国主義がエジプトの政策において一つの役割を果たすようになったのも疑いないが、エジプトが近東を侵略し、南方では第四瀑布まで進出するに至ったのは、主として中王国の総合戦略がもはや当面の

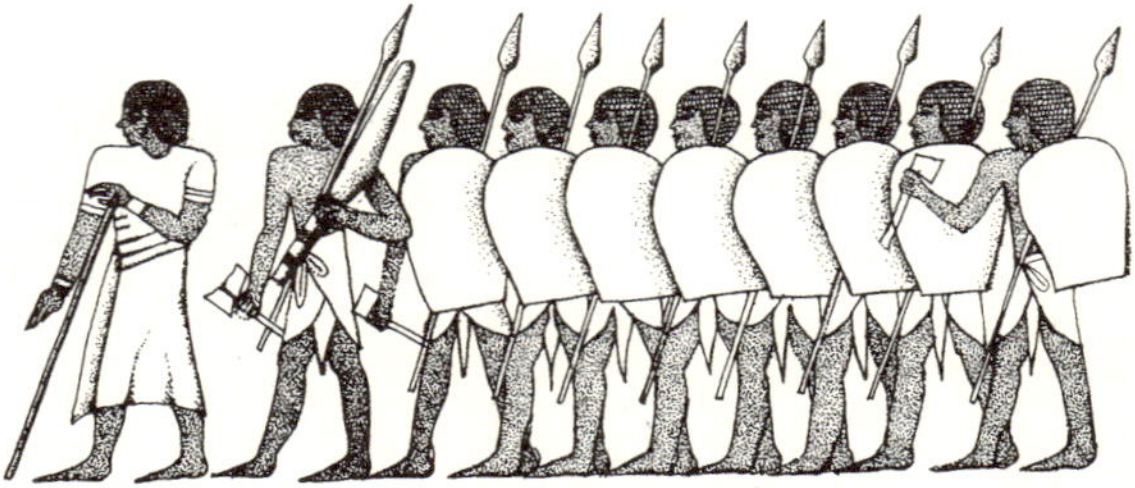

将校に導かれてエチオピア（プント）を縦隊（縦列）で行進するエジプト第18王朝の軍隊。縦列の先導者は弓入れを持っている。副指揮官（縦列の最後尾）が、兵士たちの列の乱れを防ぐ。兵士たちは、すべて（将校を除いて）槍と戦斧で武装している。

新たな軍事的諸条件に適合しなくなったことを理解したからである。

中王国のファラオは、スエズの「王子の防壁」を背後にして掃討殲滅作戦を展開するだけで安心していられたが、新王国時代になると、エジプトはシリアとパレスチナ地方でより強力な敵と対決することになった。その地域では、アジア系遊牧民に代わって、ミタンニのフルリ人などが強大な王国を築いていた。アナトリアでは、ヒッタイト帝国が大規模かつ機動的な軍隊を保持しており、シリア方面を支配下におこうとするエジプトにとってまさに脅威となっていた。近東には、そのほかにも強力な諸国家が出現したので、あい争うすべての国の総合戦略において、外交が重要な役割を占めるようになった。その結果、エジプトのファラオはナイル川流域の軍事的支配を完全に保つという、ただそれだけの目的で、スエズ以遠での戦闘に備えて以前よりはるかに大規模で機動力のある軍隊を保持し、一連の同盟国あるいは従属的な王国の鎖を形成しなければならなかった。ヒクソスの支配によって、エジプト人は東方民族がエジプト文明にとって真の脅威であることを教えられたのである。南方でも同様に、ヒクソス王朝の崩壊にともなって、第一瀑布から第二瀑布に至る領土を失い、再びヌビア人の脅威にさらされることになった。

トゥトメス三世（前一四七九年―一四二五年）は、近隣の征服にのりだしたファラオの中でも最も偉大な存在であり、エジプトの新しい総合戦略を確立するうえで、他のいかなるファラオにもまして大きな功績をあげた。彼に先立ってトゥトメス一世（前一五〇四年―一四九二年）はエジプト軍をユーフラテス川まで進めていたし、さらにそれ以前にもアアフメスが南方におけるエジプトの支配を再び打ちたてようとしたが、両地域ともまだ混乱は収まっていなかった。トゥトメス三世の未成年期に摂政をつとめた女王ハトシェプスト（前一四七三年―一四五八年）は、その治世を通じて、国外での冒険に走るよりも内政に関心を向けたので、エジプトの北東国境はカデシュ王の指揮するパレスチナ諸王国の連合軍におびやかされた。前一四五八年、トゥトメス三世は、即位とともに全権を掌握すると軍を率いて出征し、メギドにおける大戦闘でカデシュ王を破り、この町を攻略した。しかし、トゥトメス三世はその治世のあいだに一五回ほど軍を率いてシリア、パレスチナへ遠征しなければならなかった。のちにラムセス二世（前一二九〇年―一二二四年）が、戦闘の舞台でトゥトメス三世に匹敵する業績をあげることになる。

新王国の総合戦略は、古王国および中王国の軍事的伝統とはまったくかけはなれたものだった。この時代のエジプトのファラオは、シリアとパレスチナにおける覇権を維持するために、要塞や外辺部の防御陣地に頼るのではなく、機動的な軍隊と外国同盟軍にほぼ依拠していたからである。南部の要塞はヒクソス王朝時代にヌビア人の手に落ちており、新王国時代になってエジプト軍がその地域に戻ったときには、要塞は破壊され、砂とゴミの山におおわれていた。[88] エジプト軍は第四瀑布まで進出したが、新しい防御用要塞はごくわずかしか築かず、その代わりに軍隊の規模を大きくし、機動性を高めることで防衛を強化できると考えた。シリアとパレスチナにさえ、ほとんど「常駐の」守備隊を置かなかった。新王国時代の一つの特徴は、総合戦略が宮廷内で論議の対象となったことである。エジプトを孤立主義的伝統に立ち返らせようとつとめた「ハト派」とでも言うべきファラオもいた。「タカ派」が勝利を収めることが多かったが、歴代ファラオの方針が首尾一貫しなかったため、攻撃に重点をおく総合戦略も結局のところは本来の効果をあげることができなかった。

「タカ派」と「ハト派」とのあいだでたびたび論争が行なわれたとはいえ、新王国の軍隊は世界史上でも最もすばらしく、最も効率的な軍事力であった。徴募兵もしばしば採用されたが、その精神において完全にプロフェッショナルな軍隊であり、指揮系統と戦術的な組織も整備されていて、これにくらべたら古典期のギリシアの軍隊も貧弱に見えるくらいである。新王国のエジプト軍については多くの文献がある（特にアラン・リチャード・シュールマン著『エジプト新王国時代の軍隊における階級、称号および組織』〔一九六四年〕）。ここでは、その主な特徴を重点的に述べるだけにとどめなければならないが、先史時代以後、青銅器時代に戦争の態様にいちじるしい発展が見られたこと、またなぜ新王国のファラオが自国の陸軍に絶対の自信を持ち、防御のための要塞をないがしろにしていられたのかを明らかにするには、それだけで充分であろう[89]。

　ファラオは、しばしば最高司令官をつとめ、大きな軍事行動にはたいてい参加したが、他の将軍たちもときおり独自の小規模な作戦の指揮をとった。ファラオの高官が戦争大臣をつとめた。軍事会議はたぶん国内でも行なわれたし、戦場で開かれたことは確かだが、そのメンバーを構成したのはエジプト軍の将軍たちだった。こうしたことは、のちにアレクサンドロス大王のもとで、マケドニアの高官たちが果たした役割とまったく同じである。新王国時代の初め、野戦軍は、戦車や歩兵による分遣隊をはじめとして、約五〇〇〇人の各師団からなっていたが、兵員の数は場合によって変わったかもしれない。師団は、それぞれエジプトの宗教からとった名前――たとえばアムモーン師団――と軍旗を持っており、明らかに独自の戦術を採用していた。師団の指揮官のもとには、二〇人の中隊長（「旗手」）がおり、各中隊は二五〇人で構成されていた。中隊は五〇人ずつの部隊に分かれ、

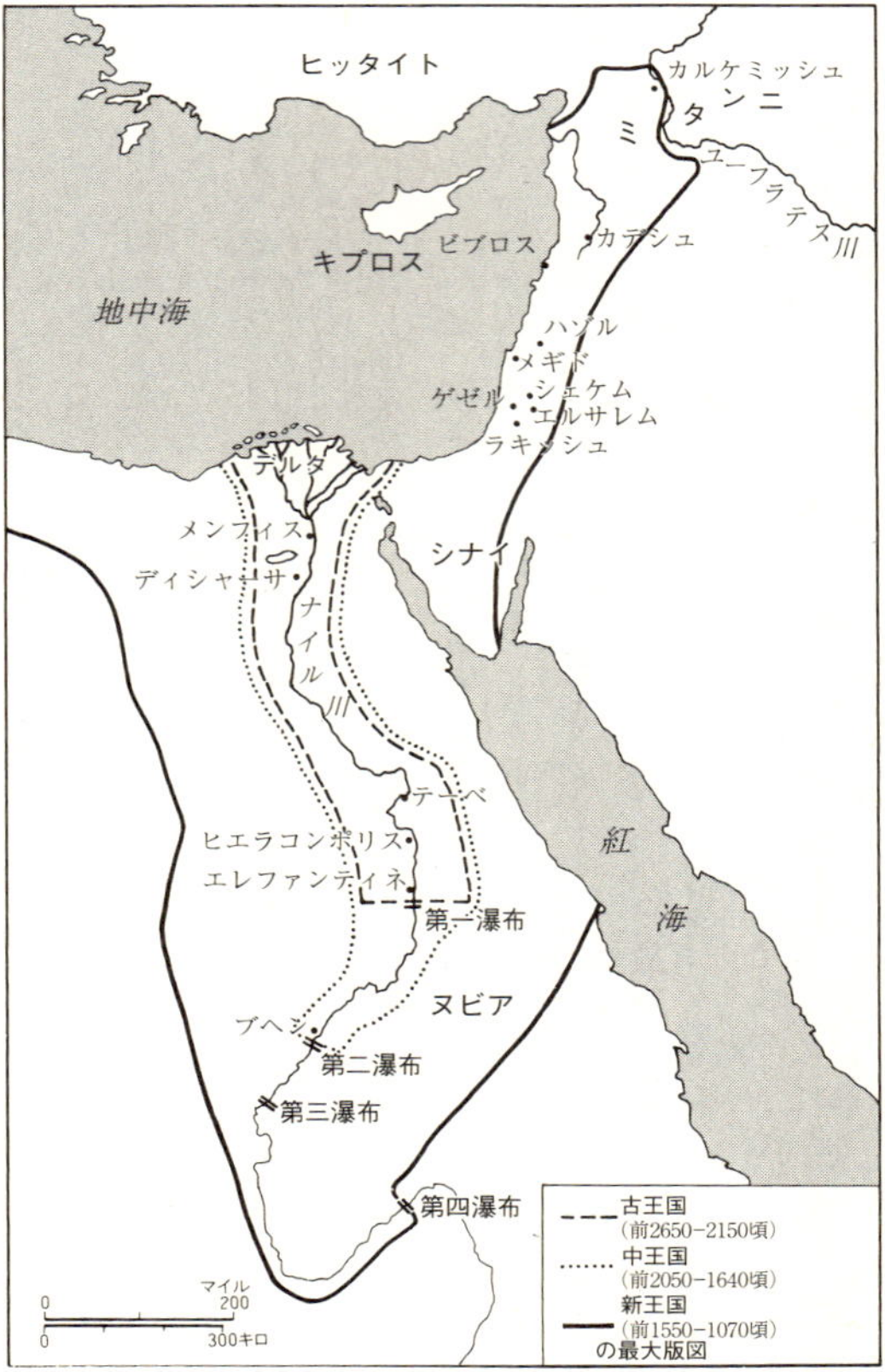

ヒッタイト
カルケミッシュ
ミタンニ
ユーフラテス川
キプロス
ビブロス
カデシュ
地中海
ハツル
メギド
ゲゼル
シェケム
エルサレム
ラキッシュ
デルタ
メンフィス
ディシャーサ
シナイ
ナイル川
テーベ
ヒエラコンポリス
エレファンティネ
第一瀑布
紅海
ヌビア
ブヘン
第二瀑布
第三瀑布
第四瀑布
古王国
(前2650−2150頃)
中王国
(前2050−1640頃)
新王国
(前1550−1070頃)
の最大版図
マイル
0
200
0
300キロ

古代エジプトの地図

各部隊は「五〇人隊の長」と呼ばれる小隊長の指揮下にあった。

補助的な部隊もおそらくエジプト軍の一師団（あるいは「軍勢」）として組み込まれ、総司令官の統率に従ったものと思われる。「突撃部隊指揮官」は、中隊長より地位が高かったらしい。他方、「戦車部隊指揮官」は中隊の「旗手」と同じランクだったようだ。新王国の軍隊では、外国の傭兵隊も普通はエジプト人士官の指揮のもとでエジプト兵と並んで戦列についた。ラムセス二世の時代には、戦車が歩兵隊とは別個の部隊として組織されていたと考えてよさそうである。

新王国のエジプト軍は、高度の有機的統一性を備えた組織であり、戦術的に柔軟性のあるすばらしい軍隊であった。カデシュの戦いでは、ラムセス二世の統率のもと、四個師団――総勢二万――の兵力が動員されたことがわかっている。攻撃に重点をおくエジプトの総合戦略にともなって国民の負担がどうなったかを物語る例として、新王国後期の少なくとも一人のファラオ（ラムセス三世）のもとで、徴兵官が全国民から（聖職者を除いて）一〇〇人につき一人を徴募していた事実があげられる。これにたいし、中王国時代には一〇〇人につき一人が標準だったのである。中王国における各地の州知事の軍隊がどの程度の規模であったかは知るよしもないが、それにしても徴兵制によってエジプト新王国の人的資源の予備から一段と多くの兵力が求められたことは確かである。

戦略と戦術――メギドおよびカデシュの戦い

さて、エジプトの軍隊が実際に戦場でどう戦ったかという問題が残っている。幸いにして、青銅器時代の二つの大戦闘の完全な記録があり、それを検討すれば新王国の戦略と戦術を歴史的な闘争という文脈の中で再構築することができる。二つの大戦闘とは、メギドの戦い（前一四五八年）とカデシュの戦い（前一二八五年）である。ともに、後期青銅器時代であるエーゲ文明のトロイア戦争以前に起こった戦闘なのだが、当時のエジプト人が残した文字や絵による記録のおかげで、青銅器時代の戦争の複雑な戦略と戦術について正確な分析をすることは、ホメロスの詩からミュケナイ人の戦いの模様を推定する仕事ほど難しくない。

「戦略」と「戦術」という用語は一般に広く使われ、誤用されることも多いので、古代の戦闘の場で戦略と戦術が実地にどう適用されたかを検討する前に、ここでしばらく用語の意味を吟味しておくのがよかろう。戦略と戦術は区別がはっきりせず、ときとして相互につながりをもっているため、あいまいな概念になっていることは軍事理論家のあいだでは周知の事実である。(90) 区別をはっきりさせるために、いまでも「戦略」という言葉は戦争あるいは作戦行動のための軍事計画を指して使われるのが普通であり、「戦術」とは戦闘計画のことを言う。だが、これまで幅をきかせてきた言葉の誤用を完全になくすのはおそらく不可能であろう。たとえば、「ファビウスの持久戦術」は、「消耗戦略」と呼ぶほうが適切である。ファビウス・マクシムスがハンニバルとの戦いで採用した計画は、戦術的というよりはるかに戦略的だからだ。同様に、「掃討殲滅戦」は、戦争にたいする戦術的というよりも戦略的な取り組み方である。これは、ウェストモーランド将軍やU・S・グラント・シャープ提督も熟知しているはずだが、ヴェトナム戦争時代には、「掃討殲滅戦術」という表現が広く一般に通用していた。[91] 用語が広く誤用されているために、それを適切に使うのが難しくなるばかりだが、本書では戦争とアメリカン・フットボールの類似性に基づいて一般に行なわれている（不適切な場合も少なくないが）類推によって、戦略は「試合の作戦」、戦術は「プレー」の意味で使うことにしよう。

前一四五八年、ハトシェプストの摂政政治が終わり、即位したトゥトメス三世はその年のうちに、重大化しつつあるシリア・パレスチナ問題の解決に自らのりだすことを決意した。ハトシェプストが長いあいだないがしろにしてきたため、エジプトの北東国境の防衛が危険に瀕していたのである。[92] カデシュ王はそれより前、明らかにエジプトにおける指導者の交代の機に乗じ、諸国王と同盟を結んでオロンテス川から南下し、パレスチナのメギドを攻略した。メギドは、エジプトとメソポタミアを結ぶ陸路の要衝であり、肥沃な三日月地帯の最も枢要な位置を占めていた。カデシュ王の攻撃戦略は、エジプトの勢力圏に浸

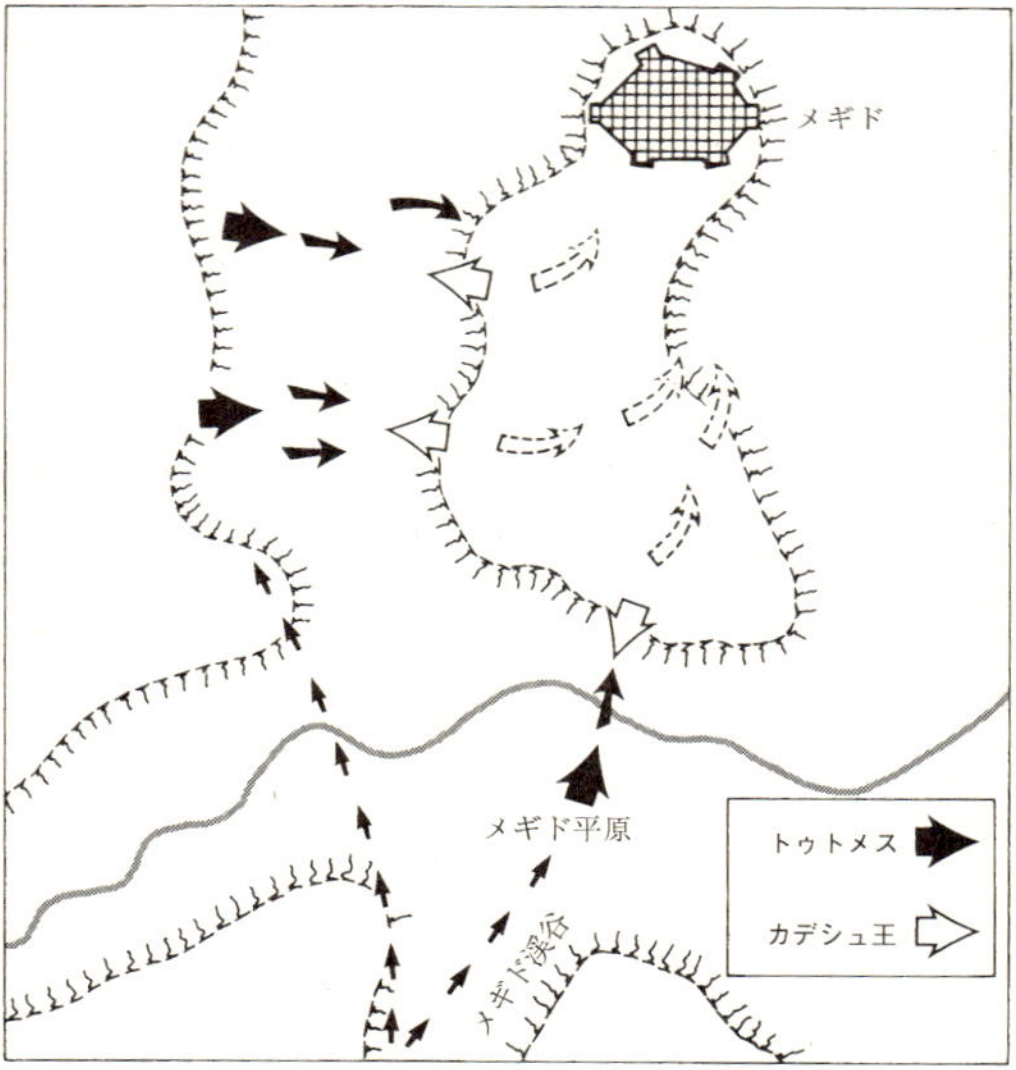

メギドの戦い（前1458年）

透し、メギドの軍事的支配を固めることにあった。そこに堅固な要塞で固めた陣地を築いて、戦術面のみならず、戦略的にも防衛に有利な立場を保持しようというのである。これを迎え撃つトゥトメスは、戦略的にも戦術的にも敵を不意打ちにし、攻勢をとる戦術でカデシュ王を打ち破ろうと、すばやく軍を北へ進めた。

エジプトからガザまで進軍するのに九日しかかからなかったのを見れば、迅速な移動こそトゥトメスの戦略の重要な要素であったことは明らかである。一日平均およそ一五マイル進軍しなければならなかったわけだが、これはアレクサンドロスの進軍に匹敵する速さであり、高度に組織化された兵站部門に支えられていなければなしえないことである。トゥトメスは、メギドの近くまで来たとき、軍事会議を召集し、敵陣に攻め入る最後の詰めを討議した。三つの手段が考えられた。一つは狭くて険しい道を通って直接メギドに攻めこむ方法であり、他の二つはさほど難しくない迂回路を通って北あるいは南からメギドに接近する方法である。

トゥトメス軍の将軍たちは、狭い道を通って直接攻めこむのは何としても避けなければならないと考えた。その場合、エジプト軍は戦闘隊形に布陣して待ちかまえる防衛軍にたいし、縦列をとって進まなければならないからだ。将軍たちは言った。

あんなに狭い道を進んでいったら、どういうことになるでしょうか。敵は向こう側で待ちかまえており、敵兵の数はますます増えていると伝えられています。わがほうは、馬のうしろを馬が進み、軍も兵も同じことになるのではないでしょうか。わが軍の前衛が戦っているとき、後衛は戦うこともできず、(後方で) 待っているのでしょうか。(93)

しかし、トゥトメスは敵の士気を高めさせないように、真っ向から敵陣に攻め入るしかないと断を下した。迂回路をとれば、「太陽神レーの忌み嫌われる敵どもは「国王は、わが軍を恐れて別の道をとることにしたのか」と言うだろう」。
ファラオの決断は賢明だった。ひょっとしたら、情報機関からの報告に基づいて下した決定だったかもしれない。カデシュ王は明らかに、エジプト軍が軍事会議での将軍たちの提案どおり、戦術的に穏当でないという理由で、正面から攻撃するのを避けるだろうと思いこんでいて、急遽防衛軍の部隊を別のルートに差しまわし、その方面の備えを固めていたのである。トゥトメスの軍が王の選んだ道のはずれ近くまで進んだとき、将軍たちは縦隊の後衛が追いつくのを待って全軍で敵を攻撃できる態勢をとれるように、ここで前進を停止すべきだと進言した。

不敗を誇るわれらが君主に、このたびこそは、私どもの言い分を聞いていただき、軍の後衛および国民を守護していただきましょう。軍の後衛が追いつくのを待って広大な戦場に打って出れば、異国人どもを向こうにまわして、後衛のことに心をわずらわすことなく戦えるでしょう。

トゥトメスは、軍隊を集結し一団となって戦闘隊形を組む必要があることを理解していたので、こんどは将軍たちの意見に従った。カデシュ王は、エジプト軍の戦術にまったく気づかず、メギドの周辺で防御の構えをとって布陣していたので、トゥトメスは自軍を縦隊から戦闘隊形に切り替えるというきわめて困難な機動作戦を敵に妨害されることなくやりとげた。そして、軍隊を三つの戦闘集団に分けた。一つの集団は北から、別の集団は南から敵の防衛軍を攻め、ファラオ自ら指揮する本隊は、メギドの正面から直接、敵軍の中央を攻撃しようというのである。戦いは明け方から始まったが、エジプト軍は全線にわたって敵軍を圧倒し、城壁で固められた町の中へ追いこんだ。

トゥトメスは明らかに、かさにかかって恐慌状態の市内に突入すべきだったのだが、悪いことに自軍の兵士が戦利品を求めて市外の野営地で略奪を始めたのである。残された公式記録は、軍が軍事的「任務と目的」を遂行しきれなかったことを認めている。すなわち、「国王の軍隊が敵の財産を分捕るのに夢中になりさえしなければ、このときにメギドを攻め落とすことができたろう」。イガエル・ヤディンによれば、これは「訓練の足りない、無規律な軍隊に特有の現象である」というが、そう断定するのは手厳しすぎる。ジョン・キーガンが『戦場の素顔』の中で示しているように、略奪は中世および近世の高度に組織された軍隊でも起こったことである。古代では、かの誇り高いペルシア軍がガウガメラでのアレクサンドロス軍との戦いで略奪の誘惑に抗し切れず、メギドにおけるファラオの軍隊よりなお大きな犠牲を払う結果になった。任務と目的をあくまで遂行するという原則を戦場で実践するのは、口で言うほど簡単ではない。ユリウス・カエサルは、軍事史上最も訓練のゆきとどいた規律ある軍隊の一つである自分の軍が任務と目的をないがしろにしたことから、一度ならずいらだたしい思いをさせられたのである。メギドの戦いでは結局、トゥトメスは形ばかりの攻囲戦を仕掛けるだけに甘んじなければならず、メギドを陥落させるのに七カ月かかった。即戦即決のチャンスを逸したにもかかわらず、ファラオが最終的に勝利を収めえたのは、市外での戦闘でエジプト軍の戦術が成功したからである。

それから約二〇〇年後の前一二八〇年代に、ラムセス二世が同じような北方への作戦行動を指揮した。今度はオロンテス河畔の都市カデシュを攻めたもので、敵は一万七〇〇〇の兵を率いて小アジアから侵入してきたヒッタイト王であった(94)。二万の兵を擁するラムセスの軍は、驚くほどの速さで進軍し、わずか一カ月で遠路カデシュに達した。彼の戦略目標は、エジプトの本拠地から遠くまで出撃して、敵を戦場で打ち破り、その息の根を止めることによって、シリアのエジプト勢力圏にたいするヒッタイトの干渉を断ち切ることだった。

ラムセスは、カデシュから一五マイル以内のシャブツナの近くに着くと、カデシュの町を見下ろす丘に布陣し、一晩野営した。そして、翌朝出発したときは、おそらくその日のうちにカデシュを攻略するつもりだったろう。エジプト軍はそれぞれ五〇〇〇の兵からなり、神々にちなんでアムモーン、ラー、プタハ、ステフと名づけられた四つの師団に分かれていた。その戦力を構成したのは、戦車、弓兵、槍兵および斧使いである。ラムセスは、シャブツナの近くでオロンテス川を渡った。そのとき、ヒッタイトからの「逃亡者」が二人ファラオのもとへ連れてこられた。彼らの話によると、敵はまだ遠方にいて、カデシュには着いていないとのことだった。ところが、この二人は実はヒッタイト王ムヴァタリシュの送ったスパイだったのである。ラムセスはこの知らせを受けると、カデシュの北西に野営地を定めるため、ただちに護衛をつれて出発した。一方、軍は数マイルもつづく縦隊を組んで南から進んだ。

ラムセスが野営地の金色に輝く玉座に坐って軍の到着を待っていたとき、捕らわれた二人のヒッタイト人斥候が拷問に耐えかねて、カデシュの東にヒッタイトの大軍が潜んでいると告げた。このときには、エジプト軍の前衛のラー師団が背後の南東方面からカデシュに接近していた。ラムセスが事態を掌握しないうちに、ヒッタイトは南東部からオロンテス川を渡り、ラー師団の虚をついて側面を襲った。ヒッタイトの戦車はエジプトの戦車より重装備で、二人乗りより三人乗りが多かった。ラー師団は恐慌状態におちいり、算を乱してアムモーン師団のほうに逃走した。その結果、アムモーン師団も混乱して潰走しはじめたらしい。

エジプト側の記録によると、このとき、ラムセスは自ら戦車に乗りこみ、単身、敵陣の真っ只中へ突進した。二五〇〇台もの敵軍戦車に包囲されながら、彼はたった一人でヒッタイト軍を打ち破った。この英雄的偉業は「ほら吹きな兵士」がつくりだしたまったくの嘘としてかたづけられることが多いが、真相はどうやらのちにカエサルが何度もやってのけたように、ラムセスが戦場で身をもって驚嘆すべき勇気を発揮することによって自軍を立て直したということらしい(95)。ヒッタイトの戦車は、重装備のために敵を追跡するのもままならなかったにちがいないし、ラムセス軍は軽装備の戦車のおかげで、ヒッタイト軍の攻撃により壊滅的な打撃をこうむらずにすんだのである。エジプト軍はより機動性に富んでいたので、乱れた軍勢を再編制するのは、ヒッタイト側が思ったほど難しくなかった。ヒッタイト軍の少なくとも一部は、エジプト軍の野営地で略奪を始めたが、それに先立って沿海地方からファラオに召集された傭兵隊が土壇場になってやっと到着し、ヒッタイト軍に奇襲攻撃をかけた。これによってラムセスは、アムモーンおよびラー両師団を再編制し、いまやカデシュの北に陣どっていたヒッタイト軍をオロンテス川の対岸へ撃退することができたのである(96)。

日没近くになって、南からプタハ師団が迫ってくると、ヒッタイト軍はカデシュ市内に入って防備を固めることにした。ステフ師団は到着が遅れたため、戦闘には参加できなかった。こうした状況のもとで、本拠地から遠く北上していたこともあって、ラムセスは堅固な城壁の背後に陣を構えるこれほど強力な軍隊にたいし攻囲戦を敢行するだけの自信がなかった。そこで彼は、戦術的には成功を収めていたにもかかわらず、軍隊を撤退させ、戦略的敗北あるいは少なくとも膠着状態を認めざるをえなかったのである。エジプトとヒッタイトは、のちに同盟——すなわち不可侵条約——を結んだ。ウェリントンが、ワーテ

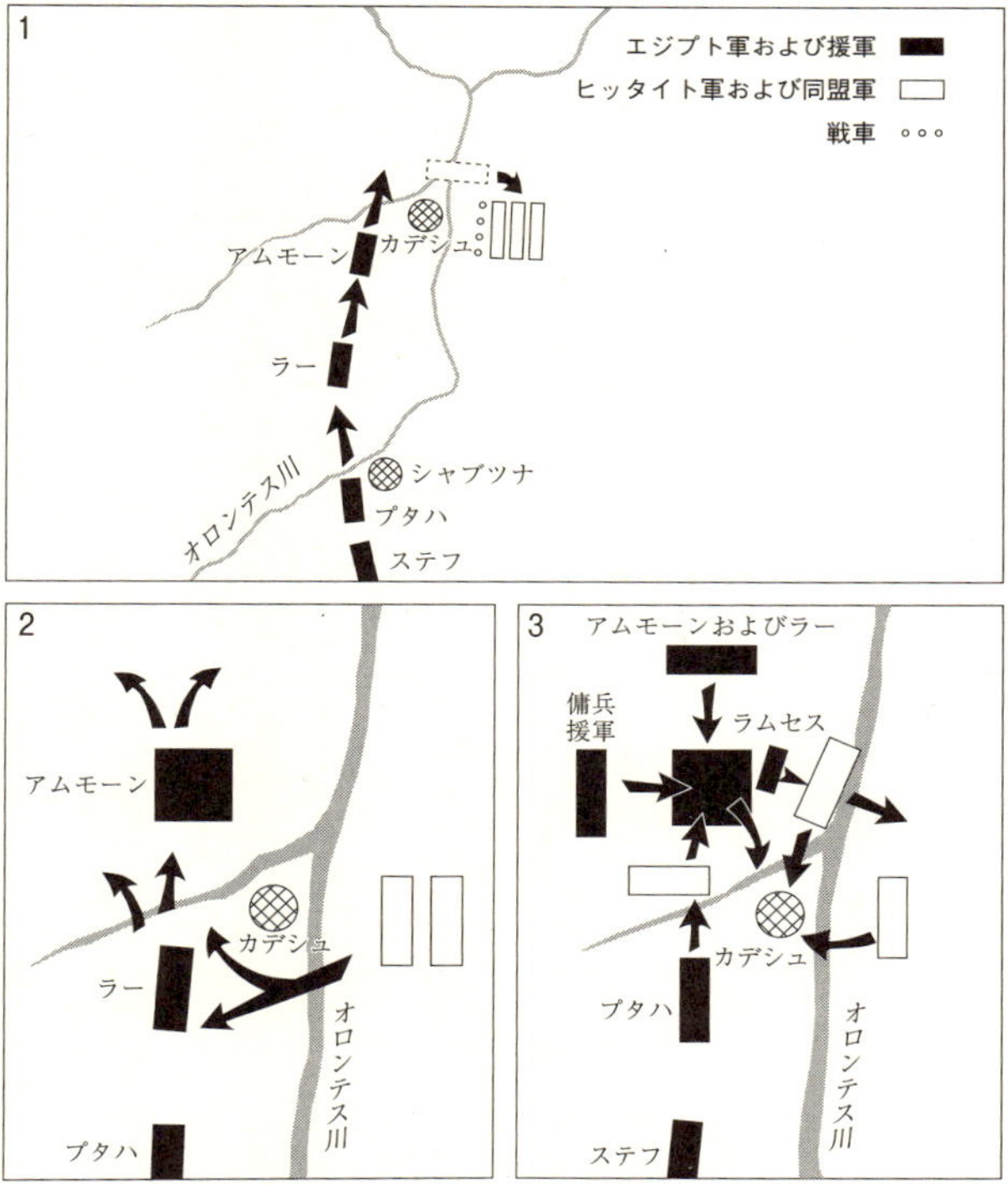

カデシュの戦い（前 1285 年）の三局面

ルローの戦いのあとに、勝ったのは「危機一髪のきわどいところだった」と言ったのは正しいが、ラムセスは三〇〇〇年以上も前に危うく敗北する瀬戸際だったのである。

こうした新王国時代の戦闘の戦略および戦術上の重要性は、とりわけそれらが同時代の戦争を代表するものであることからして、はなはだ大きい。軍隊の規模、戦術面の組織系統、戦車の使用、その他の特殊部隊、そして指揮官の資質は、軍事的に見てすべて高度に発達しており、のちの歴史においてもこれに匹敵するものを見出すのは難しいほどである。青銅器時代の技術的限界を斟酌すれば、エジプトのファラオの一部に見られる用兵の妙は、近代までのどの時代のいかなる指揮官の手腕にも劣らないと考えて差し支えない。

このことは、ワーテルローとカデシュの二つの戦いについて、いくつかの興味深い比較をしてみれば、最もわかりやすく例証できるかもしれない。どちらの場合も、一方の軍隊が南から進軍して、北方に布陣する軍隊を殲滅しようとした。ナポレオンがウェリントンを打ち破ってからブリュッセルで食事をとるつもりだったように、ラムセスもカデシュで夕食をとろうと思っていたことは疑いない。二人とも食事の計画については当てがはずれたわけだが、ナポレオンとラムセスが似ているのはそこまでである。ウェリントンはワーテルローの戦いを通じ、明らかに身の危険をかえりみず、終始、最前線ないしその付近にいたが、ナポレオンは自軍からある程度の距離をおいた後方にとどまって、双眼鏡で戦況を観望していた。彼は、ネイ元帥があまりにも早く騎兵隊による攻撃を開始したのに腹を立てていたが、戦闘の場から遠く離れたところにいたため、ネイ将軍の早まった出撃を抑えることができなかったのである。(97) カデシュの戦いで、ラムセスは戦闘の真っ只中に身を投じ、乱れた自軍の隊列を立て直した。これにたいし、ヒッタイト王ムヴァタリシュは後方にとどまり、オロンテス川の東岸にいたので、前進するラムセス軍の縦隊の側面をついた緒戦の大成功のあと、自軍が最後まで任務と目的を忘れないように、現場で手綱を締めるわけにはいかなかった。ワーテルローの戦いで、最後の土壇場になってブリユッヒャーが戦闘に加わったのは、傭兵隊の出現でラムセスが救われたことを思い起こさせるものがある。ナポレオンには、退いて拠点として頼れるカデシュのような要塞都市はなかった。だから、彼は完敗したのである。ムヴァタリシュは強固な陣地を選んだので、戦いに敗れても絶滅を免れることができた。

バビロニアの戦争

前三〇〇〇年代から一〇〇〇年代にかけての南メソポタミアにおける戦争の進展も、エジプトのそれと同じくらい興味深く、重要でもあるが、ここではエジプトの戦争とのきわだった相違に重点をおきながら、ごく簡潔に概観するだけにしよう。アッシリア人とペルシア人を扱う次章で、最高の発展段階に達したメソポタミアの戦争を論ずることになるからである。歴史家たちが昔から主張してきたように、エジプトは地理的に恵まれた位置を占めていたため、メソポタミアとくらべて外敵の攻撃を受ける心配が少なく、平和を享受することができたが、メソポタミアはたびたび侵略を受け、動乱の波にさらされた。地理的要因は重要だが、とりわけ大きな意味を持っていたのは、ナイル川に沿って延びる特異な国土の大部分が都市化されておらず、そこに出現したエジプト国家は、拮抗する力を持つ多くの都市国家と競合する恐れがまったくなかったことである。初期のメソポタミア、ことにシュメール人が支配した前三〇〇〇年代および二〇〇〇年代のメソポタミアでは、一人の指導者のもとに大きな領土を統一した国家によって安定がもたらされることがほとんどなかった。戦争が絶えず、しかも戦略的に見てなかなか決着がつかなかったのである。

　戦車は、メソポタミアでは、エジプトよりずっと前に出現し、前三〇〇〇年から二五〇〇年には早くも広く使われていた。メソポタミアでの数世紀にわたる経験で改良が加えられて進歩した結果、初めてエジプト新王国の大いに機動性に富む二人乗り二輪戦車が登場するに至ったのである[98]。シュメールの戦車はもっと重装備の大型車で、スピードも遅かった。四輪戦車で四人乗り、すなわち運転手、兵士、それに兵士を守る二人の楯持ちを運んだのである。兵士は、弓より投げ槍と槍で武装していることが多かった。当時の戦車は、前一〇〇〇年代のものとくらべて機動性で劣っており、攻撃力も貧弱だった。それに、おそらく戦術的な使用目的も後代のものとは違っていたであろう。のちの時代の戦車は、敵軍の側面に突撃をかけるためにも配備することもできたが、驢馬に引かせていた初期の戦車は、急に方向転換するのが難しく、有効な攻撃を加えるためには、敵陣の間近まで接近しなければならなかった。のちになって輻《や》のついた車輪と後部車軸が開発された結果、馬に引かせる二人乗りの戦車が現われるにおよんで戦車はきわめて恐るべき兵器となったのである。

弓は、メソポタミアよりもエジプトでより頻繁に使われていたらしく、使われはじめた年代もエジプトの方が古いようだ。シュメール人の歩兵でさえ、通常は投げ槍と槍で武装し、敵との接近戦用に短刀と剣を身につけていたにすぎない。もっとも、戦斧も重要な武器ではあった。サルゴン大王（前二三三四年―二二七九年）時代のアッカド人が弓をとりいれたが、その後ハンムラビ（前一七九二年―一七五〇年）のバビロン第一王朝時代に下メソポタミアが統一されるまで、再び弓が使われることはなかった。攻囲戦と要塞構築術はエジプトでも高度に発達したが、メソポタミアでは軍事科学の中で特に重要な部門となった。町や都市の攻略が共通の戦略目標となっていたことが主な理由である。城壁都市から離れた国境の防衛それ自体では、エジプトの中王国および新王国の国境防衛体制に匹敵するものはまったく見られない。

聖書に描かれた戦争

士師時代およびサウル、ダビデ、ソロモンの手で統一された君主制の時代（前一二〇〇―九〇〇年頃）のパレスチナでは、ありふれた生活現象として戦争が絶えることはなかった。戦闘の模様は聖書に描かれて今日まで記録に残っているので、ペリシテ人やカナン人とのさまざまな戦闘については、多くのことがわかっている。士師記第五章のデボラの歌は、馬が引くカナン軍の戦車隊を向こうにまわして、イズレエル谷を制圧すべく展開された軍事作戦を物語ったものである。イスラエル諸部族の軍隊は、こうした戦時の非常事態にのみ召集され、高所に陣を占めて、戦車隊がキション川の洪水跡の泥沼にはまりこんだところを急襲した。ギデオンが三〇〇人の選り抜きの兵を率いてミディアン人の駐留軍を相手にイズレエル谷の東半分を制圧しようとした戦い（士師記第六章―第八章）を見れば、イスラエル人が奇襲戦法に長じ、ゲリラ戦に似た軍事状況下での作戦に熟練していたことがよくわかる。士師時代のイスラエルの軍隊は、弓と槍および投げ槍、それに――特に重要だった――投石器の使い手など、並みはずれて多様な攻撃力を誇っていたが、戦車はなかった。イスラエルの戦争に戦車をとりいれたのは、おそらくダビデであろうが、現代の歴史家の中にはサウルこそ戦車を初めて使ったイスラエルの指導者だと信じている者もいる。

サウルの時代の戦闘方法は、士師時代とほとんど違わなかった。サウルは小規模な兵力を配し、待ち伏せ攻撃を主な戦法としながら、ギベアに築いた要塞を陣地としてペリシテ人と戦った。そして、エラの谷で敵軍に完勝している。このときは両軍ともに、ダビデとゴリアテの両戦士による決闘にすべてを賭けたのである。だが、ダビデが国王になってから、イスラエルの戦争は根本的に変わった。ダビデはエブス人を強襲してエルサレムを奪取し、そこを基地としてペリシテ人、エドム人、アンモン人、モアブ人と戦った。強固な戦略的基地を築き上げることによって、彼はサウルのゲリラ戦法を捨てたのである。ダビデの軍隊の動きが容易に見抜かれるようになった以上、もはや奇襲に頼るわけにはいかない。そのため、彼は大規模な正規軍を創設し、必要な場合には古い部族の民兵によって補充しなければならなかった。新たにつくられた機動的な軍隊は、傭兵をも含めて、ダビデおよびソロモン両王のもとで立派につとめを果たした。ソロモン王の時代にはイスラエルの戦車隊が大規模に増強され、ハゾル、メギド、ゲゼルに要塞で固めた基地が建設された。要塞は堅固で、建築としても高度に発達しており、ソロモンは王国の戦略的防衛のためにエルサレム市外の主な交通路の要所要所に軍の分遣隊を配置しさえした。しかし、ソロモンの死後、王国は分裂し、まったく新しい戦略上の問題に直面した。大規模な軍事力を持つアッシリア人とペルシア人が、ユダヤ人に敵対する勢力として立ち現われたのである。

この強大な敵を相手にまわして勝てる見込みはなかった。

青銅器時代全体を振り返ってみると、この時代の戦争にははっきりした特徴が見てとれる。第一章のテーマの一つに立ち返って言えば、人類が先史時代から文明への境界を越えたばかりの歴史時代の初期に、組織化された戦争の技術がすでに発達していて、広範に応用できる状況にあったことは明らかである。ティグリス・ユーフラテス川およびナイル川流域を中心とする社会は、そもそもの最初から戦争を通じて形成されたのであり、戦争の技術は初期文明を特色づける最も重要な要素の一つであった。この時代末期の地中海東海岸およびメソポタミア周辺では、戦術に基づいた複雑な組織と細部までゆきとどいた効果的な指揮系統を持ち、効率のよい兵站組織と軍需産業に支えられた二万人規模の各国軍隊が、戦略、戦術に深い理解を示す将軍たちの指揮のもとに干戈《かんか》を交えていたのである。組織化された偵察部門や兵站部門、特殊な作戦任務を持つ重装備および軽装備の歩兵隊と戦車隊は高度の発達をとげており、これから見るように長期にわたって重要な意味を持つに至った。たいていの場合、歴史家たちはこうしたことをすべて無視している。古代の戦争の歴史は、ギリシアの重装歩兵、いわゆる装甲歩兵密集方陣とともに始まったと彼らは信じきっているのである。

第三章　アッシリアとペルシア——鉄の時代

「最も洗練された強力な諸国では、あらゆる種類の天才が、ほぼ同時期に出現してきた。だから、科学の時代は概して軍事力でも卓越し、成功を収めた時代であった」

エドワード・ギボン『ローマ帝国衰亡史』

アッシリアを世界で「最も洗練された」国の中に含めることには異議を唱える向きもあるだろうが、古代メソポタミアにおいてアッシリアが果たした役割、すなわち統一者および文化の保護者、そして新たに一連の業績をあげた力強い革新的創造者としての側面を、歴史家たちは強調してきた。アッシリア人の新機軸には、建築および彫刻とともに戦争も含まれる。アッシリアのバビロニアにたいする関係は、ローマのギリシアにたいする関係に等しいという常套句が、広く認められているとおりに妥当であるとするならば、戦争の

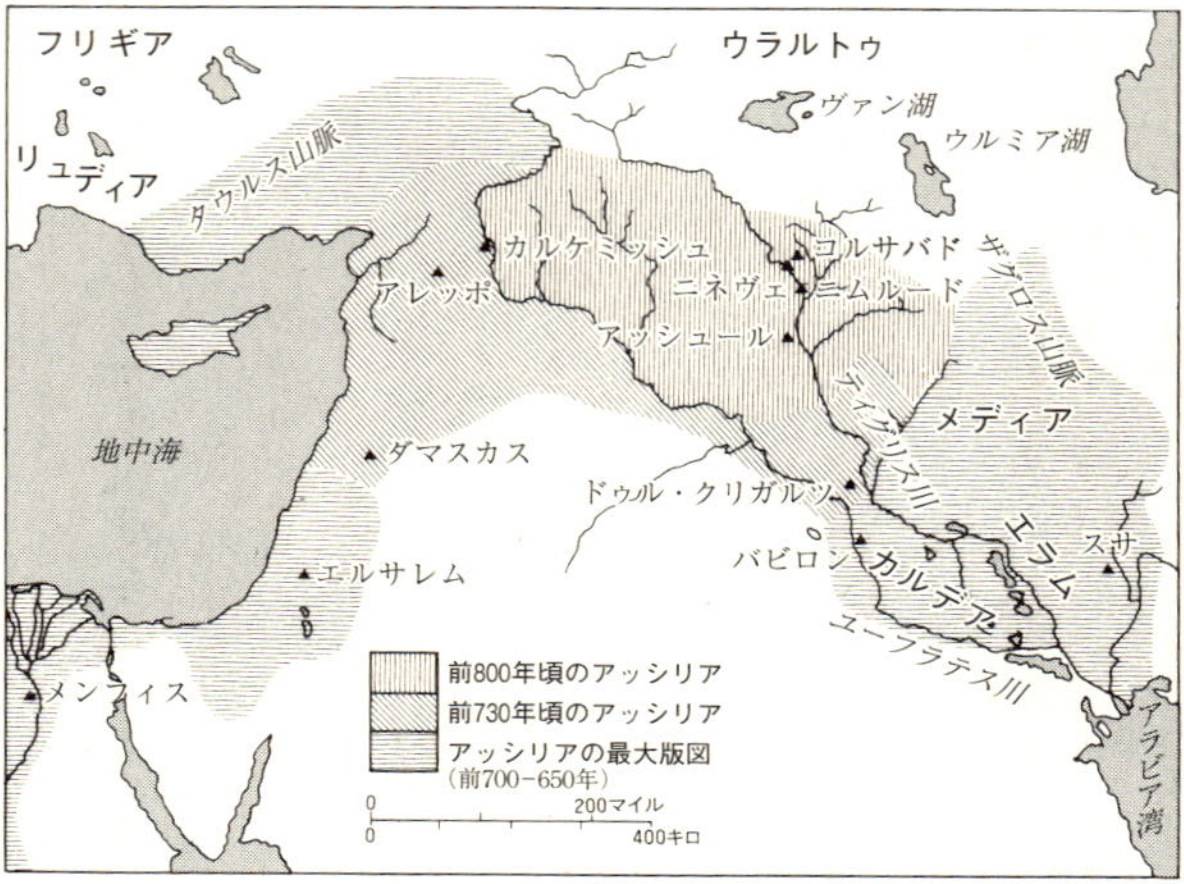

アッシリアの征服地図——強力な軍隊によって、アッシリア人は世界初の帝国を建設した。

技術における決定的な変化を知るためには、アッシリアの軍事政策とその実際を注意深く調べてみる必要があるだろう[100]。

アッシリアが勃興する以前には、ティグリス・ユーフラテス川流域の住民は、メソポタミア都市国家の社会構造上の理由から、古代エジプトにまぎれもなく具現された国家的統一の利益に浴することができなかった。それまでにメソポタミアが単一の強力な指導者のもとに統一されたのはたった二度、それも短い期間のことである。最初は、前二四世紀にサルゴン一世治下のアッカド人によって、またのちには前一八世紀に有名な立法者ハンムラビ王治下のバビロニアで統一がなしとげられた。ハンムラビの死後四〇〇〇年間には、ヒッタイトが少なくとも一度はバビロニアを現実に占領したが、それは一時的なことで、その時期を除けば、どちらかと言えば弱小民族の謎に満ちたカッシート人が、バビロニアをゆるやかな支配下においていた。他方、北メソポタミアでは、ミタンニ王国のフルリ人が支配的な勢力となった。アッシリアの最古の都アッシュールは、中部メソポタミアのティグリス河畔にあり、前一〇〇〇年代の大半を通じてアッシリア王はバビロニアに隷属し、ときとしてはミタンニにも従属した。しかし前一三五〇年頃を境として、アッシリアの支配者が強大化する一方、バビロニア王やミタンニ王の力が弱まった。前一二世紀になると、イランから来たエラム人がバビロニアのカッシート人を倒し、ティグラト・ピレセル一世（前一一一四年―一〇七六年）治下のアッシリアに権力が移った。ティグラト・ピレセル一世は、フルリ人を打ち破り、南のバビロニアはもちろん、遠くフェニキアまで軍を遠征させた。[101]

ティグラト・ピレセル一世の死後、アッシリアは衰退し、アッシリア国家はたちまち崩壊状態におちいった。遊牧民や山岳部族や、いわゆる海洋民族が侵入して、地中海東部地方一帯を暗黒時代におとしいれたのである。およそ前一二〇〇年から九〇〇年にかけてのことである。エーゲ海のミノア文化圏ではミュケナイおよびヒッタイト文明が滅び、エジプトもひどく弱体化した。肥沃な三日月地帯全域に権力の真空状態が生まれ、ペリシテ人、カナン人、イスラエル人のような弱小民族が、ある程度の独立を保ち、活発な動きを示した。それは、大国が覇を競っていた昔日にはありえないことだった。だが、ティグリス川沿岸におよそ一〇〇マイルにわたって延びる領土を頑強に固守したアッシリア人の国家が、結局は混沌の中から抜けだして、前九〇〇年頃には大国として再びぬきんでた存在となった。彼らが築きはじめた帝国は、ついに古代近東世界の大部分を併呑したのである。

アッシリアの興隆は、人類の偉大な技術上の進歩の一つと時期を同じくしていた。鉄器時代が前一二〇〇年頃から始まっていたのである。聖書から判断すると、ペリシテ人は、新しい製鉄技術を知っていたため、前一二〇〇年から九〇〇年にかけての時期には、初めのうちヘブライ人にたいし優位に立っていたらしい(102)。

イスラエルには、国中のどこを探しても、鍛冶屋がいなかった。というのは、ペリシテ人が、「ヘブライ人が剣や槍をつくると困る」と考えていたからである。そこで、イスラエル人は、鋤やまさかりや斧や鎌を手入れするときは、誰もがペリシテ人の所まで持って行った。鋤やまさかりの修理料金は一ピムであり、つるはしや斧をとがらせたり、牛追いの突き棒をなおすには三分の一シェケルかかった。そういうわけで、ミクマシの戦いのおり、サウルとヨナタンとともに戦ったすべての戦士の手には、剣も槍もなく、それを持っていたのはサウルとヨナタンだけであった。

(サムエル記上第一三章一九―二二)

前一二〇〇年以前にも、鉄は装身具や儀式用の武器として使われていたが、純粋な錬鉄であり、青銅より軟らかかった。古代の鍛冶屋は、鉄を溶解し鋳造するのに必要な高熱（摂氏一五三〇度）をつくる方法を知らなかったからである。しかし、彼らは試行錯誤ののち、ついに灼熱した鉄の中に炭素を入れることによって炭素と化合した鉄、すなわち鋼《はがね》のような鉄をつくりだす方法を発見した。その工程は複雑で、完全にはわかっていないが、鉄のもろさをなくすために、加熱と再加熱のあと、焼き戻しを行なうものである。前九〇〇年には、古代近東の鍛冶屋は、すでにこの方法を開発しており、アッシリアの戦士は、新しい製鉄技術にもとづく進んだ兵器で武装していた(103)。

鉄は、たちまち荒々しい力と同義語になった。ヨブ記第四〇章一八によると、河馬の骨は「槌で鍛えられた鉄のように頑丈」だったし、バビロニアの知恵の書には「女は、男の喉を切り裂く鋭利な鉄の短刀だ」とある(104)。青銅器時代から鉄器時代への移り変わりで最も重要な点の一つは、鉄が地球上のあちこちで豊富に採れるのにたいし、銅を青銅に変えるのに必要な錫、とりわけ漂砂鉱床の錫は、どちらかと言えば稀少な金属だったということだ。新しい兵器は性能がすぐれていたし、金属の不足が原因で兵器が枯渇することはありえなかった。

アッシリアの総合戦略

「アッシリア人は、羊の群れに迫る狼のように来襲した。その軍団は紫と金色に光り輝いていた」

バイロン卿『センナケリブによる破壊』

詩人が金色を引きあいにだしたのは、富と貪欲と権力と栄光のイメージを表現したものとして、許してもよかろう。前述のように、新時代を代表する金属は鉄だった。前九〇〇年から六一二年にかけて、アッシリア人は鉄のように強力な軍隊で古代近東を征服し、各地方をアッシリア王の有効な監督のもとにおき、統一することによって、世界最初の帝国を建設した。新王国時代のエジプト国家もしばしば帝国と呼ばれることはあるが、この時代のファラオはナイル川流域だけを直接支配し、シリアおよびパレスチナにおける勢力圏ないしは覇権を維持しようとしたにすぎない。アッシリア王は、被征服民族を自国に統合したから、全地域にわたって堅固な防御を固めなければならなかった。したがって、アッシリア人は新しい総合戦略を築き上げる必要に迫られた。上メソポタミアのアッシリア本国の防衛は、はるかに広い地域にわたる防衛体制の一部でしかなかったのである。

アッシリアの総合戦略の本質的な特徴は早くから明らかに見てとれたが、ティグラト・ピレセル三世の治世（前七四四年—七二七年）には、確固としてゆるぎないものとなっていた。アッシリア再興期の初期、国王アダドニラリ二世（前九一一年—八九一年）は、三つの前線で戦略的問題に直面していた。第一は、北方山岳地帯のウラルトゥである。以前はフルリ人の支配下にあった国で、アッシリア帝国の領土保全にあたって絶えざる脅威となっていた。第二は、敵意に燃えた南方の独立王国バビロニアであり、ペルシア高地に住む好戦的なエラム人からの脅威もあって、問題が複雑化していた。第三は、西方の海岸地方であり、この前線でアッシリアはイスラエル人と対決したのである。[105]前九世紀頃の諸王は、初めは征服を目指すというよりは侵略を目的として毎年のように出征し、この「アッシリアの三角地帯」の国境紛争において、さまざまなかたちで勝利を収めた。その結果、レオ・オッペンハイムが言ったように、「多かれ少なかれ短命な束の間の帝国」が生まれた。[106]その中でも、アッシュールナジルパル二世（前八八三年—八五九年）とその子シャルマネセル三世（前八五八年—八二四年）は、積極的に外征して戦果をあげた。だが、アッシリア帝国が最盛期を迎えたのは、前八世紀および前七世紀のティグラト・ピレセル三世、サルゴン二世（前七二一年—七〇五年）、センナケリブ（前七〇四年—六八一年）、エサルハドン（前六八〇年—六六九年）、アッシュールバニパル（前六六八年—六二七年）の時代である。彼らはみな、征服した領土を確保しようとつとめたのである。

ティグラト・ピレセル三世は、バビロニアとダマスカスを占領した。サルゴン二世は多くの戦争を遂行し、イスラエル王国の指導者を追放した。センナケリブはアナトリア南東部のキリキアを攻略し、アッシリア帝国の首都をニネヴェに移した。エサルハドンはエジプトを奪取し、古代近東世界の大部分をアッシリアの支配のもとに統一した。アッシリアの総合戦略は、二つの問題に対処すべく立案されたものである。一つは、征服した諸地域をいかにして隷属のもとにとどめておくかであり、もう一つは帝国の辺境地方をどのようにして防衛するかであった。ローマ帝国とちがって、アッシリア人は地方民の忠誠をあてにするわけにいかなかったし、軍隊を全地域の辺境にわたって分散配置するというようなぜいたくもできなかった。彼らは帝国内の戦略的要所には守備隊を駐屯させたが、つねに中央に強力な予備軍を保持し、直接、王の指揮下においた。このように、対外的防衛のみならず国内の治安維持の必要から、アッシリアの総合戦略がかたちづくられたのである。

アッシリア帝国にたいする脅威が国内にあったことから、王は、総合戦略の一環として意識的に恐怖政治を方針として採用した。臣民を抑えつけておくために、アッシリア王は帝国にたいする反逆行為には容赦なく苛烈な軍事的報復をもって応える方針を公然と表明したのである。バビロニアはよくたたかれたが、センナケリブの治下に一度、徹底的に破壊された。この大都市を破壊したセンナケリブの話は、カルタゴにおけるローマ人の所業を思わせずにはおかない。

嵐の襲来のように、朕は防衛線を突破し、暴風のように敵を圧倒した……市の広場は死体で埋まった……市内のすべて、そして家という家を、朕は土台からてっぺんまで破壊しつくし、火をつけて焼いた。城壁も神殿も神々も、煉瓦と土でつくられた聖堂の塔も、何もかもすべて倒して、アラートゥ運河に投げこんだ。市の中央に運河を掘り抜き、そこへ大量の水を注ぎこんだ。朕はまさに市の土台そのものを破壊したのだ。そして、洪水を起こし、破壊の仕上げをしたのだ。今後長い間、この都市のあった場所や神殿や神々が思い出されることがないように、洪水の力でその跡を完全に消し去り、ただの草原同然にしてしまったのだ。(107)

しかし、バビロニアをカルタゴのように破壊しつくすことはできても、抹殺してしまうわけにはいかなかった。バビロニアは雑草のような不屈の意志で再び立ち上がり、憎むべきアッシリア人にたいし頑強に抵抗しつづけたのである。

近東を統一するために、アッシリア人が大きな困難にぶつかったのは事実だが、アッシリアの報復攻撃のすさまじい物語は、誰の目にも隠せない著名な場所で起こったことであり、いま考えても背筋の凍る思いがするほどである。有名な一例が、アッシュールナジルパル二世が住んでいた王宮内の神殿の入口に刻みつけられており、そこには反乱を起こした都市シュルにたいして同王が行なった恐るべき復讐の模様が記されている。それを読むと、アッシュールナジルパルの意図したとおり、反乱を起こしたのは誤りだったと納得させられるのである。

クトゥムキの地に滞在中、知らせを受けた。「ビト・ハルーペの都市シュルの市民が反乱を起こして総督のハマタイを殺し、ビト・アディニから連れてきたどこの馬の骨とも知れぬアヒアババを王位につかせました」。わが王国を偉大ならしめたアダドと崇高なる神々の加護を受けて、朕は戦車と軍隊を動員し、ハブル川沿いに進軍した……ビト・ハルーペに近づくや、わが主神アッシュールの輝かしい威光に恐れをなした敵を圧倒した。市の主だった人びとと長老たちは、命乞いのため朕の前に出頭し、朕の足を抱いて言った。「殺したければ殺して下さい。生かしたければ生かして下さい。お心のおもむくままになさって下さい」。市民がビト・アディニから連れてきたどこの馬の骨とも知れぬアヒアババを、朕は捕虜にとった。朕は豪勇を発揮し、わが武器のすさまじい威力をもって市を席捲した。市民はすべての反徒を捕らえ、わが軍に引き渡した……朕は、アジ・イルを総督として任命した。朕は市の門の真向かいに柱を立て、反乱を起こした主要人物全員の皮膚をはぎ、柱を彼らの皮膚でおおった。一部の者の皮膚は柱の中に埋めこみ、ある者の皮膚は柱の上から串刺しにし、別の一部の者の皮膚は柱に巻きつけて縛った。朕はわが領土の境界内に住む多くの者の皮膚をはぎ、彼らの皮膚を広げて壁に張った。また、反逆した官吏や宮廷づき官吏の手足を切り落とした。そして、アヒアババをニネヴェへ連れていって、皮膚をはぎ、それを広げてニネヴェの城壁に張った。(108)

この身の毛もよだつような記録は、ナチの強制収容所の写真に劣らぬほどおぞましいものであり、これに匹敵する例は歴史を通じてもまれである。王とその軍隊が市外に達するやシュル市の反乱の指導者たちが戦わずして降伏したこと、それにもかかわらずアッシュールナジルパルが指導者のみならず都市そのものをも容赦しなかったことについて特に言及しておくのは意味のないことではない。降伏、それも無条件降伏でさえ、アッシリアにたいする反乱への懲罰を軽減する理由とはなりえなかったのである。

この記録がひどく生々しく、鮮烈で残酷な感じを与えるにしても、例外的ないし非典型的な事実であったからというわけではない。アッシリアの絵画芸術を見ても、アッシリアへの抵抗が愚行であることを示す実例が、あまりにもリアルに描かれていて、ぞっとするほどだ。炎上する都市やアッシリア軍兵士に捕らえられた女子ども、撃破されて潰走したり、死体となって横たわる敵や、切り落とされた人間の首の山を描いた絵も、アッシリア帝国の総合戦略——すなわち恐怖政治を実践し、宣伝することによって、被征服民を従属状態にとどめておこうという戦略——の欠かせない一部なのである。軍事力の行使およびそれによる恐怖を宣伝することと関連して、アッシリアの慣行としてよく知られているのは、各地の指導者を大量に帝国内の別の地方へ追放するというやり方である。イスラエルの指導者を捕らえ、メソポタミアへ追放したのがその有名な一例である。アッシリアの国王は、その総合戦略を推進するにあたって、バビロニアの支配者やエジプトのファラオよりもはるかに大胆に恐怖政治の方針を打ちだし、それによる心理効果を狙った。

しかし、アッシリアの総合戦略を支えていたのは現場の軍隊の力であり、この途方もなく強力な軍隊はあらゆる障害をものともせず、アナトリアやレヴァントやエジプトやバビロニアを制圧したのである。残念ながら、アッシリアの軍隊については豊富な史料が残っているにもかかわらず、近代的な研究として重視されるべきものは現われていない。アッシリア学者たちがすみやかにこの空白を埋めることを期待するのみである。(109) とはいえ、アッシリアの軍隊の組織と配備の全般的な傾向をつきとめることはできる。また、若干の問題については、最近系統的な研究が行なわれており、その軍事体制が複雑をきわめ、戦術面でも高度な発達をとげていたことは明らかにされている。

アッシリア人がその総合戦略を推進するうえでよりどころとした軍隊は、重装備および軽装備の歩兵を統合した戦力であり、槍兵、弓兵、投石兵、突撃隊、および工兵から構成されていた。アッシリアは騎兵隊を正規軍の部隊としてとりいれた最初の大国だが、つねに軍の最良の戦力として目ざましい働きをしたのは戦車隊である。戦力の中核となる常備軍はあったけれども、全地域にわたって徴兵制が敷かれ、大きな戦争に際しては地方の民兵が召集されることもあった。アッシリアのレリーフ彫刻に描かれているところを見ると、その軍隊は山岳地帯でも平地と同じように活動していたことがわかる。これは、現代でも真に有能な軍隊にして初めてできることなのである。アッシリア軍の指揮官たちは、アッシリアの三角地帯の非常に複雑な地勢的条件下での戦闘にさいしても、戦略上の要求を満たす戦術上の柔軟性を備えた軍隊を維持しなければならないことに気づいていた。それに加えて、あとで見るように、アッシリア人は効果的な攻囲戦の技術を身につけており、それに匹敵するものは弩砲《どほう》の発明とアレクサンドロス大王の遠征以前には他に例が見られなかった。アッシリア軍の全体の規模はわかっていないが、最近の研究では一〇万から二〇万の兵力と見積もられている。これが大きく見積もりすぎた数字だとしても、アッシリア王が古代近東世界ではかつてない大軍を動員していたことだけは確かである。(110)

馬の徴募と攻囲戦

組織は、戦争の必須条件である。最も広い意味での組織――兵站、徴兵、軍備、指揮系統、戦術的陣形、工兵学など――が、総合戦略をかたちづくり、戦略と戦術となって現われるのである。装甲歩兵密集方陣が採用されていた時代のギリシア世界では、比較的単純な軍事組織が支配的だったが、エジプト、アッシリア、ペルシアといった古代近東の組織は、比較にならないほど大規模なものである。本書のような概説書でアッシリアの軍事組織のすべての特徴を網羅するわけにはいかないので、そのうちの二つの側面を例として取り上げ、重点的に論じることにしよう。すなわち軍馬の補給と攻囲戦の技術である。

騎兵隊と戦車による戦闘には、ギャロップでの突撃にまつわる勇壮な華々しい物語のみにとどまらず、きわめて多くの問題がある。一例をあげれば、人とともに馬を養い、訓練しなければならないことに加えて、まず第一に馬をどのようにして手に入れるかである。馬は初めからそこにいたわけではない。古代世界では、馬は農業に広く使われていなかったから、なおさらである（いずれにしても農耕用の役馬では、騎兵用の優良な乗用馬にはなりそうもない）。アッシリア人は、馬によって移動する遊牧民でなかったことを考えると、歴史上のいかなる大国にも劣らず、馬の徴募という問題を巧みに解決したと言える。諸地域にいる役人から国王自身にあてて送られた手紙が二〇〇〇通以上も今日まで残っているが、この大量の史料によれば、アッシリアの支配者が馬の徴募問題にいかに意欲的に取り組んでいたかが、ときに微細な事柄にいたるまで詳細に例証できるのである。これらの手紙に基づく最近の研究によって明らかになったのは、ムサルキシュスと呼ばれる政府高官がアッシリアにおける馬の補給を取りしきっていたことである。この役人は通常、中央政府から一州につき二人ずつ任命され、州の総督ではなく、国王に直属した[三]。ムサルキシュ

ス は、諸州の村から村へと絶えず歩きまわって、国王のために馬を集めた。補佐として書記や助手を連れており、ときには馬を主戦力とする一部門、すなわち「宮廷戦車隊」あるいは「騎馬護衛隊」の専属となって馬の徴募にあたることもあった。いつのことか特定はできないが、ある年の初めの三カ月に集中して、毎日、国王（おそらくエサルハドンだろう）あてに書き送られた「徴馬報告書」が大量に残っていて、J・N・ポストゲートが名著『アッシリア帝国における徴税と徴兵制』（一九七四年）の中で、それを注意深く分析している。この報告書は、ニネヴェ近くにあった国王直属の厩舎をあずかる役人が書いたものので、彼はしばしば馬の配分について直接、王の指示を仰いでいる。「本日、王のもとへ到着いたしましたメリデア産の馬でございますが、予備として留保しておきましょうか。それとも放出して配置につけるか、あるいはこのまま保管しておきましょうか」[112]。二七日分のこうした報告書を見ると、二九一一頭もの馬（一日につき約一〇〇頭）がニネヴェに着いたこと、それが帝国内のあらゆる属州から来たものだということがわかる。

その他の記録からはっきりわかるのは、国王軍の戦車隊の兵士たちが、冬のあいだ諸州の村々を歩きまわって隊の専用の馬を工面したことである。したがって、前述の「徴馬報告書」で取り扱っていた馬は、国王の軍隊へ追加として補給されたわけである。馬を集め、さらにそれを中央の軍および地方の畜舎に配分するための官僚機構がととのっていたことは、馬を補給するだけでなく、それを飼養するための食糧の備蓄体制も高度に整備されていたことを物語っている。「徴馬報告書」で言及された二九一一頭のうち、二七頭は「種馬」、一八四〇頭は「労役馬」ないし戦車牽引用（クセア種すなわちヌビア産と、メセア種すなわちイラン産の二つに分けられることもある）、七八七頭は乗馬用ないし騎兵隊用と記されている。このほか、一三六頭ほどの騾馬を受け取ったともある。アッシリア軍の軍事行政管理体制が、他の部門でも戦車隊と騎兵隊への馬の供給と同様に高度に発達していたとすれば――それは、ほとんど間違いないことだが――前九〇〇年から六一二年にかけての時期――ギリシア（前七〇〇年―五〇〇年頃）で密集方陣の隊形が採用されるようになったのと時代的に重なり合っている――に、アッシリアが戦争の技術においてなしとげた進歩は、軍事史家が一般に認識してきた以上に重要な意義をもっていると考えて差し支えあるまい。

馬の補給問題は、多くの近代国家にとっても、悩みの種となってきた。アッシリアの衰亡後二五〇〇年経ったワーテルローの戦いのおり、ナポレオンは二万の騎兵隊員に必要なだけの馬を調達するという奇跡に近い離れ業をやってのけたとされている。

ナポレオンが、フランスの他の国境を守る軍団に必要な馬を供給したあとで、手元には核となる八〇〇〇頭の馬しかいない状態から動員を始めて、わずか二カ月のあいだにベルギー侵入に要する二万の騎兵隊員を集めえたことは、彼の驚くべき天才を証明する多くの例の一つにすぎない。しかし、それにもかかわらずフランスの騎兵隊が勝てなか

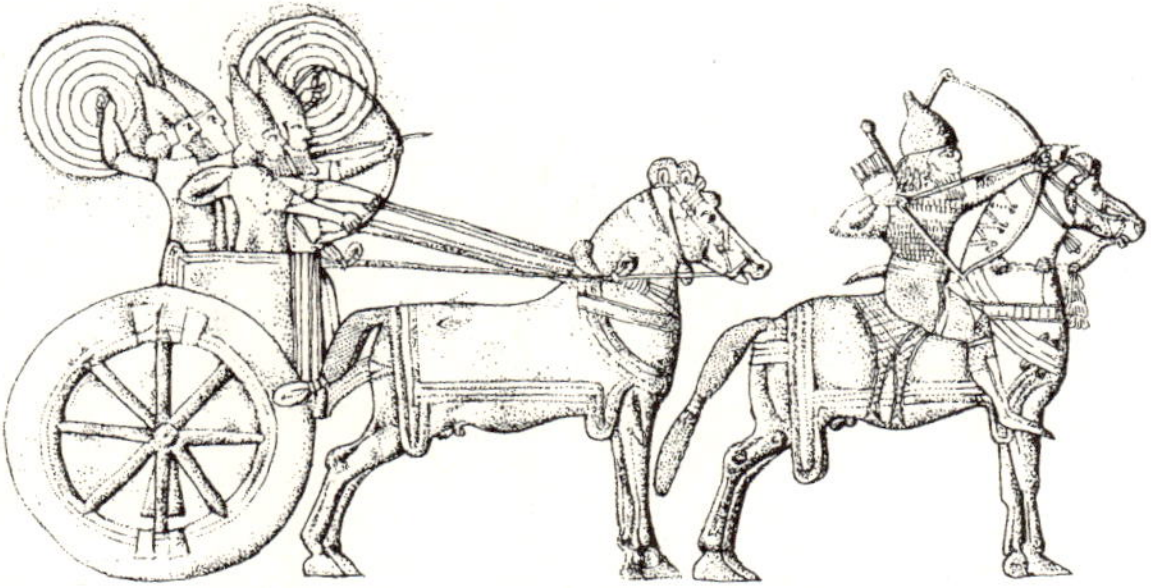

アッシュールバニパル時代のアッシリアの戦車と騎兵。アッシリア人は、初めて騎兵隊を戦闘に組織的に使った民族だが、それにもかかわらず主として戦車に頼りつづけた。ここに見られる戦車には、御者と弓兵、およびこの2人を守るため2人の楯持ちが乗っていた。

ったのは、急いで軍を編制しなければならず、したがって訓練が足りなかったことに主な原因がある。(113)

アッシリア軍の動員した馬の数が、ナポレオン軍に匹敵すると主張するのはばかげたことだ。だが、実数がどれほどであったかはともかくとして、諸州および中央の軍に常時割り当てられていた多数の馬に加えて、三カ月にわたり毎日一〇〇頭以上の軍馬が新たに国王のもとへ送られていたのだから、徴馬のための機構が非常に高い水準に達していたというのは、少し考えればわかることだ。

ここで、アッシリアの軍事史における大きな謎の一つにふれておくのが、おそらく適切であろう。アッシリア人が騎兵隊を戦力として投入した最初の民族でありながら、より重要な戦力として戦車隊を保持したことである。騎兵隊は機動性にすぐれているので、火器の射撃能力を除けば、事実上あらゆる点で戦車隊よりまさっている。戦車は、やがて戦場からほとんど姿を消し、のちにまれな例外とも言える場合に再び登場しても、騎兵隊におよばないことが立証されるばかりだった。それでは、なぜアッシリア人は騎兵より戦車を好み、戦車を捨てなかったのであろうか。昔の馬はあまり大きくなかったので、人を乗せるのに適していなかったと、かつては考えられていたが、最近の研究によればそれは事実ではない。騎兵隊は戦車隊より頻繁に起伏の多い地形に繰りだされたであろうが、蹄鉄がなかったため、そういう地形での戦いはおそらく馬にはきわめて犠牲をともなったことだろう。ひづめがすっかり駄目になってしまったからである。それが理由でないとすれば、もっと考えられるのは、これもまたよく知られている軍人精神の保守的傾向の一例にすぎないということかもしれない。つまり、革新を必要とするようになったときにも、なお伝統的な戦法を捨てたがらないのである。これは、その他の点では非常な成功を収めた軍隊にさえしばしば顕著に見られる傾向である。(114)

だがアッシリア人は、たいていの場合、変化を受け入れることができた。彼らが攻囲戦の革新的な技術を完全に身につけていたことを見れば、それははっきりとわかる。イガエル・ヤディンは、アッシリアの浮彫の注意深い分析を通じて、攻囲戦の技術の面でアッシ

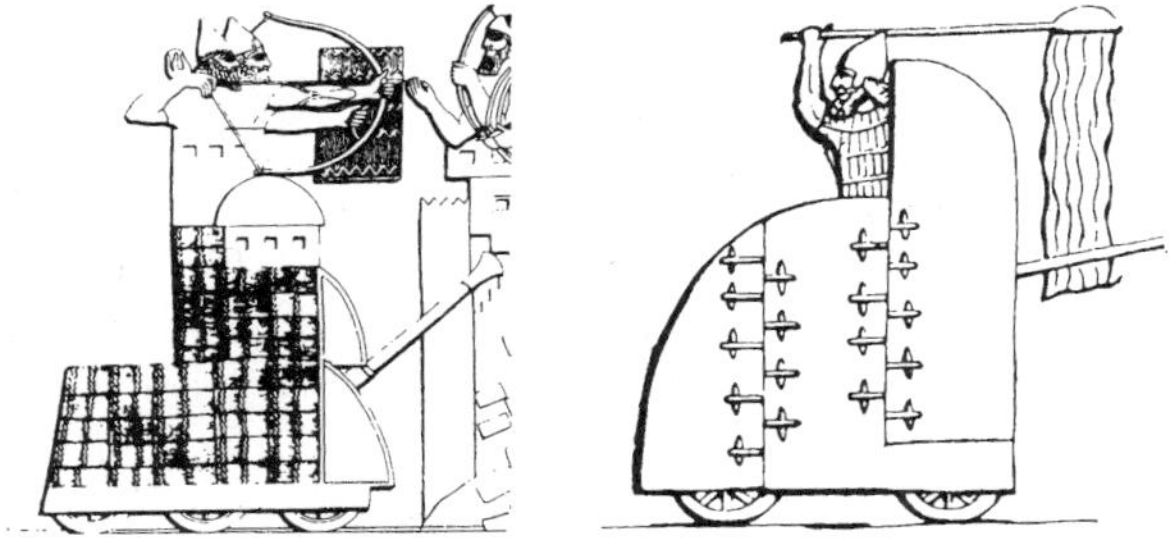

アッシュールナジルパルが持っていた６輪の移動式攻城塔と破城槌（左）は、重くて動かしにくかった。センナケリブの移動式攻城塔（右）は、もっと軽くて、より容易に敵の城壁を攻撃できた。兵士が火（おそらく火矢であろう）を消すのに水を使っていることに注意してほしい。

リア人がなしとげた革命的な進歩を証明している[115]。前一〇〇〇年代およびそれ以後に強力な軍隊が出現したことが刺激となり、それに対応して要塞基地の強化に力が注がれていた。とりわけそれは、大国の陸上戦力に抵抗できるほどの大軍を維持することなど望めない肥沃な三日月地帯の弱小な国々で顕著に認められたことである。しかし、要塞都市を攻め落とす方法はいくらでもある。アッシリア人は、在来の戦闘のみならず攻囲戦でも有効に機能しうる軍隊を編制した。それは密集方陣を採用した時代のギリシア人もとうていかなわないほど、見事な軍隊編制であった。驚くべきことに、アッシリア人は攻囲戦のあらゆる側面に精通していたようで、要塞基地を攻め落とすために彼らがとった手段を見ると、その戦術上のテクニックが多様な変化に富んでいたことがわかる。

都市を攻略するには、大軍をもって攻め寄せ、それ以上の軍事行動に出るまでもなく、敵が降伏するようにことを運ぶのが最良の方法である。すでに見たように、アッシュールナジルパル治下のシュル市の場合が、まさにその好例である。前四世紀に、アレクサンドロスは、大挙して進軍しただけでバビロニアを占領した。アッシリアの将軍は正面攻撃で敵陣へ侵入して損害をこうむるような危険をおかさないように、さまざまな手を使った。都市を防衛する側が門を開けようとしなくても、策略を使って市内に侵入することが、ときには可能だった。トロイアの木馬の物語は、その最も有名な例である。古代近東の戦争で策略がいかに恐れられたかは、聖書に出てくるサマリア攻囲戦の物語（列王紀下第七章一〇―一二）にはっきりと示されている。攻撃側が陣地を捨てて姿を消してしまったという話を、王は信用しようとしなかったのである。

こうした策略が失敗したとき、次の手段は要塞に襲撃をかけることだった。ただし、攻撃側にある程度は成功する見通しを持てるだけの兵力があると仮定しての話である。アッシリアの将軍は、さまざまの異なった方法を単独に、あるいは組み合わせて用いて都市を襲撃するのに必要な特殊部隊を思うままに駆使した。一つの方法は、破城槌を使って城壁を破ることだった。アッシリアの浮彫を見ると、アッシュールナジルパルの時代には早くも破城槌が使われていたことがわかる。車輪のついた移動式の塔に乗って城壁まで近づき、破城槌をふるったのだが、塔は破城槌の使い手を保護する役割も果たした。また塔は、市の城壁から反撃してくる敵軍に矢を射かけるために弓兵を乗せられる余裕があった。初期のアッシリアの攻城塔は、車輪の数が多くて重すぎ、動きがとれなかったが、ティグラト・ピレセル三世の時代までにはもっと軽量の四輪の塔が使われるようになっており、ときには数基の塔で城壁の同じ場所を攻めることもあった（実際は城門が選ばれるのが普通だった。そこが比較的弱い箇所だったからである）。攻城塔を要塞まで移動しやすくするために傾斜路をつくることが必要だとわかれば、アッシリアの技術者はいつでもその要求に応じることができた。破城槌班の一人は、敵が松明に火をつけて塔に向けて投げつけるのにたいし、もっぱら火を消す役目を引き受けた。他の突撃隊員たちは、城壁の弱い部分を突く棒や槍の使い方の訓練を受けており、彼らが城壁破りに専念しているあいだ、敵の攻撃から守るための特殊な楯や遮蔽幕も工夫された。槍兵はときどき大きな遮蔽幕を支えて立ち、弓兵がその陰に身を隠して、攻囲作戦中の味方のために掩護射撃をした。また、要塞基地を陥落させるために、燃えさかる松明を使うこともしばしばあった。

アッシリア人がいつでも破城槌で城壁を破ろうと準備をととのえていたのは明らかだが、梯子を使ってよじのぼったり、土を盛り上げた傾斜路をつくることによって城壁を乗り越える訓練も受けていた。ときとして、この方法は破城槌による攻撃から注意をそらす目的で採用されたが、アッシリアの将軍は主要な攻撃手段として大量の攻城梯子を使うことも

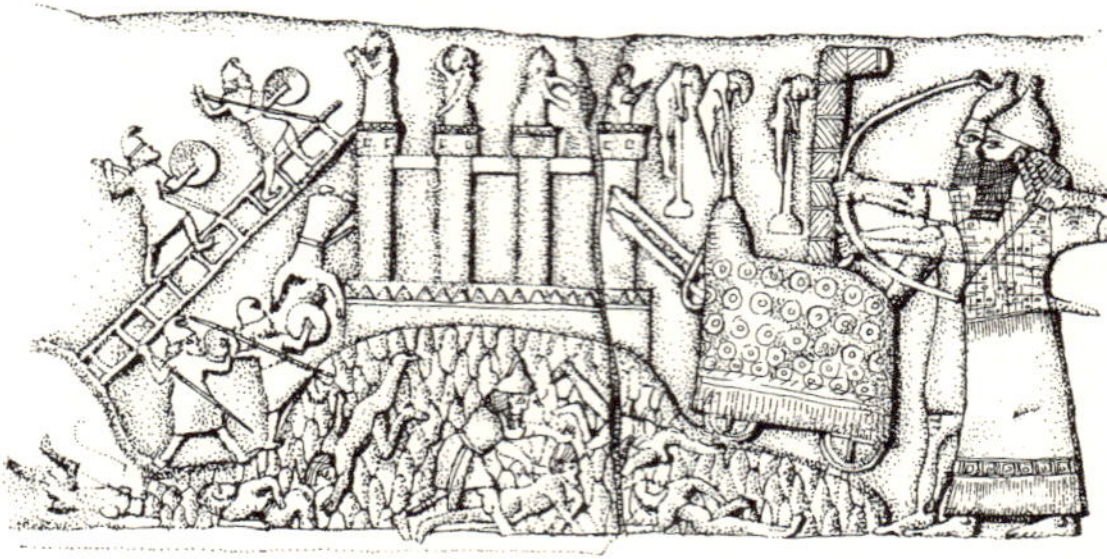

ティグラト・ピレセル３世の時代に使われていた攻城梯子と破城槌。敵（上）は串刺しにされている。軍隊（下）は山岳地帯で戦っている。弓兵は兜をかぶり、鎖帷子に身を固めて、巨大な枝編み細工の楯の背後から弓を射る。アッシリア陸軍では、攻囲戦と山岳戦闘の技術が高度に発達していた。

あった。城壁を乗り越えたり破ったりして侵入することができなかったときは、地下道を掘って侵入しようとした。破城槌と攻城梯子と地下道作戦が同時に採用される場合もしばしばあった。弓兵および掩護部隊の槍兵のほかに、アッシリア人は投石兵も使った。投石器は、高角射撃ができたので、銃眼つき胸壁や市の内側にいる防衛軍兵士を攻撃するには特に効果的だったのである。

他の手段がすべて失敗するか、あるいは突撃によって侵入するのは犠牲が大きすぎるように思われるとき、アッシリア軍は、都市を降伏させるため、厳密な意図での攻囲戦に踏み切った。その狙いは、ただ都市を包囲して外部からの救援と物資補給の道を断ち、飢餓状態におとしいれて屈服させるというだけのことだった。厳密な意味での攻囲戦は、危険をともなうものである。古代の都市では食糧供給が非常に豊富な場合がよくあって、二年間、ときには三年間も配給によって持ちこたえることがあった。その間、攻撃側の軍隊は要塞のまわりで動きがとれなくなってしまう。そこで、もし包囲された都市が同盟軍の援助を求めることができれば、攻撃側は気がついたときには救援軍と市内籠城軍の突撃部隊に包囲され、攻撃を受けることになりかねない。アッシリア人は明らかに、厳密な意味での攻囲戦を避けようとした。そして、敵を強襲するのに適した軍隊を組織したのである。

要するに、専門化された二つの軍事部門、すなわち馬の徴募と攻囲作戦の例を見れば、アッシリア軍の組織がどのようなものであったかがわかるし、戦術的にも効果的に編制されていたと言ってよかろう。アッシリア軍は一〇〇〇マイルにもおよぶ長距離を整然と行軍することができた。敵軍も、敵側の要塞も、アッシリア軍が戦略目的を達成するのを阻止することができなかった。前九〇〇年頃から六一二年にかけて、アッシリア軍は、古代近東世界に並ぶもののない陸上戦力だったのである。

戦略と戦術――遠征中のアッシリア軍

数代にわたるアッシリア王の軍事行動については、かなり詳細な記録が残っている。本書では、そのうちの一つを、戦場で作戦中の戦闘集団の具体例として検討してみることにしよう。前七一四年に企てられたサルゴン二世の第八次遠征は、北方および北東辺境の強力な王国、ウラルトゥを目指した作戦行動である。そのときの記録が、サルゴンから主神アッシュールへの手紙というかたちで残っている。それは書字板に書かれたもので、現在はルーヴル博物館にある。[116]手紙によると、このときの遠征は宗教的動機に触発された軍事行動のようだが、一部の人びとが考えたように、アッシリアの戦争を宗教的な十字軍と思いこむ誤りをおかしてはならない。戦争を宗教的に理由づけて正当化するのは、しばしば行なわれてきたことであり、古代近東ばかりでなく、ギリシア人やローマ人のあいだでも珍しくはなかった。辺境の防衛は、アッシリア王が総合戦略を打ち立てるのをうながす刺激となったし、戦利品獲得の可能性もあったために関心が高かった。

サルゴンは、首都のカルフ（のちの首都ニネヴェの近く）から北に向かって進軍したとき、おりしも氾濫していたティグリス川の一支流を渡った。王は「無茶な渡河」だったと書いているが、実は渡河作戦をやってのける能力こそ、アッシリア軍の大きな強みの一つだったのである。王は、それから東へ進路をとって山岳地帯へ向かい、メディアとの国境付近で進軍を停止し、自軍を閲兵した。さらに北へ進み、現在のタブリーズ付近にあたるウルミア湖の東岸地域に達するまでに、サルゴンの軍は多くの困難に遭遇した。その途中に越えなければならなかった「高山地帯は、あらゆる種類の木々におおわれたジャングルであり、山道は恐ろしく危険だった。その一帯がヒマラヤ杉の森の中のような闇に閉ざされ、道を行く者は、まったく太陽の光を見ることができない」[117]。道が「凹凸なので戦車に乗って進むことができず、馬を走らせるわけにもいかない。また勾配が急なため、歩兵を進軍させるのも無理である」。そこで、サルゴン軍の工兵隊は「高い山の山腹を打ち砕いて建築用石材ブロックを採り、立派な道路をつくった」。軍は縦隊を組み、先頭に戦車、次に騎兵隊と歩兵隊、さらに工兵がつづき、ラクダと驢馬の輜重《しちょう》隊がしんがりについた。

サルゴン軍がマンナイ人の王国（ウルミア湖の南）に達すると、マンナイ王は戦わずして降伏し、「私の足に接吻した」。メディアの支配下にある全地域の諸王が、サルゴンに貢物をおくった。サルゴンは、兵站線を確保するために要塞を築き、「そこに食糧、油、ワインや戦争のための装備をたくわえた」。アッシリア軍は、首都を放棄したアルメニア王を追って北上し、一二の要塞都市と四八の村を占領した。「余は、城壁を破壊し、内側の家々に火をつけた。そして、洪水のようにそれらをなぎ倒し、たたきつぶして瓦礫の山として積み上げた」

サルゴンの戦略目的は、要塞を破壊するだけでなく、ウラルトゥ王ウルサの指揮する敵軍の主力とぶつかり、これを打ち破ることにあった。「余は、それまでアルメニア人のウルサとまみえたこともなければ、その広大な領土の境界に近づいたこともなく、戦場でウルサ軍の兵士の血を流させたこともなかったので、戦いによって相手を打ち負かせるように、両手を上げて祈った……」。好都合なことに、ウルサは弓兵と槍兵と騎兵を展開して伝統的な横隊をつくった。サルゴンは、アレクサンドロスやカエサルのような決断力を示し、食糧を制限されて疲れきっている自軍をただちに敵陣へ向かって進撃させた。自ら戦車と騎兵隊を率いて敵の横隊に突撃をかけたのである。「兵士たちの疲れを癒やしてやるわけにもいかず、野営地の塀を補強するいとまもなかった……自分のまわりにいる者を呼び寄せることもできず、うしろを振り返る暇もなかった……余は、疾風のごとく飛ぶ投げ槍のように（敵陣の）真っ只中へ突入し、ウルサを打ち破った」

この決戦でサルゴンが縦隊によって進撃し、戦闘隊形を組まないで、ただちに敵の横列に突入しようと腹を決めていたことは明らかである。(118) サルゴンに急襲されて、ウルサ軍の横隊が崩れたのは言うまでもなく、サルゴンはアルメニア軍を追跡し、これを絶滅した。ただし、ウルサ自身は戦車を放棄し、馬に乗って逃げ去った。

敵軍の主力を壊滅するという目的を果たし、戦場となった地域を荒廃させたあと、サルゴンは、ウルミア湖とヴァン湖を迂回してアッシリアへの帰途についた。そして、まったく抵抗を受けずにウラルトゥの主要な要塞をいくつか手中におさめたのである。記録によれば、サルゴンはどこへ行っても兵站組織による軍隊の維持に留意し、敵の要塞を破壊することを忘れなかった。ウラルトゥ国境のヴァン湖の南西にあたるウエシでは敵の抵抗を受けたが、サルゴンは敵の正面を守る兵力と交戦する一方、その背後を包囲することによって、堅固な要塞陣地を陥落させた。帰国まであとわずかの旅程を残すのみとなったとき、サルゴンは戦車や歩兵など軍の主力を先にアッシリアへ帰し、自らは一〇〇〇の騎兵と突撃隊を率いて高山の山道を越え、東へ向かって北メソポタミア王国に攻めこんだ。そこの支配者がアッシリアとの同盟から離反したからである。首都ムサシルを攻略するにあたってサルゴンが用いた手段は、時を移さぬ奇襲であった。彼が越えた山道は非常に狭かった。

歩兵も通れないほどだった……かつてここを越えた王はなかった……余は野生の大木を切り倒し、急峻な高峰を切りひらいて進んだ……歩兵が横向きになって通ったほど狭くて真っすぐに延びる道があり、余は自軍がそこを通れるように工夫した。戦車はロープを使って登り、余は数頭の馬とともに軍の先頭に立って進んだ。余のかたわらを行く兵士と馬は、幅を狭くとって一列となり、へとへとに疲れながらも進軍をつづけた。

突然の攻撃に不意をつかれて、ムサシルは抵抗することなく陥落し、サルゴンは六〇〇〇人以上を捕虜にしてアッシリアへ帰った。

この記録は、アッシリア軍の戦術的柔軟性を鮮やかに立証している。敵の領土深く数百マイルも踏みこんだ遠征で、アッシリア軍は川を渡り、高い山のあいだを通り抜け、物資補給のルートを確保しつつ、大きな戦闘をたたかい、要塞陣地にたいする攻囲戦を遂行したのである。そして、ウルミア湖とヴァン湖のまわりを迂回して、その地域一帯と諸都市を破壊した。アッシリアへ帰る前に、サルゴンは精鋭の手兵を率いて、軍隊には踏みこめないと思われていた山道を越え、要塞都市を攻略した。アッシリアの「狼」と言われたこの軍隊は、狡猾で残忍な指揮官のもとに、それまでに現われた世界のいかなる軍隊よりもはるかに高度に組織されていた。

しかし、アッシリアはその軍事組織と恐怖政治にもかかわらず（というよりも、恐怖政治のゆえにと言った方がいいかもしれない）、三角地帯周辺の属州にたいする支配を維持できないことが証明された。おそらくエジプトを征服しようとして国の総力を傾けたことが原因となってアッシリアは弱体化し、前七世紀になるとバビロニアの反乱にあい、支配下においてから一世代にも満たない（前六七一年―六五〇年代）エジプトを失い、ペルシアのメディア人がのし上がってくる事態に直面した。バビロニアは六二六年に独立を勝ち取り、のちには――メディア人と同盟して――アッシュールを占領し（前六一四年）、ついにニネヴェを攻め落とした（前六一二年）。古代近東には、憎むべき帝国の没落を嘆く国は、ほとんどなかった。

ペルシアの総合戦略

ニネヴェが陥落してからほぼ六〇年間、メソポタミアとシリアとパレスチナを支配したのは、新バビロニアとペルシアのメディア人であった。また、アッシリアが瓦解した結果、エジプトは、サイス王朝のファラオのもとで独立を回復し、アナトリアではリュディアの強力な王国が興った。ギリシアの偉大な歴史家、ヘロドトスがのちに主張したところによれば、メディアの諸王の中で最も卓越した存在であるキュアクサレス（前六二五年頃―五八五年）こそ、「アジアの軍隊を組織化した最初の人である。軍隊をいくつかの中隊に分け、槍兵、弓兵、騎兵を、それぞれ別々の部隊に編制したのである。彼以前には、これらの兵士は混成軍として一つの集団の中でごちゃ混ぜにされていた」[119]。今日では、この説は誤りであることがわかっている。ギリシア人が古代近東の軍隊の習慣について、いかに無知であったかを示す重要な一例である。

前五世紀の中頃、キュロスがペルシアの王位につき、支配権がメディア人からアケメネス王朝に移ったとき、ペルシア帝国創建の基礎が据えられた。ペルシアはたちまち古代近東の全域を併呑し、前四世紀後半にアレクサンドロス大王によって滅ぼされるまで支配しつづけたのである。次章では、ギリシアとペルシアとの敵対関係をよりくわしく検討することとして、本章の残りの部分ではペルシアの総合戦略を、すべての面から考察することにしよう。エーゲ海地方の辺境はその戦略の一部分をなすにすぎない[120]。

キュロス（前五五九年―五三〇年）およびその息子カンビュセス（前五三〇年―五二二年）

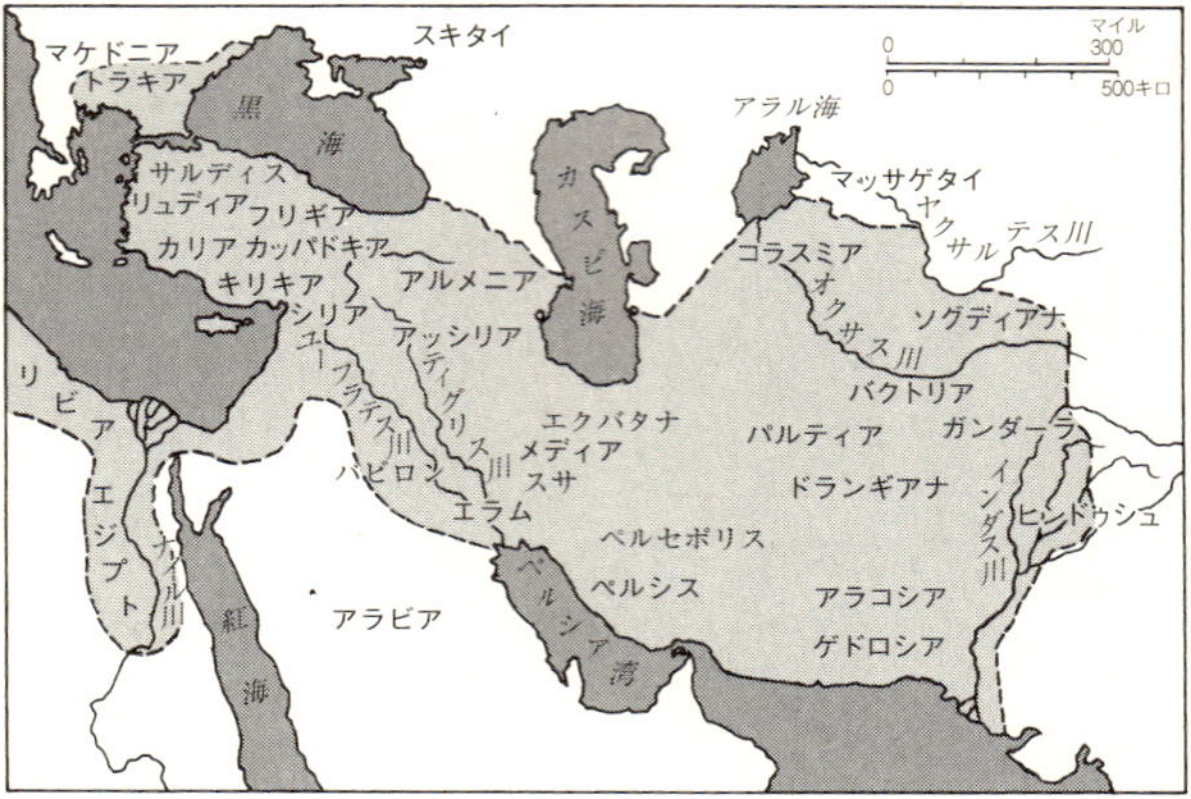

前500年頃のペルシア帝国の地図

の治世に、ペルシア人は、リュディア、エジプト、バビロニアを征服した。ペルシアの軍隊は北東方面のヤクサルテス川に達し、インドへ侵入した。ペルシア帝国は、古代西方世界では最大の領土を持つ国家となり、ダレイオス一世の時代（前五二一年—四八六年）には、アッシリア帝国と同様、全土が州すなわち管区（サトラピ）に分割された。その版図は、インダス川流域のヒンドゥシュ管区からエーゲ海地方のイオニア管区にまでおよび、全部で二〇州を数えた[121]。

　この広大な帝国を防衛するために軍隊が担わなければならなかった任務は、恐るべきものだった。ペルシアの総合戦略は、その規模の大きさだけから言っても、それ以前の古代近東にくらべるものがないほど複雑かつ高度に練り上げられていた。エーゲ海からインダス川までは二五〇〇マイル以上あり、北西部のボスポラス海峡から北東部および東部のインドに至る帝国の極北辺境における軍事的脅威は大きなものだった。ペルシア王にとって幸いだったのは、南部国境が比較的安定していたことである。ゲドロシアの辺境地方やペルシア湾方面には、大きな軍事的脅威となる勢力は存在しなかった。バビロニアからシリアとパレスチナを経てナイル川に至る肥沃な三日月地帯に沿った南西部国境では、とりわけエジプトに反乱が頻発し、国内の治安を保つのに苦労することも少なくなかったが、国境の向こうには、ペルシア帝国の軍事的支配体制をおびやかす国は一つもなかった。したがって、ペルシアがときとしてこの地方に武力介入しなければならなかったのは事実であり、おそらくエジプトには小規模な常備軍を置いていたであろうが、概して言えばペルシア国王はその軍事力に基づく威信に依拠して、この地域を支配することができたのである。

アッシリア人がその軍隊による鎮圧を補強するため、意識的に恐怖政治を推進したのにたいし、ペルシア人は寛容な政治を行なうことによって、諸管区の臣民の支持を得ようと努めた。旧約聖書には、間近に迫ったキュロスの到着を喜び迎えるユダヤ人の気持ちが表現されている。ユダヤ人は、キュロスが大きな宗教的自由を許してくれるものと期待していたからである。ペルシアの総合戦略のこうした傾向は、総じて反乱防止にかなり有効に働き、エジプトを除く東地中海辺境諸州の治安維持に役立った。しかし、だからといって、民衆がペルシアの支配を熱烈に迎え、媚びへつらったわけではない。前三三〇年代に、アレクサンドロスが地中海東海岸をまわって進軍したとき、ほとんど地元民の抵抗にあわなかった。親ペルシア感情にかられて立ち上がる者など、実際のところ一人もいなかったのである。

北部国境はまったく事情が異なっていた。スキタイ人が黒海の東西両側からペルシアの辺境地方、トラキアおよびアルメニアをおびやかしていた。[122] 北東方面では、キュロスがマッサゲタイ人との戦闘中に戦死し、ソグディアナやバクトリアは、遊牧民の群れからしばしば攻撃を受けた。最大の脅威となったのは、北西方面である。前五世紀の初め、ペルシアはそこを支配下におこうと企てたが、ギリシア人とマケドニア人はよく抵抗し、首尾よくペルシア人の企図を阻んだ。そして、前四世紀になると、さしもの強大なアケメネス王朝もアレクサンドロスの軍門にくだったのである。エーゲ海方面でペルシアがおかれていた立場には制約があり、危険をはらんでいたことを、ダレイオス一世からダレイオス三世に至るペルシアの諸王が理解していたことは疑いない。そして、結局成功しなかったとはいえ、彼らは北西部国境の防衛にその軍事的努力の大半を振り向けたのである。

ペルシア人が征服を進め、帝国を防衛する手段として用いた軍隊は、すばらしい戦力であった。[123] 規模の大きさでは、ナポレオン時代の軍隊に匹敵したし、戦術的柔軟性と兵站組織の点では、フィリッポスおよびアレクサンドロス以前のギリシアの軍隊をはるかにしのいでいた。明らかに帝国の全管区で実施される一種の徴兵制に基づいて、国王はエジプトその他の土地に常駐させる軍隊を含め、合計およそ三〇万人の軍隊を集めることができた。軍隊組織は一〇人からなる部隊に基礎をおき、一万人隊から一〇〇〇人隊、一〇〇人隊、一〇人隊までであって、将官の序列も、それに応じて一万人隊長から一〇人隊長まであった。ペルシアの近衛部隊は、ペルシア本土から選りすぐった精鋭からなっていた。古代から現代まで、軍隊の強さはその名目上の兵員数とめったに一致しないものだけれども、ペルシアの近衛部隊は常備軍としていつでも一万人の兵力を完全に維持していた。ペルシアの歩兵は弓で武装していたが、短い槍と短剣もたずさえており、枝編み細工の軽い楯を持っていた。金属製の兜はかぶらず、小札鎧《こざね》を身につけ、ズボンをはいていた。

諸管区の非ペルシア人分遣隊は、帝国自体がそうであったように、多種多様だった。バビロニア人部隊は金属製の兜をかぶり、槍と木製の棍棒で戦った。バクトリア人は、弓のほかに戦斧を持っていた。パフラゴニア人は槍兵であり、投げ槍も使った。遊牧民のサルガティア人は馬に乗って戦い、投げ縄を使った。しかし、主力のペルシア人騎兵隊は、弓と投げ槍で武装した。ペルシア人の弓は複合弓ではなく、おそらく最大有効射程距離は一八〇ヤードほどであったろうが、若干の非ペルシア人分遣隊は、ことによると実際に複合弓を使っていたかもしれない(124)。

ペルシアの軍隊には、二つの重大な弱点があった。一つは、重装歩兵がなかったこと、あるいは少なくとも語るに足るほどのものがなかったことである。一般にペルシアの戦術では、まず歩兵隊が大量の矢をつるべ打ちに射かけたあと、騎兵隊が突撃し、次いで歩兵隊が軽量兵器で接近戦を交えるという手順が要求されたからである。重装歩兵がなかったことは、ペルシアの辺境地方の大部分では何ら影響しなかったが、北西地方でのギリシアとの戦いでは破滅的な結末を招くことになった。同じくらい重要なもう一つの弱点は、ペルシアの国軍が戦術的に統一のとれた均質な軍隊ではなかったことである。戦場で歩兵と騎兵および散兵を緊密な連絡のもとに活用したという意味で、ペルシア軍は戦術的に一貫性のある軍隊ではあったけれども、民族的にも地域的にも多様な召集軍隊から構成されていて、それぞれの戦術と組織に各地方の特色を残していた。その結果としてできた混成軍が、かならずしも戦術的に調和のとれた軍隊でなかったことは明らかである。だが、たいていの場合、この弱点も問題にはならなかった。ペルシア軍の動員しうる兵力が圧倒的に強大だったからである。しかし、この面でも、やはりギリシア人は有利な立場にあった。フィリッポスとアレクサンドロスがマケドニアとその同盟国の軍隊の統合に成功し、戦術的に統一のとれた軍隊をつくりあげてからは、なおさらそうだった。この軍隊にあっては、戦線のいたるところですべての部隊が戦闘方法を知りつくしていた。けれども、ペルシア人はおそらく自らの弱点を補うものとして、戦闘において最も重要な諸部門のうちの二つ——騎兵隊と軍船隊——の活用では、世界でも並ぶものがないほど熟練していた。古代近東の戦争からギリシアの戦争に目を転じる前に、この二部門でペルシア人があげた実績を見ておくことにしよう。

騎兵隊

すでに見たとおり、アッシリアは戦車隊とは別に騎兵隊を戦力として投入した最初の大国であったが、サルゴンおよびその後継者たちの時代には、いぜんとして戦車が戦場で支配的な役割を果たしていた。ニネヴェが陥落したあとに勃興したリュディアは、大規模な騎兵大隊に大きく依存した最初の国家であったかもしれない。ヘロドトスによると、クロイソスの王国（リュディア）は馬術が盛んなことで有名であり、キュロスでさえ優勢なリュディアの騎兵隊を打ち破るためには、策略に頼らなければならなかったという。サルディス攻略の戦いで、キュロスはラクダを先頭に押し立ててクロイソスの騎兵隊とぶつかった。馬にはラクダを恐れる性質があるのを知っていたからである。この戦術が功を奏して、リュディアはペルシアに降伏したが、そのときキュロスは騎兵隊の潜在的価値に気づいた（あるいは、それ以前から知っていたのかもしれない）。アケメネス王朝時代のペルシア軍は、騎兵隊に依存するところが大きかったのである。[125]

それ以来、二〇世紀に至るまで、騎兵隊は戦争で広く活用された。二〇世紀の初め、第一次世界大戦の西部戦線で、ドイツは七万の騎兵隊を擁し、フランスは一〇個師団の騎兵隊を展開していた。しかし、機関銃の登場で、騎兵隊を使うことはまったく引き合わなくなり、市街を走る馬が自動車に取って代わられたのとちょうど同じように、戦場では騎兵隊に代わって装甲戦車が使われるようになった。その結果、二〇世紀の後半になると、学生たちは馬を使う戦争を奇妙なものだと思うようになり、歴史家の中にも馬を使ってどのように戦争が行なわれたのか、ほとんど理解していないように思われる者がいるほどである。[126]

騎兵隊は、ペルシア軍に導入されて以来、戦場で機動力を発揮して目ざましい働きをする最良の戦力となった。そして、ナポレオン時代までその地位は変わらなかった。人間にくらべると、馬は大きくて人の度肝を抜く獣だから、馬と騎手が一体となって突撃してきたとき、歩兵がその場に踏みとどまるには相当な勇気を要する。その反面、馬はおびえやすいので、敵の槍兵が一糸乱れず横隊に布陣しているところへは突進しようとしない。それどころか、敵と接触しないうちにくるりと向きを変えてしまう――つまり、騎手も敵の槍で串刺しにされるのを少しも望んでいないので、馬を突進させるつもりは初めからないということだ。そんなわけで、敵の横隊の真っ只中へ突撃するすばらしい騎兵隊という英雄的なイメージは、最近ジョン・キーガンの『戦場の素顔』の中で見事に打ち破られたのである。もっとも、軍事史家にはこれは以前から秘密ではなかったし、またおそらく騎兵隊の指揮官たちも自覚していたことだろう。

だが、一つだけ言っておきたいことがある。なるほど騎兵隊は整然と布陣した横隊にたいして強引に突撃したりしないが、横隊が騎兵隊の突撃で隊列を乱し、恐慌状態におちいることがあるのも事実である。こうした状況では、騎兵隊が直接歩兵隊に攻撃をかけて成功を収めることができる。見たところ、敵は強力な布陣をとっている。にもかかわらず、いつ突撃をかければ敵の士気をくじいて弱点をつけるか、その時機を決めるのは騎兵隊の指揮官にとって多くの場合きわめて難しいことである。判断を誤れば、大きな犠牲を払う羽目になるだろう。騎兵隊が早まって突撃すれば、馬がおびえて混乱状態におちいり、敵は反撃に出て馬を追い、蹴散らすことができる。イッソスの戦いで、アレクサンドロスは騎兵隊の突撃によってペルシア軍の布陣を破ることに成功した。すでに見たとおり、サルゴンは同じことを戦車隊によってなしとげたのである。通常、騎兵隊が横隊に突撃をかけるのは、敵の隊列に間隙がある場合（ガウガメラの戦いにおけるアレクサンドロスの場合がそうである）にかぎられるが、隙のない横隊にたいする突撃が成功する可能性を過小評価してはならない。突撃が始まれば、もちろん敵の隊列にも乱れが生じるからである。また、騎兵隊は普通、敵の騎兵隊に真っ向から突撃するものではない。しかし、騎兵隊指揮官が正面から突撃を企てることはありえないと決めてかかるのは、この場合もやはり誤りである。敵の騎兵隊がまともに突撃を受けて後退することも、ときにはあるのだ。だが、どういう場合にそうなるかをつかむのが、突撃を成功させる秘訣である。アレクサンドロスは、グラニコス川の戦いおよびヒュダスペス川の戦いでこのような突撃に成功し、ハンニバルもカンネーの戦いのとき、自軍の左翼に同様の突撃をさせて勝利を収めた。古代の戦闘で鐙《あぶみ》は使われていなかったが、鐙がなかったことはおそらく多くの人が思いこんでいるほど大きな障害にはならなかったであろう。古代の騎兵隊の突撃は、中世や近代のそれにくらべても大して変わりがないほど安定した不動の戦法だったのである。(127)

しかし、歴史的に見ると、騎兵隊が主に使われたのは偵察用であり、また敵軍の中で比較的防備の弱い側面と後衛を攻撃するためだった。敵軍の隊列に隙が生ずれば、騎兵隊はうまくそこをついて突撃できるだろうが、普通の場合、援軍として歩兵隊がすぐあとにつづき、好機に乗じて徹底的に攻撃することが重要である。ワーテルローの戦いで、すでに馬を四頭も乗りつぶしていた「勇者の中の勇者」ネイ元帥は、フランス歩兵隊の後続なしでイギリス軍の布陣に突撃した。だが、世界中に勇名をとどろかしはしても、おかした誤りを償うわけにはいかなかった。騎兵隊が最も効果的に活用できるのは、敵が混乱したときに追撃する場合、および逃走する場合である。戦闘で最も多くの死傷者が出るのは、通常こういうときである。

ペルシアの諸王は、戦術上に占める騎兵隊の潜在的価値と戦場におけるその適切な活用法をはっきり理解していた。歩兵隊を中央に配し、騎兵隊は敵の側面および後衛攻撃に使えるよう両翼に置くという基本的な陣形は、ギリシア人によって採用されるよりずっと前に、ペルシアでは標準的な陣形として採用されていた。ペルシア人が騎兵隊による作戦の土台として中央に重装歩兵という援軍を用意しなかった——この点ではギリシア人から学ぶことになる——のは事実だが、軽装歩兵と約二万の騎兵隊からなるペルシア軍は堂々たる戦力であった。

海戦の起源

別の分野でペルシア人がなしとげた驚異的な革新は、人間の戦争遂行能力を陸上から海上にまで広げたことである。これはペルシア人自身が決して海洋民族でなかっただけに、なおさら驚くべきことだ。海戦は、ギリシア人のあいだでしばしば行なわれたのが最初だとされるが、世界で初めて大規模な海軍を組織したのは、ペルシア人である。アテナイの海軍は、ペルシアの総合戦略に対抗して創設された。ペルシアが、エーゲ海方面のペルシア軍にたいする援軍として、海軍を展開していたからである。ペルシア海軍は大編制で（前五〇〇年から三三〇年まで何回かにわたり軍船の数は四〇〇から八〇〇におよんだ）、ギリシア海軍と同様、主に三橈漕船（オールを両舷それぞれ三段に配したガレー船）から構成されていた。[128]

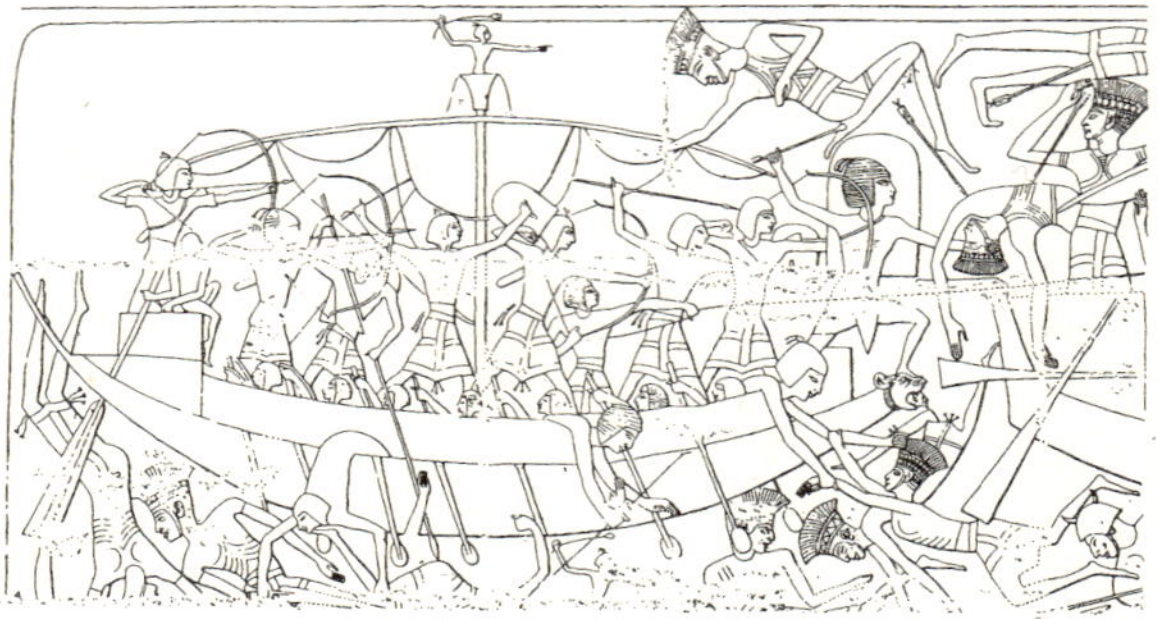

ラムセス3世の治世に海洋民族やリビア人と戦うエジプト軍船。エジプト船の漕ぎ手は、高い舷縁や水兵として乗り組んだ弓兵によって守られている。マスト上の見張り台に投石兵がいることに注意してほしい。

三橈漕船の起源ははっきりしない。前七世紀および六世紀のギリシア人やフェニキア人は、両舷に二五人の漕ぎ手を乗せた船を使っていた。そのうち二段型のものは二橈漕船と呼ばれている。前六〇〇年頃にギリシア人が二橈漕船から発展して三橈漕船をつくりだしたと信じる専門家もいれば、三橈漕船が初めて現われたのはほぼ同時期のフェニキアか、あるいはひょっとしたらエジプトかもしれないと考える者もいる(129)。ヘロドトスによれば、前五九三年に死んだエジプトのネカオ（サイス王朝の王）は、自分のつくった地中海と紅海を結ぶ運河で三橈漕船を使ったという。おそらくエジプト人はギリシア人から軍船を借りたのであろうが、この問題についての議論に決着をつけるには、証拠となる記録が足りないのが現状である。三橈漕船の起源がどうであれ、ペルシア人が自ら船の設計をせず、臣民のフェニキア人に頼りきっていたのは確かだが、地中海方面の辺境の征服と防衛を目指す総合戦略の一環として初めて三橈漕船を配備したのはペルシアなのだ。前五二五年にカンビュセスは、エジプト侵入に際し、四〇隻の三橈漕船を援軍として動員した。前五世紀の初めになると、ダレイオス一世のもとで帝国は急速に拡大した。エーゲ海におけるダレイオスの軍事方針は苛烈であり、ペルシア海軍の軍船の数は、輸送船を含め六〇〇隻を数えた。

海戦の起源そのものは、記録に残る歴史の初めにまで（あるいは先史時代にまで）さかのぼるほど古い。ナルメルの化粧板その他によって立証できるのは、エジプト人が初めからナイル川で河川用軍船を使っていたことである。エジプトでは早くも古王国時代に航海用船舶が建造され、新王国時代になると堅固なつくりの軍船で海洋に乗り出した。前一一八六年、ナイル川デルタ地帯でラムセス三世の軍隊と、いわゆる海洋民族とのあいだで大きな海戦が行なわれたという記録がある。この戦いの模様を書きとめたエジプト側の記録には、オールで漕ぐ軍船での猛烈な戦闘がありありと描かれている(130)。次章で見るように、ミノア・クレタおよびミュケナイの青銅器文明時代にも軍船が使われていたことは疑いないが、軍船が古代地中海世界の軍事史において確固たる地位を築いたのは、鉄器時代に入って、フェニキアとギリシアの海洋文化に刺激を受けるようになってからのことである。そして、海軍による作戦を大規模な戦争の重要かつ不可欠な一部とした最初の民族はペルシ

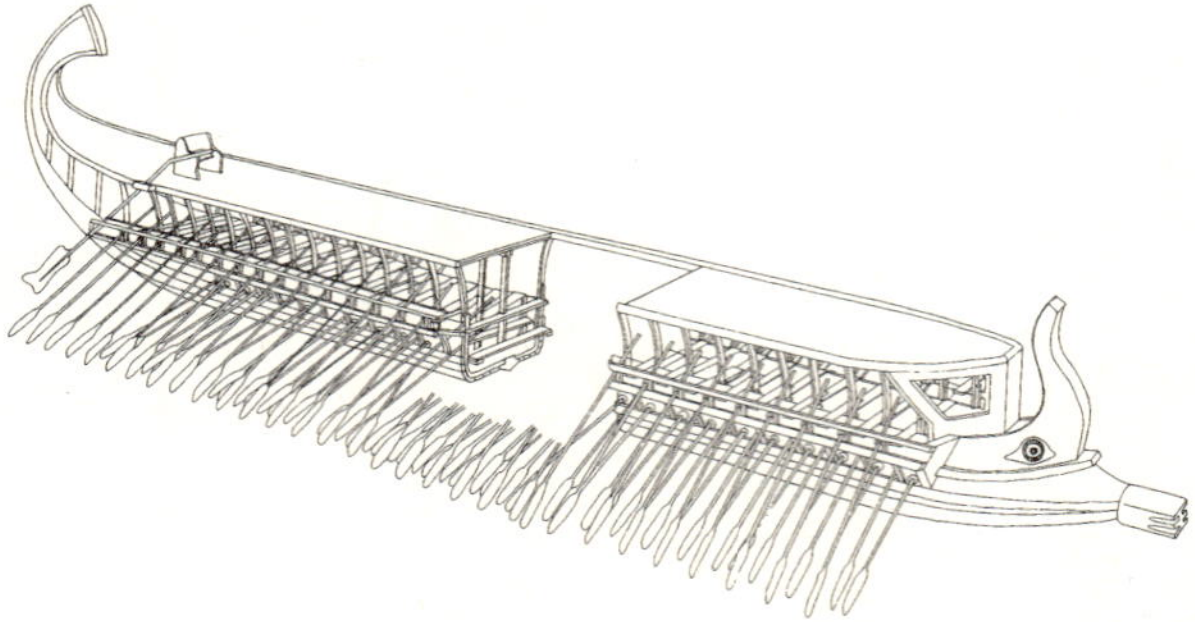

前5世紀の甲板を張った三橈漕船には、170人の漕ぎ手がぎっしりと梯形に並んで乗り組んでいた。船尾の両側の大きな櫓で舵をとり、船首の衝角は、破壊的な武器になった。三橈漕船は、長さ約120フィート、幅約15フィートだった。下段の漕ぎ手席の櫓の引き込み口の周りには、革製スリーブが取り付けられていて、水が入らないようになっていた。上段の側面の31人の漕ぎ手は、舷縁上の席に座り、舷外浮材《アウトリガー》に設けられた櫓べそを使って櫓をあやつった。

ア人なのだ。とはいえ、造船技術の発達には、ペルシア人は何の役割も果たさなかった。

三橈漕船は、すばらしい軍船であり、ヘレニズム世界の五橈漕船やその他の船の挑戦を斥けて生き延び、古代世界で最も重要な軍船としての地位を保った。(131) ペルシアの三橈漕船、というよりもペルシア支配下のギリシアおよびフェニキア臣民の三橈漕船は、ギリシア本土のものより多少軽かったが、基本的にはほとんど同じだった。甲板を張ったガレー船で、一七〇人の漕ぎ手と三〇人の水兵の総勢二〇〇人を運んだ。漕ぎ手は主甲板の下に三人ずつ組になって坐り(「三橈漕船」の名は、ここから来ている）、両舷の漕ぎ手座で各自が前後斜めの位置に並んだ。ぎっしりと詰めこまれていたので、鼻が前の漕ぎ手の尻に触れるほどだった。三橈漕船は、おそらく一一・五ノットものスピードを出すことができたろうし、漕ぎはじめから約三〇秒で最高速度に達したので、機敏にすばやく動く当時の戦法には打ってつけだった。三橈漕船は戦闘用に設計されたものので、通常の航海用としては窮屈すぎた。いつも岸の近くにとどまり、乗組員はたいてい毎晩上陸した。船隊を基地から戦闘海域へ移動させるときには帆を揚げたが、平時には戦闘に備えて帆は岸に残してあった。ヘロドトスによれば、ペルシア船の方がギリシア船より帆走速度でまさっており[132]、ペルシア人船員の方が外洋での海戦における機動的作戦の点ですぐれていた。外洋では、ペルシア人の数のうえでの優勢とスピードで、若干まさっていることが大きくものを言ったのである[133]。

海戦の標準的な戦術を遂行するためには、いくつかの複雑な作戦行動を実行する能力が要求された。最も重要なのは、いわゆるディエクプルース（字義どおりに言えば「突破・貫通」）である。これは、少なくとも何隻かの船が一列になり、猛烈な速さで一直線に前進し（一列のままで）、敵側船隊の隙をついてその船列を突破する作戦だった。いったん敵の船列を破れば、敵がこんどは後衛の守りにまわったときも、衝角で突いて敵船を沈めたり損傷を与えたりすることができた。スピードにまさる船隊は、この突破作戦をより容易に実行できる。もう一つ考えられる作戦は、包囲、すなわちペリプルースである。大規模な船隊のほうが包囲攻撃を実行するのははるかに容易である。ディエクプルースおよびペリプルースのいずれにたいしても、防衛側は横隊の布陣をすてて全船が一団となり、さらに中央から四方に向かって攻撃側にたいし反撃に出る作戦をとった(134)。各船にはおよそ二〇人の水兵と弓兵からなる一隊が乗っていて、攻撃と防衛の両面で掩護射撃の役割を果たすこともしばしばあった。

前七〇〇年から四八〇年にかけての時期に、ギリシア人は海戦において重要な進歩をなしとげたし、ペルシア人の海戦の実際上の特徴ももとをただせば多くはギリシア人に由来するものだったかもしれないが、地中海に初めて大規模な海軍を展開したのは、ギリシアの諸国家の一つではなく、ペルシアだったのである。前四九〇年に六〇〇隻からなるペルシア海軍の船隊がマラトンに迫ったとき——そのうち何隻が三橈漕船であったかは確かでない——、アテナイが動員できた船はおそらく二〇隻くらいのものだったろう。エーゲ海におけるペルシアの海軍力増強に対抗して、アテナイをはじめとするギリシアの諸国家は時を移さず独自の大船隊を展開した。しかし、そのきっかけを与えたペルシア帝国は、前四八〇年の大戦のおりにはさらに大規模な船隊を用意していたし、一五〇年後にアレクサンドロスがヘレスポントス（ダーダネルス海峡）を渡ったときも、なおその海軍力を維持していたのである。

ギリシアの軍事史に目を転じる前に、先史時代から古代近東文化の末期に至るまでの地中海周辺における戦争の進展を簡単に振り返っておくのが適当であろう。新石器時代に要塞があり、弓や投石器や槍が出現したこと、記録に残る歴史の初期に相当な規模の軍隊が組織されていたことは、太古の昔に戦争があった証拠である。エジプトのファラオからペルシアの諸王に至るまで、人類はその戦争遂行能力を磨き上げてきた。縦隊と横隊の展開、兵站組織、兵器の操作と開発、そして攻囲戦の技術と並んで、数多くの特殊な戦術部隊が登場し、いずれも次第に進歩していった。それどころか、ナポレオン時代に至るまで実際に行なわれた戦争を構成する要素の大部分は、古代近東世界でつくりあげられていたのである。ペルシア王の統治下では、ナポレオン時代の規模に匹敵する陸軍と海軍が近東全域を支配しており、騎兵隊、歩兵隊、散兵、海軍とそれぞれ独立した戦闘部隊は緻密に組織されていた。ペルシアに欠けていたのは、優秀な重装歩兵である。ギリシア人とマケドニア人がその空白を埋めるのだが、彼らはさらに古代近東の戦争で使われていた他の戦闘方法を採用し、フィリッポスとアレクサンドロスの時代にその軍隊の力でペルシアおよび肥沃な三日月地帯に新しい文明を押しつけるのである。

ミュケナイ文明期ギリシアの軍事的遺産は古典期ギリシア人に受け継がれることなく終わり、古典期ギリシアは、アレクサンドロスの時代が来るまで、戦争の技術において古代近東に後れをとった。ミュケナイで発見された「武者絵花瓶」に描かれた兵士を見ると、ミュケナイ期の戦闘では、戦車と並んで矛で武装した歩兵が活躍したことがわかる。

第四章　# 古典期ギリシアの戦争

ホメロス時代の戦争

芸術、文学、哲学の分野で古代ギリシア人があげた業績は、歴史書に特筆大書されている。だが、ギリシア人は優雅で洗練された活動に劣らず、戦争にも関心を払い、多くの時間を割いたのである。古典期ギリシア文明の最初の記念碑的な作品は、ホメロスの『イーリアス』だが、これは戦争を描いた叙事詩として文学史上最も有名である。この詩の主題は、トロイア戦争におけるアキレスの憤怒である。シュリーマンの手でトロイアとミュケナイが発掘され、センセーショナルな話題を呼んだけれども、初期ギリシアの戦争を研究するうえで、ホメロスの叙事詩がどのような意義を持っているかは、今日なお大いに議論の余地がある。ホメロスの記述が青銅器時代後期（前一六〇〇年―一一〇〇年）のエーゲ海地方における戦争についての貴重な史料となっていることは、今日一般に認められている

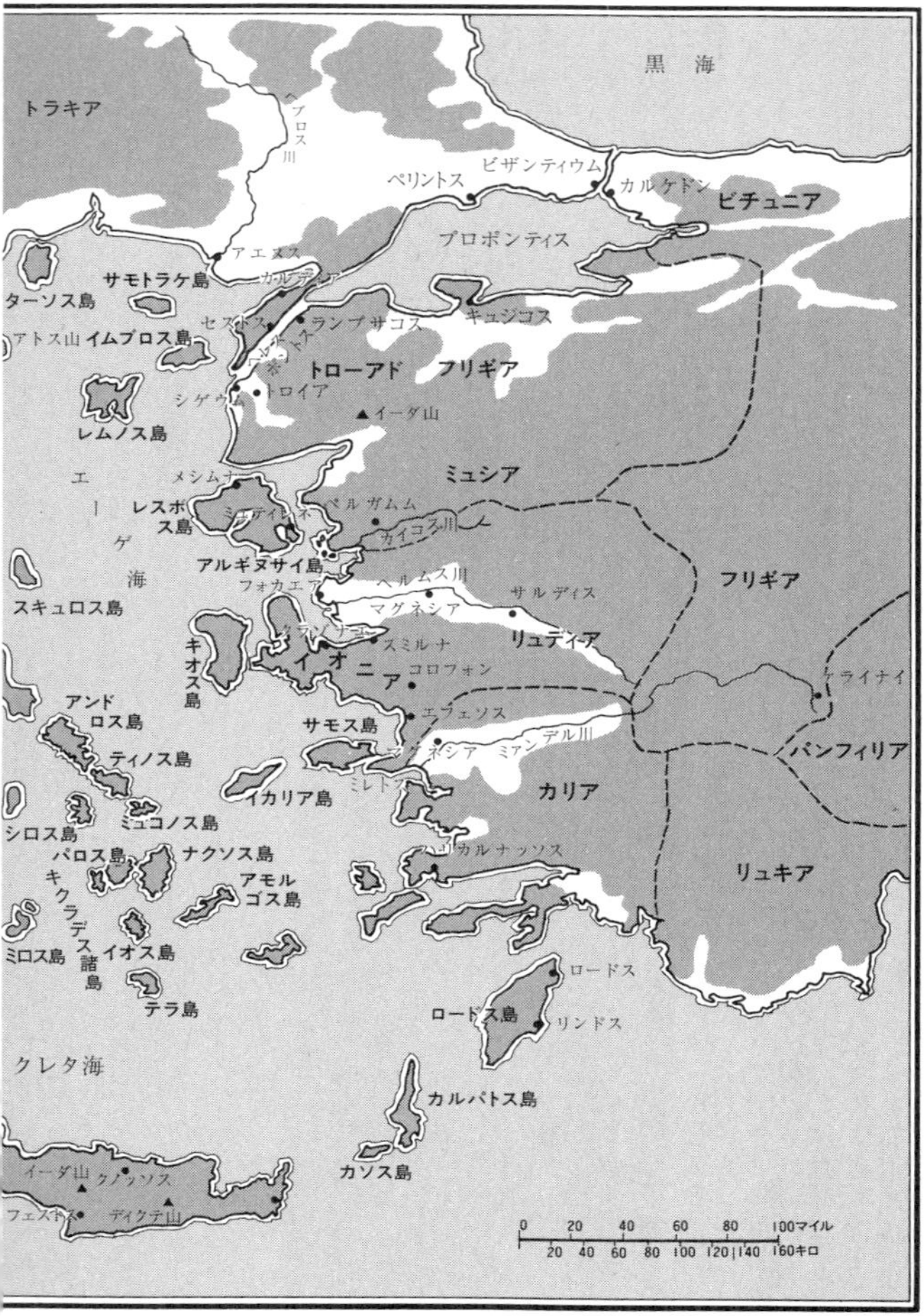

黒 海
トラキア
ヘブロス川
ビザンティウム
ペリントス
カルケドン
ビチュニア
プロポンティス
アエヌス
サモトラケ島
ターソス島
アトス山
イムブロス島
セストス
ランプサコス
キュジコス
トローアド
フリギア
シゲウム
トロイア
イーダ山
レムノス島
ミュシア
エーゲ海
メシムナ
レスボス島
ミュティレネ
ペルガムム
カイコス川
アルギヌサイ島
フォカエア
ヘルムス川
フリギア
サルディス
マグネシア
スキュロス島
キオス島
スミルナ
リュディア
イオニア
コロフォン
ケライナイ
アンドロス島
エフェソス
サモス島
マグネシア
ミアンデル川
ティノス島
パンフィリア
ミレトス
イカリア島
カリア
ミュコノス島
シロス島
パロス島
ナクソス島
ハリカルナッソス
リュキア
キクラデス諸島
アモルゴス島
ミロス島
イオス島
ロードス
テラ島
ロードス島
リンドス
クレタ海
カルパトス島
イーダ山
クノッソス
カソス島
フェストス
ディクテ山
0 20 40 60 80 100マイル
20 40 60 80 100 120 140 160キロ

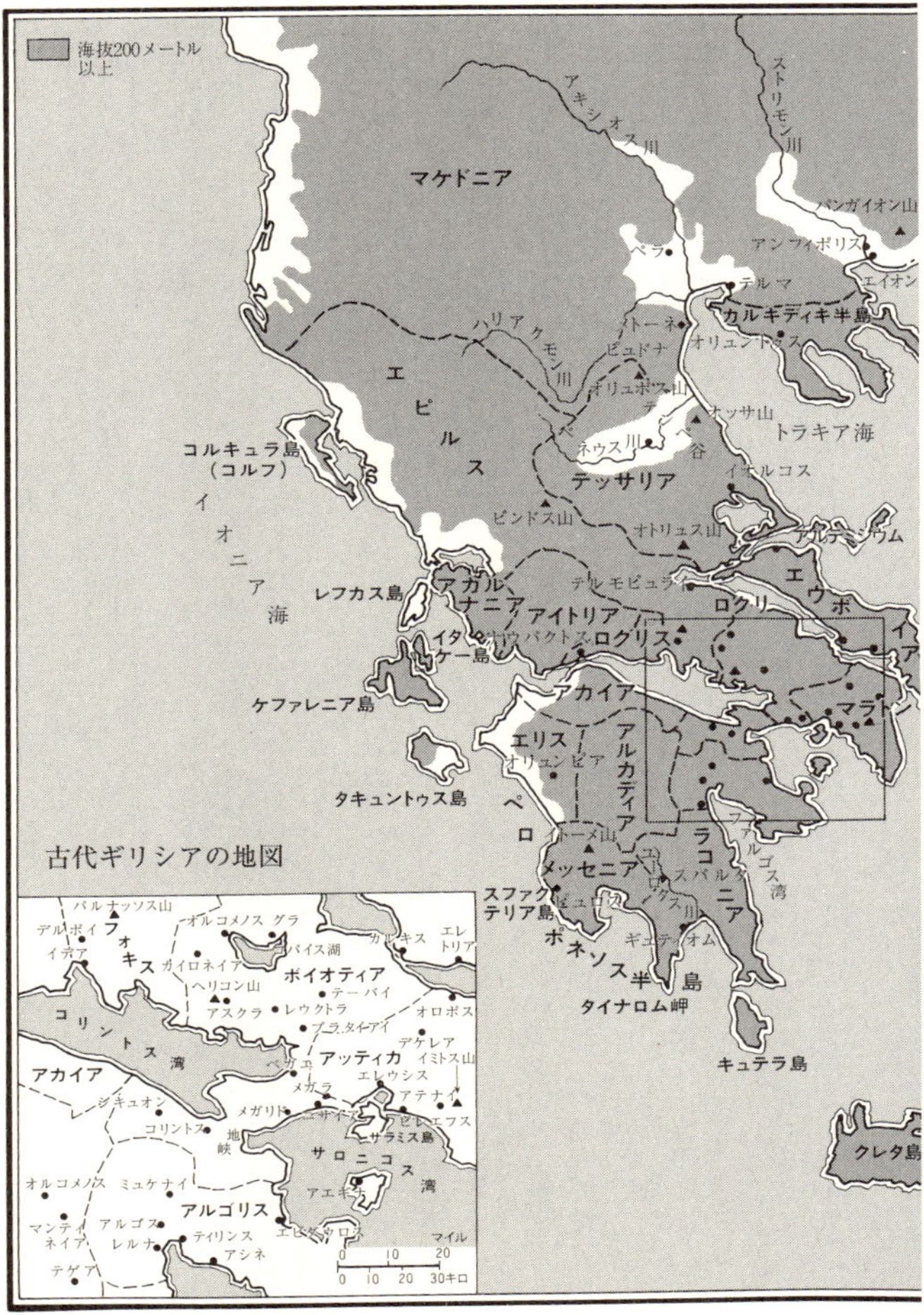
海抜200メートル以上
マケドニア
アキシオス川
ストリモン川
パンガイオン山
アンフィポリス
エイオン
ペラ
テルマ
カルキディキ半島
ピュドナ
オリュントス
ハリアクモン川
オリュンポス山
エピルス
オッサ山
トラキア海
コルキュラ島（コルフ）
イオニア海
テッサリア
イオルコス
ピンドス山
オトリュス山
アルテミシウム
レフカス島
アカルナニア
アイトリア
テルモピュライ
ロクリス
エウボイア
イタケー島
ナウパクトス
ロクリス
マラトン
ケファレニア島
アカイア
エリス
オリュンピア
アルカディア
タキュントゥス島
ペロポネソス半島
古代ギリシアの地図
イトーメ山
メッセニア
ラコニア
アルゴス湾
スパルタ
スファクテリア島
ピュロス
エウロタス川
ギュテイオム
タイナロム岬
キュテラ島
クレタ島
パルナッソス山
デルポイ
フォキス
オルコメノス
グラ
コパイス湖
カルキス
エレトリア
イテア
カイロネイア
ボイオティア
ヘリコン山
テーバイ
アスクラ
レウクトラ
オロポス
プラタイアイ
コリントス湾
デケレア
アッティカ
イミトス山
ペガエ
アカイア
エレウシス
メガラ
アテナイ
シキュオン
メガリド
ニサイア
ピレエフス
コリントス
地峡
サラミス島
サロニコス湾
オルコメノス
ミュケナイ
アエギナ
アルゴリス
マンティネイア
アルゴス
ティリンス
エピダウロス
レルナ
アシネ
テゲア
マイル
0 10 20
0 10 20 30キロ

が、彼が書いたのはたぶん前八世紀であり、ミノア（ミノス）・クレタやミュケナイ時代のギリシア文明が崩壊してからずっとあとのことなので、その知識は限られたものだった。戦闘に関するホメロスの記述は多くの場合、彼の生きた時代、つまり鉄器時代の戦争の実態にもとづいていた。

したがって、ひとくちにホメロス時代の戦争と言っても、実際は、二つの時代――ホメロスが作品の中で描いた時代と彼が生きた時代――に分かれることを認識しなければならない。すなわち青銅器時代と、ミュケナイの将軍たちの悲劇的な没落のあと、ギリシアが復興の道をたどった後期暗黒時代（青銅器時代と古代とのあいだの空白期）とに区別されるのである。この二つの時代は非常に様相を異にしているが、ホメロスの叙事詩における青銅器時代の要素と鉄器時代の要素とを区別する裏づけを与えたのは、言語学の助けも多少あったとはいえ、もっぱら考古学の功績である。何を重視すべきか、どう解釈すべきかについては多くの異なった見解があるが、ホメロスが青銅器時代よりも鉄器時代の研究に役立つという点では、だいたい意見が一致している。トロイアが存在したことは確かだが、トロイア戦争は、いまなおギリシア国民の歴史の初期における概して伝説的な出来事である。[135]

しかし、最近の一世代のあいだになされた重要な諸発見のおかげで、青銅器時代のエーゲ海地方での戦争についてより多くのことがわかってきた。そして、ミノアおよびミュケ

アクロティリ（テラ島）で見つかった船の中にあったフレスコ画には、ミノア人の槍兵の横隊が描かれている。並はずれて長い槍に注目してほしい。これは、のちにマケドニア人に採用される前に、エジプトでも取り入れられた。

ナイの文化は多くの点で古代近東の青銅器時代の文明をエーゲ海地方に引きうつしたものにすぎず、その戦闘方法も、少なくともいくつかの点で、エジプト新王国時代に発達した軍事技術といちじるしく類似していたことがますます明らかになっている。

前二〇〇〇年頃から一四五〇年にかけて、クレタ島に住むミノア人の築いた文明が隆盛をきわめた。その遺跡は、二〇世紀になってからサー・アーサー・エヴァンズをはじめとする人びとによって発掘されたのである。ミノア文明は、つまるところクレタ島の北部海岸のクノッソスに中心を置いたが、その影響は島の中央部を通って遠く南方のフェストスにおよび、北方ではギリシア本土やエーゲ海のいくつかの島にまで達した。トゥキュディデスによれば、ミノア人はエーゲ海に築き上げた海上帝国を守って制海権を維持したというが、現代の歴史家たちはしばらく前からこの点について懐疑的になっている。(136)

クレタ島にミノア人が建てた大宮殿のまわりには要塞はめぐらされていなかったらしいし、美術作品にも戦争はほとんど描かれていない。けれども、最近、テラ島のアクロティリにあるミノア人の遺跡からすばらしいフレスコ画が発掘された。色彩の美しい風景画で、そこに描かれているミノア人の船は、エジプト第一八王朝（前一五七五年に成立）の遠洋航海船に驚くほど似ている。[137] テラ島は、前一五〇〇年頃に起こった火山の大爆発で噴出物におおいつくされたのだから、このフレスコ画による船の絵が、ほかでもないミノア人の海軍の行動を描いたものであることはほぼ間違いない。同様に、陸軍もあったことはまず疑いないが、さらに多くの発見によって事実が明らかにされるまでは、ミノア人の戦争に関して知りうることは限られた範囲にとどまるだろう。[138]

しかし、ギリシア本土のミュケナイ文明期の軍事諸制度については、もっと多くのことがわかっている。前一六世紀に頻繁になったミノア人との接触からミュケナイ人が刺激を受けたのは確かで、高度に要塞化されたミュケナイの中心地では、明らかに軍国主義的な独自の文明が発達したが、それはおそらくテラ島の火山爆発によってクレタ文明が弱体化したあとの前一四五〇年頃になってからのことだろう。ミュケナイ人の戦士がクノッソスを占領し、権力はギリシア本土に移った。前一四五〇年から一二〇〇年にかけての時期には、ピュロスおよびほかならぬミュケナイ、そしておそらくはスパルタなどミュケナイ文明期の諸王国で、青銅器時代を代表するすばらしい軍隊がつくり上げられた。

ミュケナイ時代の戦争についてわかっていることの多くは、いわゆる線文字Bによる粘土板文書から得られた。線文字Bは、サー・アーサー・エヴァンズが発見したもので、一九五〇年代にマイケル・ヴェントリスが解読したのである。初期のギリシア語で書かれたこれらの粘土板によってわかるのは、古代近東の君主国と同じ型の官僚制にもとづくミュケナイ時代の諸王国が、複雑な組織を持つ軍隊を保持していたことである。それとミュケナイ文明期の美術作品に描かれたものとをあわせて考えれば、当時の軍事体制について相当はっきりした理解を得ることができる[139]。

ホメロスは、ミュケナイ時代の戦士たちが、自身が生きていた時代に使われていた鉄製武器ではなく青銅製の武器を使っていたことを知っていたし、彼らの軍事作戦に戦車が欠かせないものになっていたことを理解していたのも明らかだが、その他の点について見るとミュケナイ人の戦術に関するホメロスの記述はあまり適切ではないように思われる。ホメロスの描いた戦車は、主として勇士を戦場に運ぶ輸送手段であり、戦場に着くと、戦士は車からおりて、自分たちと同じ力を持つ敵側のすばらしい勇士を相手に白兵戦を交えるのである。敵の側面や護衛を攻撃したり逃げる敵を追跡したりするのに一団となった戦車隊を使うことがあることを、ホメロスはほとんど気にとめていない。だが、ミュケナイ人自身は、前一三世紀初めのカデシュの戦いでエジプト軍とヒッタイト軍が採用したのと同じ方法で戦車を活用していたと考えてよさそうである。また、ミュケナイの歩兵隊が戦車

ティリンスで見つかったフレスコ画に描かれているミュケナイの戦車。ミュケナイ美術にあらわれたこのような場面を見れば、ミュケナイ期の戦闘では、同時期の古代エジプトやヒッタイト王国と同様、戦車が重要な役割を果たしていたことがわかる。

大隊の後方を支えるために展開したことについても、ホメロスの認識はきわめてあいまいである。[140]

ミュケナイの戦車は、比較的に軽装備であり、重装備のヒッタイト型というよりエジプト型に近い。ティリンスから発掘されたフレスコ画やミュケナイ時代の花瓶に描かれた風景画によると、戦車は、二輪で輻《や》が四本ついており、通常は二頭の馬に引かせていた。クノッソスから出土した線文字Bの粘土板には、戦車の車体、車輪、馬勒《ばろく》、馬の側面目隠し、そのほか戦車に関係する品目一つ一つの目録が記されており、完全に装備された車の一覧表もある。この時代の研究では屈指の権威であるジョン・チャドウィックの見積もりによると、クノッソスのミュケナイ人は、二〇〇台の戦車を戦場に配置できたという。だが、彼の推測は控え目にすぎるかもしれない。一つの文書だけでも、総計二四六におよぶ戦車の車体枠と二〇八組もの車輪がリストアップされているのだ。[141]

ミュケナイ人の甲冑については、多くのことが知られている。完全にそろった青銅製甲冑一組が、あるミュケナイ人の墓から発見されているが、他の証拠の示すところでは青銅製の小札《こざね》を取りつけた亜麻布の上着のほうが普通だった。当時の美術作品には、いろいろな種類の楯が描かれているし、粘土板に記された目録には剣や短刀、それに戦斧と矢と投げ槍が含まれていたと考えられ、もちろん突撃用の槍も入っている。ピュロスで出土した大量のすばらしい粘土板文書を見ると、ピュロスの支配者がおそらくは一一〇隻の軍船からなる部隊を駆使しえたことがわかる⑭。

　私見によれば、ミュケナイ軍が古代近東の軍隊と非常によく似ていて、歩兵隊を後方の支えとする戦車隊を何よりも頼りとし、それを活用したと断定してならない理由はない。一部の歴史家たちは、ホメロスが戦車を主として戦士を戦場に運ぶ輸送手段として描いたのは正しいと主張してきた。ギリシア本土やクレタ島の地形は山が多くて、戦車隊を使うのには向かないからというのである。しかし、これは明らかに事実ではない。なるほど、ギリシアのテッサリア以南では、兵力五〇〇〇以上の軍隊が馬を使った大規模な作戦を展開するのは不可能か、少なくともきわめて困難であったにちがいない。前五世紀の初め、

デンドラから出土したミュケナイの青銅製甲冑ひとそろい。兜は雄豚の牙でできている。甲冑には、革や金属製の付属品とともに、しばしばリンネルが使われた証拠もある。ここに見られるような甲冑を、暑い地中海地方の夏に着たら、さぞ暑苦しかったことであろう。

ペルシアの将軍マルドニオスはアッティカ地方の地形を考えて、騎兵隊を攻めこませるのを躊躇した。だが、一方、装甲歩兵の密集方陣も、山の多い地形には向いていなかった。とはいえ、後年のギリシア軍は小規模だったので、平坦で戦闘に適した場所をいくらでも見つけることができた。ミュケナイの軍隊がそれほど大規模でなかったのは確かだから、戦車を軍隊の単なる輸送手段として投入するような戦術的に無駄なことをする必要はなかったはずである。

理由はいまだにはっきりとわからないが、前一四世紀には早くも、クレタ島におけるミュケナイ人の根拠地が破壊され、前一三世紀になるとギリシア本土でも破壊が進みはじめた。個々の地域では、突如として崩壊が起こったところもあるようだが、全体としては相当長期間にわたる過程として破壊が進み、前一一五〇年頃に青銅器時代のすべての大中心地（アテナイを例外として）が廃墟と化すにおよんで、それはやっと終わった。後世のギリシア人はこの荒廃の原因を、北方からギリシア語を話すドーリア（ドーリス）人が侵入したことにあると考えた。事実、ドーリア人はその後、ペロポネソス半島とクレタ島の大部分を占領したのだが、実際のところ何が起こったのかは今日もなお謎の部分を残している。[143] 結果のほうは、原因よりはるかに明瞭である。ギリシアは、暗黒時代（前一〇〇〇年—八〇〇年）に入り、青銅器時代の文明のかすかな記憶だけを残して、すべてが消散し、文字を書く技術さえ失われたのである。

ギリシアの暗黒時代における戦争についてはほとんどわかっていないが、前八〇〇年頃、ギリシア世界は再び動きはじめ、前八世紀に入ると、文化活動が爆発的にさかんになり、古代ギリシア文明の基礎が据えられた。ギリシア人は、フェニキア人から新しい形式で文字を書く技術を再び獲得した。ホメロスの叙事詩と——前八世紀の終わり頃の——ヘシオドスの作品は、若々しい新世界の苦悩と偉大さを表現している。暗黒時代に、ギリシアは古代近東の足枷を断ち切った。古代近東も、前一〇〇〇年前後に異民族の侵入に苦しんだ時代があったためである。復興したアッシリアは、前九〇〇年を過ぎると肥沃な三日月地帯にたいする支配を強めようとしたが、アッシリア帝国の勢力はギリシアにはおよばなかった。したがって、ギリシア人は、何の束縛も受けずに独自の新しい文明を発展させ、美術、文学、哲学に劇的な進歩をとげることができたのである。

ギリシアが古代近東の影響力から解放されたことは、ほとんどすべての面で有益な結果をもたらしたが、軍事面ではかならずしもそうとは言えなかった。すでに見たとおり、近東では異民族の侵入に悩まされた時代があったにもかかわらず、アッシリアとそれにつづくペルシアは一貫したすばらしい軍事的伝統を守りぬいた。その伝統は、最古の文明と先史時代にまでさかのぼるのである。ギリシアの暗黒時代には、過去とのつながりがいっそう完全に断ち切られたので、前八世紀のギリシア人は多かれ少なかれ初めからやり直さなければならなかった。軍事技術の蓄積もなかったし、もっと重要なことに、戦略と戦術にもとづいて組織された青銅器時代の軍事的諸制度も失われていたのである。その結果、ギリシア人は、軍事的にはほとんどすべての重要な分野でアッシリアやペルシアに大きくおくれをとることになる。

　ホメロス時代の第二期、つまりホメロスが実際に生きた時代には、青銅器時代の戦闘は人びとの意識の中にきわめてあいまいな記憶として影をとどめていたにすぎないから、その頃の経験から学んで新しい時代の戦争に役立てることはできなかった。ミュケナイ時代の戦争がどういう戦術的原則に立って行なわれたかについて、ホメロス自身が思いちがいをしたのは、前八世紀のギリシアの多かれ少なかれ幼稚な戦闘技術に影響されていたからである。アッシリアで、サルゴンが歩兵隊、戦車隊、騎兵隊の大群を慎重な配慮のもとに統合した軍隊を駆使していた時期に、ギリシアでは馬が戦争を象徴する代表的な存在となっていたものの、馬の活用法は大いに違っており、戦術的にも劣っていた。アリストテレスはこの時期のギリシアの歴史に触れて、馬術の名手は戦争において最も重要な存在であると述べ、馬術家を富裕な貴族と同列に見ている。高価な馬は、富のしるしだったからである。[144] しかし、前八世紀のギリシアの騎兵は、主として馬を戦場への輸送手段として使ったようであり、当時の戦闘は兵士たちが入り乱れて戦う遭遇戦で、一方の国の大貴族が別の国の大貴族と決闘をしたらしい。こういうわけで、ホメロスは、青銅器時代の戦車による戦闘も、自分自身が生きた時代の騎馬戦と似たようなものだったと思いこんでしまったのである。馬に乗った貴族の高官たちが身につけていた楯は、首の革帯からぶら下げられていて、逃げたほうがいいような場合には背中に吊り下げて背後の防護に活用することができた。アッシリア帝国の高度に発達した軍事機構にくらべると、ギリシアの戦闘技術は決定的におくれていたのである。

密集方陣と海軍

前七〇〇年から六五〇年のあいだに（おそらく前六七五年頃）、ギリシアの諸国家は古代の戦闘技術の進歩に大きく寄与する重装備の歩兵隊、いわゆる装甲歩兵密集方陣を創始した[145]。これがギリシアのどこで初めて行なわれるようになったのかは、いまのところわからないが、原コリントス様式の陶器類に描かれた絵を見れば、少なくともコリントスでは前六五〇年頃までに密集方陣が採用されていたことは議論の余地なく明らかである。そして、密集方陣はおそらく、画家がそれを花瓶の装飾的なモティーフとして使いはじめるよりもかなり前から行なわれていたのであろう。コリントスやスパルタやアルゴスでは、いちはやくこの新しい陣形を採用した。装甲歩兵密集方陣は、重い甲冑に身を固めて何列かの横隊を組んだ槍兵によって構成され、突撃隊の役割を果たした。そして、敵と正面から激突し、取っ組み合い（というより槍と槍、楯と楯を交えての白兵戦）をくりひろげたのである。

ローマのレギオン〔三〇〇〇～六〇〇〇の歩兵に三〇〇～七〇〇の騎兵を加えた軍団〕が登場するまで、密集方陣は、古代世界で最も恐るべき重装歩兵として君臨した。

前七世紀の初めに創始されてから前五世紀末のペロポネソス戦争の終結に至るまで、密集方陣はとりわけ甲冑の面で少しずつ改良されていった。しかし、前七〇〇年から四〇〇年にかけての三〇〇年間を通じて、一団となった重装歩兵が軽装歩兵や散兵、あるいは騎兵隊の掩護を受けず、本質的に単独で作戦を展開するという戦術的原則には変わりがなかった。(146) 次に「典型的な」装甲歩兵密集方陣の特徴だが、ここではスパルタ軍の組織、武器、展開に重点をおいて述べることにしよう。もちろん、スパルタ人は職業軍人化して、徴募兵に頼らずに常備軍を保持していたのだから、典型的な例というわけではない。しかし、スパルタ軍がたいていの場合に範を示し、他のギリシア諸国家がそれにならおうとしたことはほとんど疑いをいれないのである。陣形を組んだ重装歩兵が採用された結果、誇り高い「英雄的な」戦士は、たちまち戦場から駆逐されてしまった。きちんと整列した横隊が槍の穂先をそろえて構えているところへ一人で突撃しても、成功は望めなかったからである。

装甲歩兵の防具の中で最もユニークなのは、ホプロンと呼ばれる新しい楯であり、装甲歩兵《ホプライト》の名はそこに由来する。(147) 元来、これは木製の大きな円形の楯で、縁の部分だけ青銅製だったが、この時期の終わり頃の前四二五年には、スパルタ人は全面を青銅でおおった楯を使うようになっていた。真ん中と裏側の端に一つずつ、合わせて二つの取っ手がついていた。歩兵は左腕を中央の取っ手ないし革紐の輪に肘まで通し、縁の革紐を手で握るのである。この楯は取っ手が真ん中に一つしかない従来の楯より重くて、より完全に身を守ることができたが、背中に吊り下げるわけにはいかなかった。装甲歩兵は、列を乱したり、敵に背を向けて逃げ出したりしないよう厳しく訓練されていた。

装甲歩兵は、楯のほかに、全身を甲冑で固めていた。青銅製の兜は、視野を狭めたり、呼吸を妨げたりしないかぎりで、できるだけ顔や頭や首の大部分を防護し、通常、フェルトか革の裏当てがついていた。頭に馬の毛でできた兜飾りをつけることもあり、それは楯に描かれた紋章とともに敵味方を見分けるのに役立った。青銅製の胸当ては二枚重ねになっていて、両肩と両脇で合わせて固定され、腰の近くまで達していた。そして、向こうずねとふくらはぎには、すね当てをつけて防護した。腕やくるぶしや腿にも防具をつける兵士もいたが、こうした特別の防具については基準がなかったようだ。

装甲歩兵密集方陣の攻撃兵器《ファイア・パワー》は、短距離ないし突撃兵器の槍と剣にかぎられていた。この密集軍は、投げ槍とか弓のような中・長距離兵器をまったく欠いていたので、突撃戦にしか役に立たなかった。長さ六フィートから八フィートで木製の柄に鉄の穂先がついた槍が装甲歩兵の主要な武器だった。槍の石突きはふつう金属製で、倒れた敵を刺したり、騎兵隊の突撃にたいする防御として、槍をしっかり地中に打ちこむのに使えた。短い剣は、

原コリントス様式ギリシアの花瓶に描かれている華麗に着飾った一隊。接近戦を挑んでくる装甲歩兵軍にたいし、横列を組んで立ち向かっている。密集隊形で音楽の伴奏に合わせて、ゆっくりと前進する。

ロードスで発見された花瓶に描かれているギリシアの装甲歩兵(前7世紀後半)。兜と胸当てを着け、攻撃用に槍を使い、伝統的な装甲歩兵の楯をたずさえている。

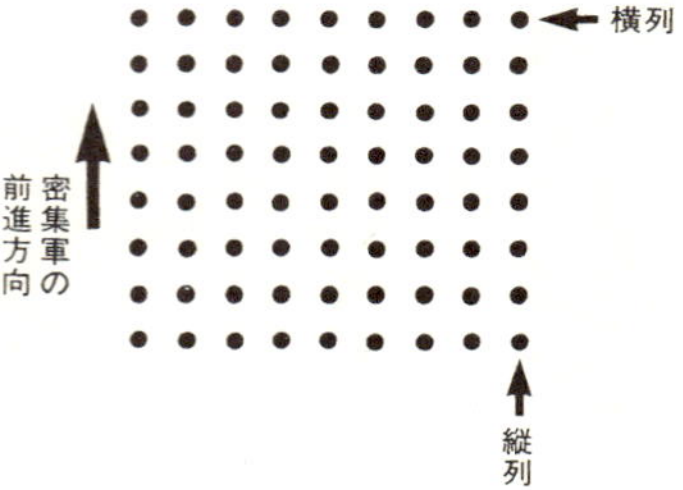

もともと槍が折れたり槍を落としたりした場合だけに使う予備兵器だった。

　ギリシア全土の装甲歩兵は、すべて同じ型の甲冑を身につけ、同一の戦術的原則にのっとって戦った。長年のあいだには、機動性を得るため、身体につける甲冑を多少軽いものにする傾向が生まれ、そのために前五世紀には密集方陣は以前ほど重装備でなくなっていたが、本当の意味での軽装歩兵に近いものには決してならなかった。前五世紀以前には、装甲歩兵は装備を自分でまかなわなければならず、無報酬で軍務についた。軍事国家体制を築き上げていたスパルタだけは例外だったが[148]、そのスパルタでも「報酬」それ自体が軍隊の報酬体系にもとづいて支払われていたわけではない。

　戦場での密集方陣の戦術的展開は、その装備によって決まった。装甲歩兵が左腕に持つ楯は重くてやや扱いにくかったので、身体の右側を守ることができなかった。そのため、歩兵は、やむをえず隣の兵ににじり寄り、無防備の右脇腹を仲間の楯で守ろうとする傾向があった。歩兵隊を密集した横列と縦列に展開するのが通常の陣形で、標準となる編制は決まっていたが、横列はかならずしも八列ではなかった。密集方陣の編制は、横列よりも縦列にもとづいており、装甲歩兵は横列よりも縦列の一員として動いたが、横列と縦列は戦術面で相互に依存しあっていた。

基本的な狙いは、正面の横列を堅固にかためて敵のつけ入る隙を与えないことだった。正面の横列の一人が倒れたときは、縦列でそのうしろにいる者が前に進み出て、正面の横列をくずさないのである。

前八世紀および七世紀に密集方陣が「英雄的な」貴族の軍隊をたやすく撃破して以来、テッサリア以南のほとんどのギリシア国家が密集方陣を採用し、前六七五年から四九〇年にかけてのギリシアの戦争は、主として密集方陣同士で戦われた。密集方陣は、騎兵隊や軽装歩兵や散兵による側面および背後からの攻撃にきわめて弱かったが、その種の部隊は当時の戦争では用いられていなかったのである。密集方陣同士の戦闘しか考えられなかったのだが、それは平地でなければ不可能な戦闘だった。起伏の多い地形では、整然とした隊列を保つのが非常に難しかったからである。この戦闘方法では、訓練と規律と勇気が非常に重要な意味を持つことになった。アルカイック期のギリシアの詩には、新しい戦術における倫理を歌ったものが非常に多い――隊列を乱すな、自分の持ち場を固守せよ、死ぬまで戦え。楯を投げ捨てて逃げ出すほど不名誉なことはなかった。臆病者だからというだけでなく、同じ横列の他の者を危険にさらすからだ。出征する自分の息子に、楯を持って帰ってくるか、さもなければ楯にのせられて帰ってくるように命じ、楯を投げ捨てて逃げてはならないと、それとなく言い含めたスパルタの母親の有名な話は、新しい軍隊の倫理をよく物語っている。

装甲歩兵の戦闘は、基本的に突撃戦だったので、多くの歴史家にとってその戦いが実際にどのように行なわれたかを想像するのは難しかった。二つの密集方陣が交戦するときは、最前列の戦士たちが力を合わせて敵との戦闘にのぞめるように隊列を散開させたのだと、最近になって主張している学者もいる。しかし、ギリシア軍が密集した横隊を組んで兵士たちが少なくともいくらかは自分の右隣の者に防護を頼れるようにしており、一団となった横列と縦列の圧力で敵の横隊を突破しようと企てたのは、ほとんど間違いないことだ。各軍は槍を突き立てて敵軍に突撃したのである。かりに横列の左右両側の兵士たちがすべて終始一貫、自分の場所を固守して動かなかったら、前列の兵士たちは三〇分も戦ったらすっかり疲れ切ってしまい、後列の兵士たちからの圧力で押しつぶされかねないだろう。しかし、現実には、ある段階になると左右どちらかの側で横列の一部に弱点が露呈される。そして、その次の列にいる者、さらに縦列でそのうしろに位置する者と次々に力強く前に進み出て、楯を使って敵を押し戻すのである。その結果、敵側の隊列がくずれ、パニックが起これば、その戦いでは勝利を収めることができるだろう。しかし、縦列が前進したために生じた横列の乱れを長いこと放置すれば、自軍の隊列に間隙が生まれることは避けられない。敵の全軍が後退しはじめないかぎり、攻撃側は敵に圧迫をかけるのをやめて横列をととのえる必要があり、再び敵軍と槍の突き合いで決着をつけなければならない。おそらく、軍隊の最良の精鋭がほとんどいつも右翼に位置して、さほど強くない敵の左翼の軍勢と相対していたために、両軍の右翼からの突撃により前進と後退が同時に起こったであろう。だが、自軍の右翼が前進しているあいだ、左翼が敵軍の右翼を防ぎ、踏みとどまってはじめて勝利への最後の突撃が可能となるのである。(149) なるほど、この時代の後期になると、装甲歩兵密集方陣は一翼を全軍に先んじて進撃させるようになったし、そうした戦闘の例については次章で検討するが、ペロポネソス戦争が起こるまでは、横隊は主として一つの部隊として前進した。一翼だけで敵の戦列を突破したり、側面攻撃に出たりすることはなかったのだ。

装甲歩兵時代のギリシアの戦闘は、もっぱら突撃戦に依拠していた点で軍事史上他に例を見ないものである。この時代の末期になって、スパルタ人が右翼による側面攻撃作戦を展開するようになるまでは、正面から敵とまみえるのが原則だった。一九世紀に、デュ・ピックは両軍が激突する戦闘などないと主張し（もっとも古代の戦闘は別であることを認めはしたが）、また二〇世紀になってジョン・キーガンもそこまでは極論していないものの、突撃戦の不自然さを強調している。一般に両軍の正面衝突がない理由は簡単である――戦闘のさなかに人間が恐怖心にとらわれるからだ。兵士の本能は逃げることにある。彼らが最も恐れるのは、敵との激突、すなわち敵と間近に対決して白兵戦を交えることである。デュ・ピックが言っているように、「人間が戦闘に加わるのは、戦うためではなく、勝利を得るためなのだ。そして、戦うことを避け、勝利を得るためにできることなら、なんでもやってのけるのである[150]」。また、別の箇所で、彼は言う。

訓練によって、両軍はもう少し長く正面対決に耐えるようになるが、自己保存本能およびそれにともなう恐怖心を完全になくしてしまうことはできない。

恐怖！

恐れを知らない士官や兵士はいるが、それはまれに見る勇気の持ち主だ。大部分の兵士は、恐怖におののくものである。人間の本性は抑えきれないからだ[151]。

デュ・ピックも認めているように、ギリシアおよびローマの軍隊は、「人間の本性」を抑えること、すなわち戦闘中の人間の恐怖心を抑えることでは、とりわけ見事な成果をあげた。しかし、危険を前にしたときの恐怖心はまったく自然で強い本能だから、古代ギリシア・ローマの社会は厳格な訓練によってそれを抑制するために多大の犠牲を払わなければならなかったのである。統制の厳しい戦術的組織や強力な軍国主義思想も戦場での恐怖心を鎮めるのに役立つが、ゆるぎない訓練に代わるものはない。近代社会においては、政府が古代の軍隊のように過酷な訓練を課すわけにはいかないだろう。だが、訓練のゆきとどいた古代社会にしても、二つの密集軍が戦場で衝突するときには、横列を組む兵士は恐怖におびえ、たやすくパニックにおちいったのである。規律と訓練をもってしても、兵士たちを長時間の戦闘に耐えるようにすることができるとはかぎらなかった。以上に取り上げた問題では長期戦の戦法を検討してきたのだし、実際に戦闘が長びく場合もあったが、装甲歩兵による戦闘はたいてい短期決戦であり、最初の衝突で勝負が決したのである。

近代のみならず古代の軍隊においても、恐怖心を軽減するひとつの方法は、軍隊に兵士たちの信頼できる士官を配属することである。これは、どんな軍隊の指揮系統にも見られる諸機能のひとつにすぎない。前五世紀後半のスパルタ軍の密集方陣の編制に関する確かな記録によって、その指揮系統のかなり信頼できる構図を再構成することができる。(152) 軍隊の主要な戦術的単位は、一〇〇人からなる大隊であり、さらにそれがおのおの五〇人の二つの中隊に分かれ、中隊は、それぞれふたつの小隊に分かれた。小隊は、小隊長と後列士官を含めて全部で二五人だった。小隊は、三つの分隊ないし縦列からなっていた。この編制は、いくらか複雑でまぎらわしいように思われるが、実際はかなり単純である。

後年のスパルタ軍は、六個師団からなり、各師団は、将官によって指揮され、四つの大隊からなっていた。全軍は王の指揮下におかれた。ペルシア戦争の時期に、軍隊がこれほど複雑であったかどうかは確かでない。ヘロドトスは、師団について何も述べていないからである。トゥキュディデスは、スパルタ軍がギリシアで最も複雑な編制を組んでいたことを示唆している。すなわち「スパルタ軍は、わずかな一部分を除いて、ほとんど全軍、

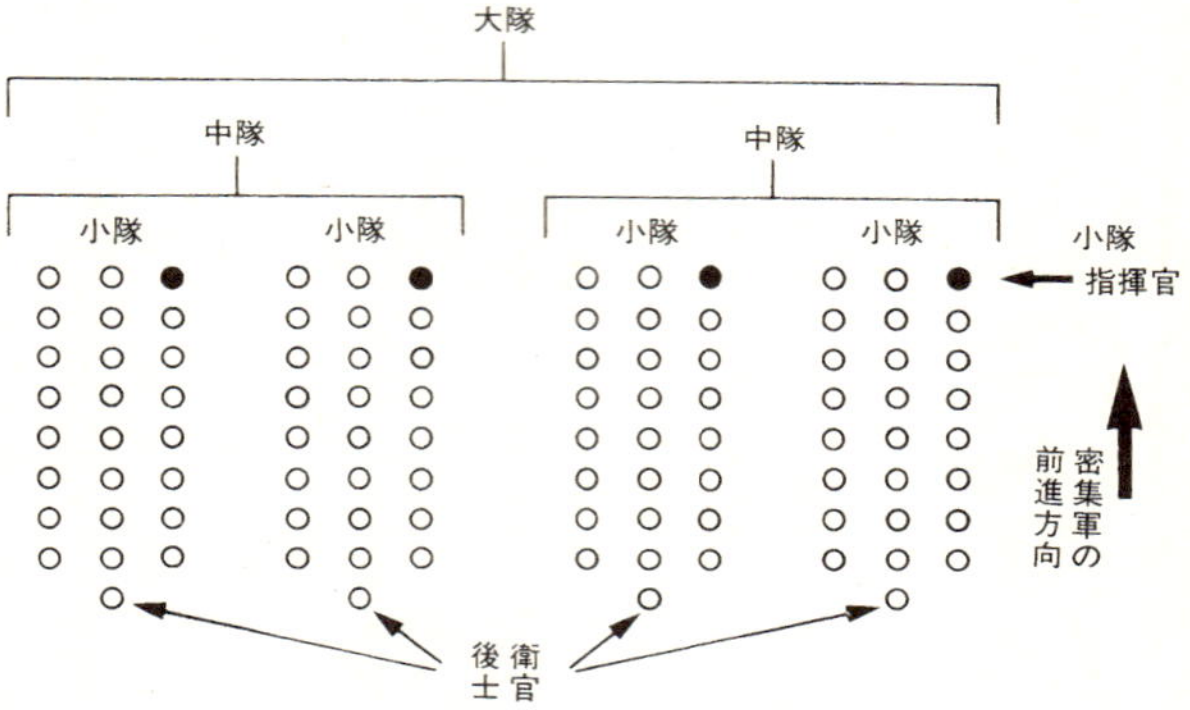

別の士官のもとに仕える士官からなっている……」[153]と述べているのがそれである。アテナイの密集方陣は、一般に八列横隊で戦ったが、一〇個師団《タクシス》に分かれ、タクシアークと呼ばれる師団長の指揮のもとにおかれた。アテナイ市民を構成する一〇部族が、それぞれ一個師団の軍隊を形成していた。師団は、おそらく大隊に分かれていたのであろう。毎年、一〇人の将軍が、各部族から一人ずつ選ばれた。アテナイの軍隊は、指揮系統の統一を欠くという重大な欠陥があったが、通常は一〇人の将軍のうちの一人が、定められた日にかぎって全軍の指揮権を得たのである。

ギリシアの軍隊は、横列と縦列との緊密な連携、楯と突撃用の槍の効果的な使用に依存するところがきわめて大きかったので訓練は徹底的だった。兵士たちは隊列を乱さずに縦隊から戦闘隊形に展開する方法を体得した。スパルタは、政府の組織をあげて、ひたすら軍隊の訓練に力を注いだ。そして、スパルタの成年男子市民はすべて、商業や農業に従事することを禁じられ、軍事的技能を磨くよう要求されたのである。訓練の厳しさは広く知られるところで、スパルタの男子は三〇歳になるまで定期的に軍隊の兵舎で生活した。その他のギリシア国家は、常時、臨戦態勢をしいていたわけではないが、おおむね一七歳から五九歳までの男子に兵役義務を課し、歩兵隊を最良の状態に保つため、定期的に訓練をほどこした。その訓練はスパルタほど厳格なものではなく、したがってスパルタが全エーゲ海地方で恐れられたのも当然である。しかし、スパルタ軍の主目的は、スパルタの奴隷（ヘロット）を隷属状態にとどめておくことにあったので、スパルタがその密集軍によってペロポネソス半島の外まで自由に侵略の手をのばすことは通常できなかった[154]。

ギリシア人が海戦であげた実績は、陸軍の編制と同様、長く後世に重要な影響を残した。トゥキュディデスはペロポネソス戦争史の最初の数章で、有名な「考古学」すなわち初期ギリシアの歴史を概観しているが、そこでは密集方陣をさしおいて、叙述の重点をもっぱら海戦においている。エーゲ海地方のギリシア人が海戦の技術と戦術を高度に磨き上げたことは確かだが、前一〇〇〇年以降、大規模な戦争に初めて海軍を配備したのはペルシア人であった。前章で見たとおり、ペルシア人は主としてフェニキアの船と船員を使ったのである。前四九〇年にペルシアがマラトンでアテナイと激突したとき、ペルシア軍の後方には六〇〇隻の軍船隊の掩護があり、アテナイが海上兵力で劣勢なのは明らかだったので、アテナイの指導者は海軍力でアッティカを防衛しようとは考えもしなかった。前四九九年に、アテナイはペルシアにたいして反乱を起こしたイオニア人を助けるために二〇隻の船を派遣しており、前四九〇年にはアテナイ人はおそらく一〇〇隻の軍船隊を保有していたであろう。その翌年、パロス島を攻撃するために七〇隻の船を派遣しているからである。前四八〇年代に集中的な造船計画を推進したあとでさえ、アテナイはわずか二〇〇隻の軍船隊を持っていたにすぎず、ペルシア人は事実上の制海権を保持していた[155]。ペルシア軍がエーゲ海における総合戦略を推進するにあたって、海軍を大規模に展開したため、ギリシア諸国家はこの脅威にたいして対抗措置をとらざるをえなかった。しかし、ペルシアの海軍力は、前五世紀半ばの二、三世代を別とすれば、前五二五年から三三四年にかけてエーゲ海を制圧する勢力だったのである。

戦略と戦術——ペルシア戦争

前五世紀に、ギリシアの装甲歩兵軍は西欧の軍事史上最も有名な二つの戦争をたたかった。一つは、世紀初頭にペルシアが企てた海陸合同作戦によるギリシア侵略にたいする防衛戦争であり、もう一つは世紀末にスパルタとアテナイとのあいだで行なわれた、時代を画する戦闘である。ギリシアの歴史家、ことにヘロドトスとトゥキュディデスは、これらの戦闘について驚くほど詳細な記録を残しているので、ギリシアとペルシアの戦争を明らかに異なった二つの脈絡において研究するうえで、一種の歴史的実験室として役立てることができる。本書では、この両戦争を逐次検討するとともに、おりにふれて前五世紀に戦争が実際にどのように行なわれたか、その主要な特徴を分析することにしよう。

エーゲ海地方におけるペルシアの総合戦略は、前五四五年頃、キュロスがまずリュディアとイオニア地方のギリシア諸都市を併合して以来、侵略的性格を強めていた。[156] 前五一四年、ペルシア帝国の北西辺境をスキタイ人の襲撃から守るため、ダレイオスはボスポラス海峡を渡り、ヨーロッパ・トラキアに侵入した。そして、ペルシアがイオニア諸島に無益な侵略を企てたあと、前四九九年に小アジアのギリシア諸都市は、ペルシアの支配にたいして反乱を起こした。ギリシア本土のほとんどの国家は、アジアのギリシア人同胞の窮境を無視したが、アテナイ人は二〇隻の軍船を派遣することに同意し、エレトリア人は五隻を送った。軍船隊がエフェソスに着くと、乗組員は上陸してイオニア人と合流し、サルディスに向かって進軍した。サルディスが反乱軍の手に落ちたあと、アテナイはその派遣軍を撤退させた。

ペルシアがイオニアにたいする支配を回復するには数年かかったが、前四九四年にギリシア人はすでに決定的な敗北を喫していた。前四九二年、ペルシアの将軍マルドニオスは、海陸合同作戦でヘレスポントス（ダーダネルス海峡）を渡り、ターソス島を占領したが、大暴風雨のためペルシア船三〇〇隻がアトス山沖で沈没した。ヘロドトスによれば、このときのペルシア軍の最終目的地はアテナイであったという。そうだとすれば、暴風雨のために作戦が挫折したわけである。

マラトン

前四九〇年、ダレイオスは、海を越えてエレトリアとアテナイに直接軍を差し向けた。その前年、ペルシア王はギリシア諸都市に使者を送り、ペルシアへの降伏を迫ったが、アテナイはペルシアの使者を処刑してしまったのである。ペルシア軍は、ダティスとアルタフェルネスの指揮のもとにキリキアに集結した。兵力およそ二万で、おそらく八〇〇から一〇〇〇の騎兵および六〇〇隻の軍船を持つ遠征軍はエーゲ海を渡り、七日間の攻囲戦ののち、エウボイア島のエレトリアを占領した。ペルシア軍は、そこからさらにアッティカへ向かい、マラトンの入江から上陸した[157]。

この危機にあたって、アテナイ人は城壁内に立てこもるべきか、それとも軍隊を送って戦場でペルシア人を迎え撃つべきかで議論を戦わせた。有力な将軍ミルティアデスは、市民を説得してマラトンを急襲することに同意させた。この決定は、おそらくペルシア人の意表をつくものだったろう。アテナイ軍の兵力は、隣国のプラタイアイからのわずかな援軍を含めて、ほぼ一万であった。使者のフェイディッピデスをスパルタに走らせ、援軍を

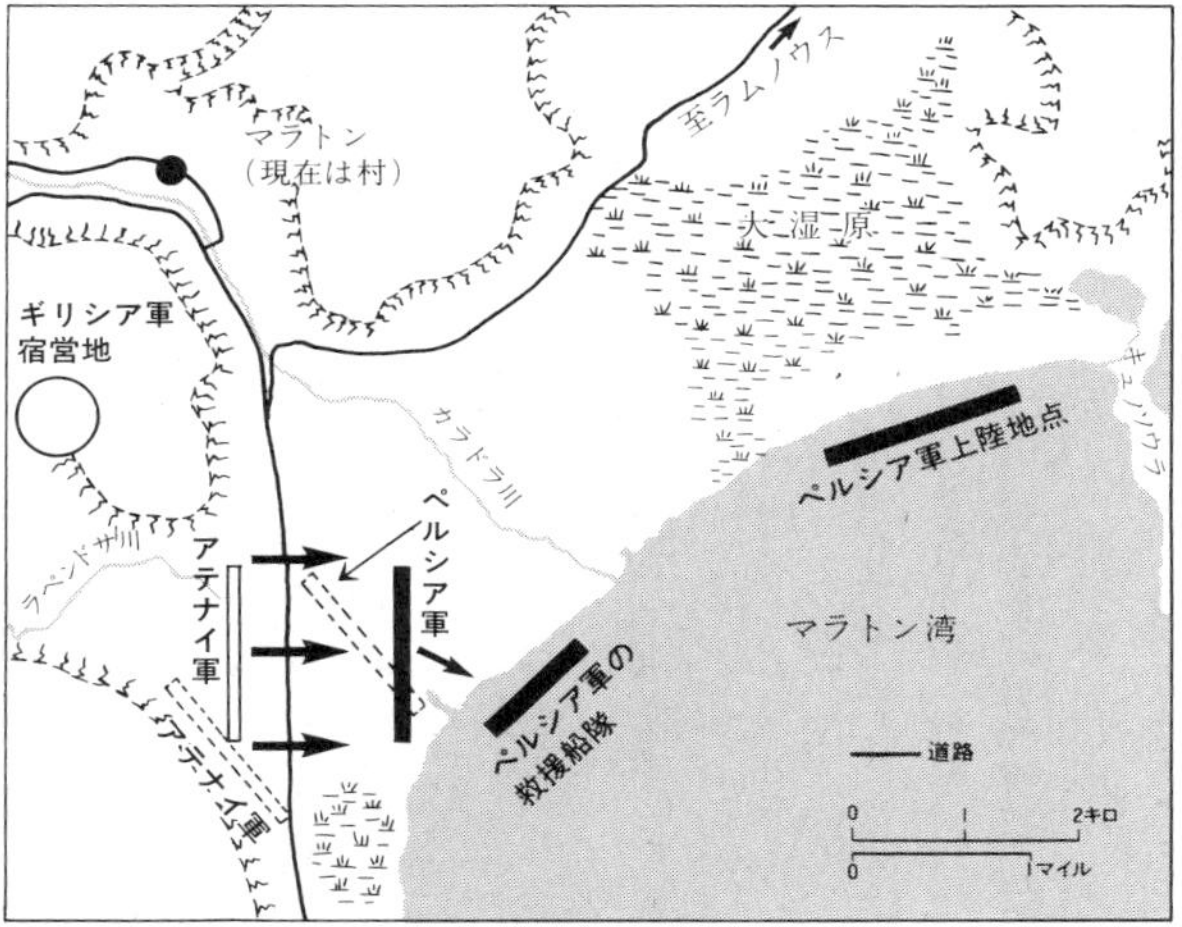

マラトンの戦い(前490年)

求めたが、スパルタ人は、数日後の満月までは援軍を出せないと答えた。スパルタ人の最も重要な宗教的儀式がその日までつづくからである。一方、アテナイ軍は、海岸に野営するペルシア軍を見下ろす丘の断崖の上に陣を占めていた。密集軍がこの地形を利用して防御を固めているかぎり、ペルシアの騎兵隊はどうすることもできないが、手遅れにならないうちに何らかの手を打つ必要があった。賛否両論が伯仲する中で、ミルティアデスは他の将軍たちを説き伏せ、攻撃に打って出た。そして、ペルシア軍の横隊に対抗すべく自軍の横隊を広げるため、中央を通常の八列横隊より薄い陣形に展開した。密集方陣の両翼は、少なくとも通常の強力な布陣を敷いていた。自軍がペルシア軍の放つ矢の射程内に入る時間を少なくし、奇襲戦法の実をあげるため、ミルティアデスは密集軍に命令して駆け足で前進させ、約一マイル先のペルシア軍と交戦させたのである。

多くの歴史家は、アテナイ軍が重い甲冑をつけ、いつでも戦える陣形をとりながら、一マイルも駆け足で移動できたかどうかに疑問を呈しているが、ヘロドトスはアテナイ軍が確かに駆け足で進軍し、奇襲戦法を成功させたことを明言している。

したがって、ギリシア軍が大変な速さで前進してくるのを見たとき、ペルシア軍はこれを迎え撃つ用意をととのえた。もっとも彼らには、アテナイ人が正気を失い、好んで自滅を求めているように見えた。駆け足で攻め寄せて来たのはほんのひと握りの人数であって、騎兵も弓兵もいなかったからである(158)。

当時の状況を現代に再現して検証したところ、アテナイ人が甲冑をつけて一マイルも走るのは不可能だったことが疑う余地のないほどはっきりとわかった。だから、アテナイ人は徒歩で進軍して来て、ペルシア軍の弓兵の射程（約一八〇ヤード）に入ってから、やっと走りだしたものと多くの歴史家は考えている。その場合には、アテナイ人が敵とまみえるまでに一五分から二〇分ぐらいかかったろう。これは、ペルシア軍が準備をととのえるのに充分な時間ではない。しかし、アテナイ人が最初から駆け足で（あるいは、ゆっくりと軽く走って）移動していたら——ジョギングをする人なら誰でも知っているように、これは全速力で走るのにくらべればはるかに楽である——八分から一〇分ぐらいで敵に遭遇したであろう（わずか一マイルをゆっくり走るだけのことだ）。

どちらの場合も、ペルシア人には自軍を展開する時間がほとんどなかったのだが、それでも彼らはアテナイ軍の中央を押し返し、そこを突破した。しかし、両翼ではアテナイ人のほうが強く、ペルシア軍の横隊を破るとともに、内側に向きを変えて後衛の中央を攻撃した。こうして、敵を部分的には二重に包囲したのである。騎兵隊など、ペルシア軍のうち包囲を受けなかった者は船へ逃げ帰ったが、ギリシア側はペルシア軍の中央を追跡して大量の敵兵（六四〇〇人）を殺傷する一方、味方の死傷者はわずか（一九二人）にとどまった。これだけ多くの敵兵を殺すには相当な時間がかかったので、ペルシア人は馬を輸送船に積みこむ余裕が持てた。

ヘロドトスは、この戦闘でペルシアの騎兵隊がどういう働きをしたかについて、はっきりしたことを述べていないし、戦闘が始まる前に騎兵隊は引き揚げてしまったとビザンティン帝国では言い伝えられているので、騎兵隊が何の役割も果たさなかったと断言する歴史家も少なくない。しかしヘロドトスの記述は、騎兵隊が戦闘に関与したことを強く示唆しており、ローマの歴史家コルネリウス・ネポスは、騎兵隊の働きをはっきり認めている。

現代の軍事史家は、ややもすれば密集軍がペルシア軍の騎兵隊の攻撃に持ちこたえられなかったものと考えがちだが、ペルシア軍の騎兵隊は軽装備であり、主として馬上から弓を射かける攻撃に頼っていたから、密集方陣の横列を簡単に破ることはできなかったろうし、側面攻撃も歩兵の後押しなしには成功しなかったろう。ミルティアデスは、横隊を広げることによって、ペルシア軍の歩兵隊による側面攻撃への備えを固めたのである。ペルシア軍の騎兵隊は、どうしても戦闘の形勢を変えることができなかった。

こうして、ギリシア本土の密集軍とペルシア軍とのあいだで行なわれた最初の大きな力くらべでは、密集軍が勝利を収めた。にもかかわらず、ペルシアはマラトンの野では充分に生かすことができなかったとはいえ、多くの有利な条件に恵まれていた。陸と海のどちらでも数量的に圧倒的な優勢を誇るペルシアの兵力は、前四九〇年の敗戦によってほとんど何の影響も受けなかった。ミルティアデスがダティスとアルタフェルネスに作戦勝ちを収めたのは確かである。この二人は、攻撃を予期しておらず、自軍に油断なく戦闘準備態勢をとらせることさえしていなかったらしい。けれども、ペルシア帝国には多くの有能な指揮官がいた。ペルシア軍が再び攻めてくるのは疑いないことであった。そして、この次はくらべものにならないほど大きな戦争になるのである。

テルモピュライとアルテミシウム

さまざまな理由から、ペルシアがマラトンでの敗戦にたいする復讐の機会をうかがうようになったのは、一〇年以上も経ってからのことである。そのあいだにダレイオスは死に（前四八六年）、あとを継いだクセルクセス（前四八六年―四六五年）が帝国内の反乱を鎮圧してから、ギリシア本土の占領、併合を意図して、ギリシアにたいする全面的な侵略を準備したのである。ギリシアの諸国家の中には、ペルシアで侵略の準備が進められているのを知ってクセルクセスと和睦する国もあったが、南部諸国家は前四八一年に会議を開き、外国からの侵略に備えてヘラス（ギリシア）同盟を結んだ。

アテナイでは、ペルシアの侵略に抗して立ち上がろうとする市民の気持ちが、急速かつ自発的にもりあがった。これは、もちろん、マラトンの屈辱にたいする復讐が、アテナイに最も厳しく向けられることを予想していたからである。前四八〇年代後半に大造船計画を進めた結果、アテナイは二〇〇隻の軍船隊を展開することができるようになった。前四八一年、ペルシアの陸軍を食い止めるのは無理だと悟った先見の明ある将軍テミストクレスの熱心な主張に動かされて、アテナイ市民は有名なテミストクレス決議を可決した。この法令を刻みこんだ石碑が、紀元一九五八年になって発見されている。市民にアテナイから避難するよう求め、海軍による防衛にすべてを賭けることを定めたものである。[159] いつもは密集方陣の一員として戦った兵士たちでさえ、海軍の軍務につくことになった。装甲歩兵が戦闘の主力となった時代を代表する国家が、海戦に命運を賭けるという革命的な戦略をとったことは、来るべき戦争の戦略的性格を予見したテミストクレスの才能を示すとともに、当時の切迫した情勢を物語ってもいる。ペルシアの脅威によって劇的な手段をとることを余儀なくされたのである。

アテナイの決意を固めるうえで、宗教もまた一つの役割を果たした。海戦に打って出る戦略は、デルポイ（デルフィ）神殿のアポロンの神託に従ったものである。クセルクセスが武力で侵略してくることが明らかになったとき、アテナイ人はデルポイの神託所におうかがいを立てたのだった。神託は、次のように告げた。

木の砦が難攻不落の砦となって、汝と汝の子らを守りぬくであろう。また、汝は、陸路迫りくる騎兵や歩兵の大軍を安閑として待っていてはならぬ。敵に背を向けて退避せよ。(160)

デルポイの神託は、多くの場合意味があいまいでいろいろに解釈されたが、テミストクレスは木の砦とは軍船隊のことと解し、アテナイ市民を説得した。アテナイから避難して軍船隊に運命を託する決定が下されたのは、ヘラス同盟の第一回会議の前だった。アテナイ人は、ギリシアの他の諸国家が北部でペルシア軍を阻止することに衆議一決しさえすれば避難を延期することもできたが、海軍に勝負を賭けようという決意を変えなかったのである。

アテナイ、スパルタ、コリントスを始めとする諸国家は新たな同盟を結び、スパルタ人の全面的な指揮のもとに、一致協力してクセルクセスと戦うことを誓いあった。好戦的な国家として定評のあるスパルタの軍事力を考えれば、これ以外の選択はありえなかったのである。指揮権を統一することによって、本土のギリシア人は以前に反乱を起こしたイオニア人には欠けていた有利な条件を獲得した。前四八〇年の春、クセルクセスは二〇万以上の兵を召集したあと、ギリシアに向けて進発した[161]。そして、ヘレスポントスまで進軍すると、海峡に船を並べて架橋し、そこを横断した。当然ながら、ギリシア人は、思っていたよりはるかに進んでいるペルシア軍の工学技術に感心した。ペルシアの戦略は、ギリシア人が歯向かっても勝てる見込みはないと観念するほどに大規模な陸軍をもってギリシアに攻め入ることだった。このような侵略を遂行するには、巨大な軍船隊を動員することが必要だった。ペルシア軍の規模が大きすぎたため、陸上だけでは食糧をまかないきれなかったからである。そして、ペルシアの陸軍と海軍が相互に依存しあっていたからこそ、テミストクレスとアテナイ市民は海戦に勝負を賭ければ勝てる可能性があると信じるに至ったのだ。ペルシアの海軍が敗れれば、陸軍も撤退せざるをえないだろう。しかし、アテナイ人はこの戦略の賢明さをスパルタをはじめとする諸国家に納得させることができなかった。

スパルタ人は最初から、最良の軍事戦略は、コリントス地峡に防壁を築き、その背後にギリシアの同盟軍を配備してペルシア軍の進撃を阻止することだと確信していた。だが、この境界線より北にも同盟国がいくつか存在しているという事実は、他の地域のギリシア人にも無視できなかったし、とりわけ地理的な条件からペルシアによる支配の脅威にさらされる諸都市にとってはゆゆしいことだった。そのうえ、明らかに政治的な錯綜した事情があって、スパルタはこの計画を見送らざるをえなかったのである。攻撃に出ようとするスパルタ人の北方戦略は、その熱意にもかかわらず限界があった。だが、彼らは装甲歩兵戦の達人として、アテナイ人のように海戦にすべてを賭ける気にはなれなかった。けれども、スパルタ人は、テッサリアの北方国境に軍隊を送ることには同意した。その主な理由は、軍隊を派遣すれば、テッサリアに忠誠を守らせることができるように思えたからである。しかし、軍隊がテンペ谷に着いてみると、その陣地を防衛することは不可能とわかり、同盟軍は退却した。(162)

そこで同盟軍は、テルモピュライに陸軍を配備して、クセルクセス軍の仮借ない前進を阻止することにした。テルモピュライは山なみと海とのあいだに細い道が通じていて、ペルシア軍の進軍ルートとなる可能性が非常に大きかったのである。また、付近のアルテミシウム(アルテミシオン)沖海域では、ギリシアの軍船隊がペルシア海軍を食い止めようというのだが、その戦略はただペルシアの船の航路に立ちふさがるというだけのことだった。もしギリシア人がクセルクセスの前進をはばむことができれば、クセルクセスは侵略をあきらめるものと考えてよかろう。ギリシア北部で動きのとれなくなったペルシアの全陸海軍を長期にわたって維持することは、クセルクセスにとって戦略的にも兵站的にも不可能になると思われたからである。侵略が泥沼にはまってしまえば、ペルシア国内でも問題が持ち上がるのはほぼ確実だろう(163)。

あとになって考えてみれば、ギリシア人がテルモピュライで強力なペルシア軍を阻止できると思いこんだのは、確かに浅慮だったようだ。けれども、テルモピュライにしろアルテミシウムにしろ、いずれもヘラス同盟が想定していた戦略にはうってつけの場所であった。テルモピュライの細道は、ある地点では荷車が一台やっと通れるだけの幅しかなかったのである。こんなところでは、ペルシア軍も戦闘隊形を展開することはできず、その兵力を縦隊のままいたずらに行進させるほかなかった。同様に、アルテミシウム沖の狭い海域では、より軽くて高速の軍船の大群からなるペルシア海軍（三橈漕船一二〇〇隻）は、ギリシア海軍（三橈漕船三二五隻）とぶつかり、進路を妨げられた。ギリシア側に有利な条件は、この海域が狭く局限されていたのに加え、彼らのほうが沿岸の地形をよく知っていたことである。

スパルタ王レオニダスの指揮のもとに七〇〇〇の兵力を擁するギリシア軍は、山道に陣を構えた。レオニダスは、この地方に着いてから初めて、この山道ではペルシア軍に包囲され、後衛を攻撃されかねないと気づいたが、それでもそのルートを警戒するため一〇〇〇人の兵を配置した。クセルクセス軍がこの本道にたどり着いたとき、クセルクセスはこんな小人数で自分の軍隊の前進を阻止できるはずがないと思ったので、戦闘に訴えるよりも、むしろギリシア人が自ら撤退するのを期待して四日間待った。ギリシア同盟軍中の南部諸国の人びとは、文字どおりパニックにおちいり、地峡まで引き揚げようと強く主張したが、レオニダスはスパルタが山道で敵を食い止めるため真剣に戦わなければ、ギリシア北部諸国民はペルシア――あるいはギリシア人の呼び方によればメディア――に投降するだろうと心得ていた。そこで彼は、自軍兵士を落ち着かせ、援軍を求める使者を送るとともに、陣地を死守すべく備えを固めた。

ギリシア軍がなかなか撤退しないのにしびれを切らして、クセルクセスは強行突破することを決意した。五日目、ペルシア軍は隘路に入りこんだが、その狭い場所ではギリシア軍を包囲することができず、また接近戦では重装備の装甲歩兵に敵すべくもないと気づいた。ギリシア人のほうが長い槍を持っており、その使い方もよく訓練されていた。戦闘初日の終わりになって、クセルクセスは一万人の近衛兵部隊を投入したが、鞭を持ったペルシア人が背後から追い立てたにもかかわらず、レオニダスの率いる軍隊を駆逐できなかった。ヘロドトスによれば、レオニダスはペルシア人を不利な場所に引きこむために陽動作戦をとったのである。

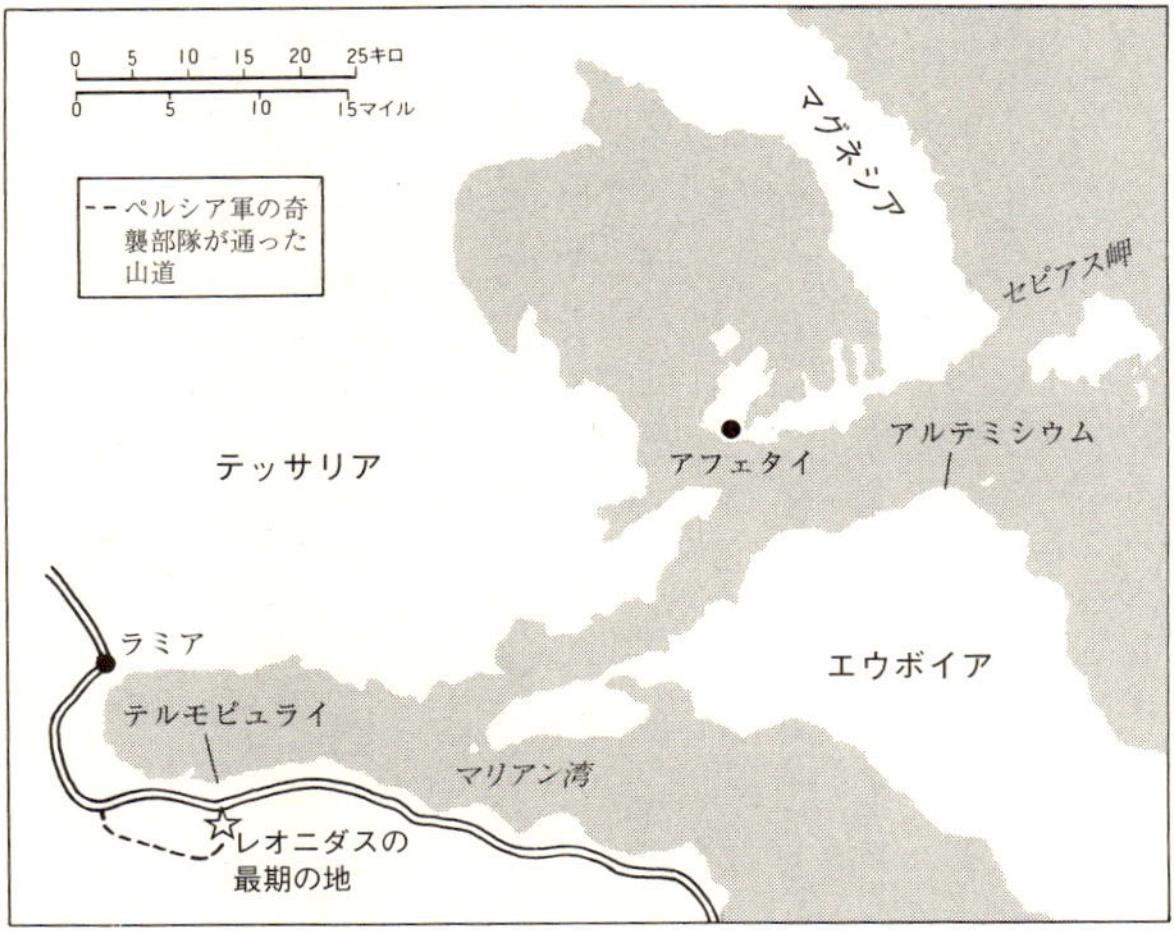

アルテミシウムとテルモピュライ（前480年）

スパルタ人の戦いぶりは後世に伝えるに足るものがあった。高度に練り上げられた戦術で敵をはるかに凌駕していることを実証したのである。しばしば敵に背を向けると、一見敗走するかのごとく集団となって後退する。ペルシア人はこれを見ると、喊声をあげ、すさまじい音を立てて追いすがる。スパルタ人は敵の追いつく頃を見はからい、向き直って敵に立ち向かった。この戦法によって、彼らは[164]無数のペルシア兵を倒したのである。

二日目になると、クセルクセスは

ギリシア軍もこれまでの奮戦で疲れ果てただろうと思い、苦もなく新手の部隊を投入したが、レオニダスは決まった時間をおいて兵士たちに休息をとらせながら、同盟軍の分遣隊を次から次へと波状的に繰《く》り出した。こうして、またしてもペルシア軍は前進を妨げられたのである。だが、この期におよんでギリシア側に裏切り者が現われた。その日の夕方、報酬を目当てにペルシア側に走ったギリシア兵が、クセルクセスにギリシア軍陣地の背後へ抜けられる間道を教えたのだ。クセルクセスは、急遽一部隊を派遣して、夜のうちにこの間道を強行軍で前進させた。明け方までにペルシア兵は山の頂に着いたが、レオニダスが前からそこに配置していた守備兵は、ペルシア兵から矢を射かけられると、さらに高所へ後退して陣地を固めた。ペルシア側は、それをまったく無視してさらに山道を登り下りしながら、海岸に陣をとるギリシア軍の背後に向かって進撃した。偵察兵がレオニダスにペルシア軍の作戦を知らせると、レオニダスは自軍の大部分の兵を撤退させたが、自らは三〇〇人のスパルタ兵と数百人の同盟軍兵士とともに踏みとどまって、後衛として軍の撤退を掩護すべく英雄的に戦った。それが任務だったのであり、彼としては義務を果たしたにすぎない。三日目のこの有名な戦闘でレオニダスは戦死し、他方、クセルクセス王の兄弟二人も死んだ。抵抗をつづけたギリシア軍も、前後からの挟み撃ちにあい、全滅したのである。後年、彼らに敬意を表して、この戦場に記念碑が建てられたが、それには次のように記されている。「見知らぬ人よ、行きてスパルタ人に伝えよ、ここに彼らの掟《おきて》に従って戦い果てしわれらの眠りてあるを」

テルモピュライの戦いがスパルタの伝説の一つとなったのは当然である。敵の罠にはまって絶望的な状況におちいった軍隊が、塹壕を掘って頑強に戦いつづける場合も確かにあるが、それはまれである。たいていの場合は、算を乱して敗走するものだ。スパルタの最後の抵抗で驚くべきことは、最良の軍隊がレオニダスの命令にこたえて、退却を掩護すべく、自ら死地を求め、あくまでも自軍の陣形を守りぬいたところにある。訓練と規律のゆきとどいたスパルタの制度の厳格さをこれ以上見事に立証するものはない。これは、ギリシア人が一般に認めていた事実だが、合理主義的な歴史家からは、ドン・キホーテ的なロマン主義として片づけられるほうがはるかに多いのである。たいていの軍隊なら、テルモピュライの山道でスパルタ軍が直面した恐るべき状況にくらべ、はるかに危険の少ない条件のもとでも潰走したことであろう。

一方、ヘロドトスによれば、テルモピュライの戦いがあったこの三日間に、アルテミシウム付近では、ギリシア人がペルシアの軍船隊に戦いを挑んでいた。ペルシア船隊は、数日前にセピアス岬沖に錨をおろしていたが、大半の船をそこの浜へ引き上げることは不可能だった。そのとき大暴風雨が起こり、三日間にわたって荒れくるったため、ペルシア船隊のおそらく三分の一は難破した。それにたいしギリシア側は、もっと安全な港に停泊していて、この嵐を切り抜けたのである。その後、残りのペルシア海軍は、アフェタイ（地図参照）へ転進したが、アルテミシウム沖のギリシア船隊は、小戦闘の末、ペルシア船一五隻を拿捕した。だが、多くの船を失ったにもかかわらず、ペルシア海軍の船の数は、なおギリシア側を上まわっていた。しかもペルシア人は、軍船の一部を急派してエウボイアの東海岸を迂回し、この島を取り囲んで、ギリシア海軍を包囲しようとした。

ヘロドトスの語るところによると、テルモピュライの戦いは——したがって、アルテミシウムの戦いも——ペルシアの軍船隊がアフェタイに着いてから二日後に始まったという。海戦の初日、ギリシア船隊はペルシア船隊に攻撃をしかけ、数に勝るペルシア人は、包囲作戦を試みた。しかし、ヘロドトスはこう書いている。

ギリシア人は船尾をそろえ、すべての船の舳先をペルシア船隊に向けた。そして、狭い海域に閉じこめられ、肉薄する敵の攻撃に押されながらも、第二の合図とともに勇敢にも少しずつ前進を開始し、ペルシア船三〇隻を拿捕した……。(165)

日が暮れるとともに戦闘は終わったが、昼間の交戦では陸上と同様、ギリシア人が優位に立った。

夜のあいだに暴風雨になったため、ペルシア海軍の主力は難破を恐れて動けず、エウボイアのまわりに送られていた分遣隊は全滅した。二日目に、アテナイからギリシアの援軍が到着し、再びペルシア船隊との戦闘になったが、勝負がつかなかった。三日目になると、ペルシア海軍は再び攻勢に出て、アルテミシウム沖のギリシア船隊に迫った。さながら一五八八年にイギリス海峡を猛烈な速さで通りすぎたスペイン艦隊のように、半月形の布陣で包囲作戦を実施しようとしたのである。ペルシア側は船隊の陣形を保つことができなかったし、ギリシア人が頑強に戦って包囲を逃れたため、戦いはついに決着がつかず、双方に甚大な損害をもたらして終わった。その夜、ギリシア陣営に、テルモピュライの敗戦の報が届いたので、ギリシア海軍の司令官は撤退に踏み切った。

アルテミシウムの戦いは、戦術的には、テルモピュライの陸戦ほど決定的な敗北ではなかったが、戦略的に見ればギリシア人にとって大きな災厄であったことにはなんら変わりがない。クセルクセスは、陸海の戦闘でギリシア人の意図をくじき、ペルシア海軍は暴風雨のために大きな被害をこうむりながらも、ギリシア人を苦しい戦いに追いこんだのである。ペルシアの戦闘集団は情け容赦なく前進し、いまやアテナイへ攻め寄せる彼らの行く手を阻むものは何もなかった。

サラミス

ギリシア人はテルモピュライおよびアルテミシウムの戦いで敗れたけれども、ギリシアの船隊は整然と退却したし、陸軍の大部分はまったく戦闘に参加していなかったので、陸上および海上の戦力をほぼ完全に保持していた(166)。だが、不幸にして、彼らは軍隊を計画的に配備していなかった。ギリシアの戦略は、クセルクセスのアテナイ進撃を阻止すること以外になかったからである。この戦争を通じて、ギリシア軍が次々と危機に直面する中で、ギリシア人の戦略的思考は場当たり的に決定された。アテナイ人が積極的に海戦にうってでる戦略を支持したのにたいし、スパルタは地峡防衛を主張した。ギリシアの戦略は、往々にしてこの二つの最強の都市国家のあいだの不幸な妥協の上になりたっていたのである。

アルテミシウムの戦いのあと、アテナイの求めによって、船隊はアテナイからの住民の避難を助けるべく、アッティカ海岸沖のサラミス島へ回航した。前四八一年九月のテミストクレス決議による最初の避難決定は、その後ヘラス同盟がペルシア軍の進撃をまずテンペで、次いでテルモピュライで阻止することを全会一致で決定したために無視されていたのだが、この戦略は失敗に終わり、アテナイはペルシアの蹂躙にゆだねられることになった。こうなっては、ただちにアテナイから住民を避難させるほかはない。船隊は、アテナイ市民をトロイゼン、サラミス、アエギナへ送りとどけた。

スパルタの海軍司令官エウリュビアデスは、さまざまな海上部隊の指揮官たちをサラミスに召集して軍事会議を開いた。会議参加者たちは緊迫感に包まれていた。ペルシア軍は、テルモピュライの戦いの九日後にはアテナイを占領し、焼き払っていたからである。ギリシアの指揮官たちは、船隊を地峡に送ることを決定した。地峡では、陸上に要塞が完成しており、再び陸海軍一体となって交戦する準備がととのっていた。しかし、テミストクレスは、サラミスで戦うよう夜を徹してエウリュビアデスを説得した。地峡沖の海域はペルシア側に有利だと確信していたのである。そこでは、ペルシア海軍が左右に広く展開して戦える余裕があったのだ。翌日、二回目の軍事会議で白熱した議論をたたかわせたあと、エウリュビアデスは戦闘準備を開始するよう命令を発した。テミストクレスの主張によると、戦術的な展開にはすぐれているものの、数量的にかぎられたギリシアの軍事力を考えれば、サラミス沖の狭い海域は理想的だった。

一方、クセルクセスも、その頃、軍事会議を開いていた。ペルシアの指揮官たちは、自軍の士気が高まり優位に立っているいま、ギリシア船隊が地峡に引き揚げる前にかさにかかって攻撃をかけるべきだとクセルクセスに強く勧めた。戦いが目前に迫っていることが、ギリシア人とペルシア人を問わず誰の目にも明らかになったとき、ヘロドトスによればギリシア軍の一部の指揮官はペルシア軍が勝った場合、自軍には後退して逃げこめる場所が小さな島々のほかにまったくないことに思いあたった。そして、ペロポネソス半島を根拠地にできる地峡へ引き揚げられないかどうかを再検討するよう力説したのである。テミストクレスはギリシアの船隊が勝手に撤退しはじめるのを恐れ、夜のうちにクセルクセスに使者を送って次のように告げた。自分（テミストクレス）は、ペルシア側に寝返るつもり

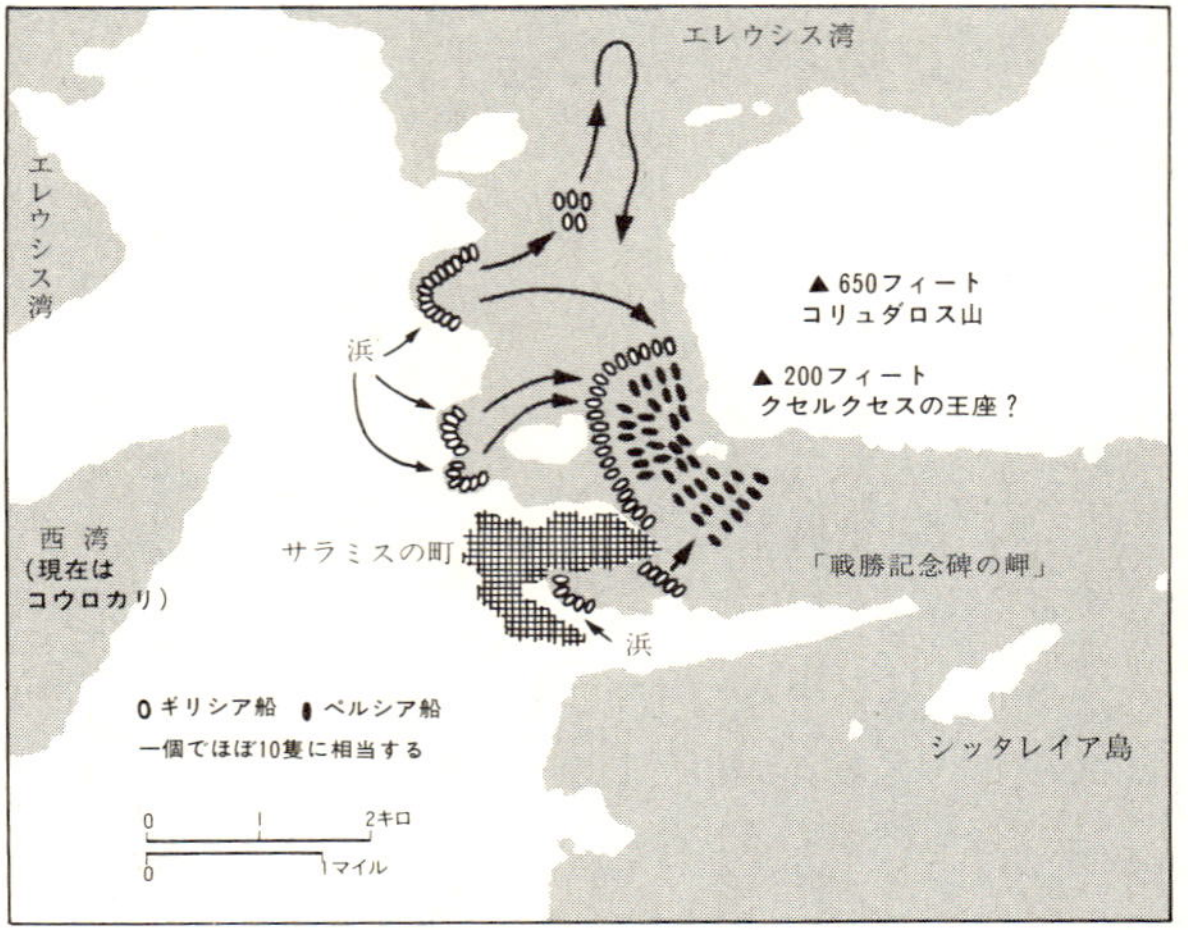

サラミスの戦い（前480年）

である。ギリシア側がサラミスを撤退する前に、王（クセルクセス）が行動を起こせばギリシア人をサラミスで虜《とりこ》にできるだろう、と。そこで、クセルクセスが命令を発してサラミスに船隊を送りこんだので、ギリシア側は窮地に追いつめられた。彼らは否応なしに戦わざるをえなくなったわけである。

多くの歴史家は、クセルクセスとテミストクレスとのやりとりをつくり話として無視してきた。両軍とも戦端を開くことですでに意思統一ができていたのだし、とにかくクセルクセスはこんなありそうもない話を信用しなかったろうというのである。しかし、それは本当にありそうもない話であろうか。アテナイはすでに陥落しており、ペルシア軍の最高司令部はギリシア軍の指揮官たちのあいだに戦略上の問題をめぐって意見の相違があるのをもちろん知っていたはずである。多くのギリシア国家とその指導者がすでにペルシア側に寝返っていたし、アテナイは廃墟と化していたのだから、テミストクレスはペロポネソス半島防衛の戦略を放棄してペルシアに隷属する道を選んだものと、クセルクセスがたやすく信じたとしても不思議ではあるまい。クセルクセスの立場から見れば、アテナイ人が甘んじてペルシアの支配に服するのは当然だったのである。

いずれにしても、ペルシアが作戦行動を起こしたため、戦闘は避けられなくなった。ギリシア軍を罠にかけるために、クセルクセスは自軍を三つの小船隊に分けた。一つは南に向かい、サラミス島を迂回して西方のメガラ海峡を封鎖した。別の隊はサラミス島とプシュッタレイア（リプソクタリ）という小島のあいだに陣どった。第三の隊は、プシュッタレイアとアッティカ半島（ムニキア付近）のあいだに位置を占めた。ペルシア船隊は狭い海域のため思うように動けず、乗組員はオールの下で眠れぬ夜を過ごした。九月の末であった。翌朝、戦闘が始まると、ギリシア側がまず前進しペルシア軍を攻撃した。ヘロドトスによると、ペルシア軍はアルテミシウムで損害をこうむったにもかかわらず、諸島の分遣隊から新たな戦力を補充することによって数量的に以前の戦力を回復しており、ギリシア側の船隊は、三〇〇隻以上を擁していたという。ギリシア軍は装甲歩兵を乗せていたので、狭い海域で敵船の舷側に横づけして攻めこむには有利な立場にあった。

ギリシア側の攻撃を迎え撃つべく、ペルシア船隊は横一線に並んで進んだが、海峡の狭い水域に制約されて横隊の展開を狭めざるをえず、中には他の船と接触してもつれたり、遅れて取り残される船もあった。ギリシア人は船を後退させ、ペルシア船隊の中で他に先んじて速度を上げて進んで来る数隻を誘いこんでおいてから、こんどは猛然と前進して敵を殲滅した。ギリシア海軍はこの作戦を遂行するにあたって陣形をくずさなかったが、ペルシア側は混乱におちいった。ギリシア人は、数に勝るペルシアには不向きな海域での戦いという当初からの有利な条件を確実に生かして、ペルシア海軍の全隊列にわたり猛烈な攻撃を加えた。こうして、ペルシア帝国の大軍船隊は決定的な敗北を喫したのである。ギリシア側は約五〇隻の船を失ったが、ペルシア側は二〇〇隻が沈没したうえ、数え切れないほど多くの船を拿捕された。

当時ギリシア人は、自分たちがどの程度の勝利を収めたのか理解できなかった。翌日、クセルクセスは戦闘を再開する意向を示したが、ペルシア海軍は戦意を喪失していたし、ペルシア側に立って戦っていたギリシア系イオニア人の忠誠も疑わしくなっていた。戦いが始まってから二日目の夜、クセルクセスは自軍の船隊にヘレスポントスへ引き揚げるよう命じた。そこにとどまって、ペルシア陸軍のアジアへの撤退を掩護するためだった。ギリシアは、ペルシア帝国の陸海一体となった恐るべき軍勢の脅威から解放されたのである。

プラタイアイ

しかし、まだ戦争の決着がついたわけではない。クセルクセスは、軍の主力を率いて小アジアへ引き揚げ、そこでアテナイの略奪をもって勝利と見なすと宣言したが、有能な将軍マルドニオスの指揮のもと約五万の兵をギリシア本土へ残していた。その中には、おそらく一万の騎兵も含まれていたであろう。サラミスの戦いの結果、戦争の性質が変わった。もはや海陸合同作戦は頼みにならなかった。しかし、陸上だけで食糧を補給できるほど小規模で、しかもギリシアが投入しうる軍隊より大規模かつ機動的な軍隊なら、クセルクセスが初めにもくろんでいた征服をなしとげる可能性は残っている。前四八〇年から四七九年にかけての冬のあいだ、マルドニオスはアテナイに圧力をかけつづけ、ペルシアに帰順するよう迫った。アテナイがペルシア側につけば、ペルシアは再び海上で優位に立てるのだ。これにたいし、スパルタ人は地峡防衛に賭けていた。ペルシア船隊はすでになく、したがって、ペルシア人はギリシアを防衛する戦士たちを背後から襲う手段を持っていなかったのだから、スパルタ人の戦略はそれまで以上に理にかなっていたが、アテナイは自国をペルシアの侵略の脅威にさらす戦略を黙認するわけにはいかなかった。そして、アテナイはヘラス同盟に最後通牒を発した。北へ進撃してペルシアと戦うよう迫り、この要求がいれられなければ、アテナイはペルシアと同盟を結ぶと宣言したのである。このように脅迫されて、スパルタ人はやっと腹を決め、同盟軍とともに北上して、プラタイアイにマルドニオスを迎え撃った[167]。

プラタイアイの戦闘は複雑をきわめており、ギリシアの重装歩兵と、軽装備で機動力に富むペルシア陸軍との相違点の多くを浮き彫りにした。ギリシア人にとって唯一の問題は、ペルシア軍をいかに攻撃するか、どのようにして自軍の小規模な重装歩兵（およそ四万人）がペルシアの騎兵に包囲されないですむような条件下の戦闘に相手を追いこめるかであった。地峡を放棄せざるをえなくなった結果、ギリシア人はマルドニオスを戦略的に有利な立場に置いたのである。

ギリシア連合軍の司令官は、幼いスパルタ王の摂政をつとめるパウサニアスだった。パウサニアスは南ボイオティアへ進軍すると、アソポス河畔にかけて延びる山なみの尾根に布陣して、川の対岸に陣をかまえるマルドニオスと相対した。実は、この戦場を選んだのはマルドニオスであり、パウサニアスはペルシア軍と接近戦を交えるのを好まなかった。ここでペルシア軍とぶつかることになれば、平地に下りて自軍の側面と後衛をペルシアの騎兵隊の攻撃にさらさなければならないからである。パウサニアスを戦闘に追いこむために、マルドニオスは騎兵隊を動員してギリシア軍の物資供給ルートをおびやかし、数日後にはギリシア側の主な給水源となっていた泉を汚して使えなくした。その間に、パウサニアスはいつ戦闘が起こるかもしれないと考えて、自軍の隊列の配置を改めた。スパルタ人

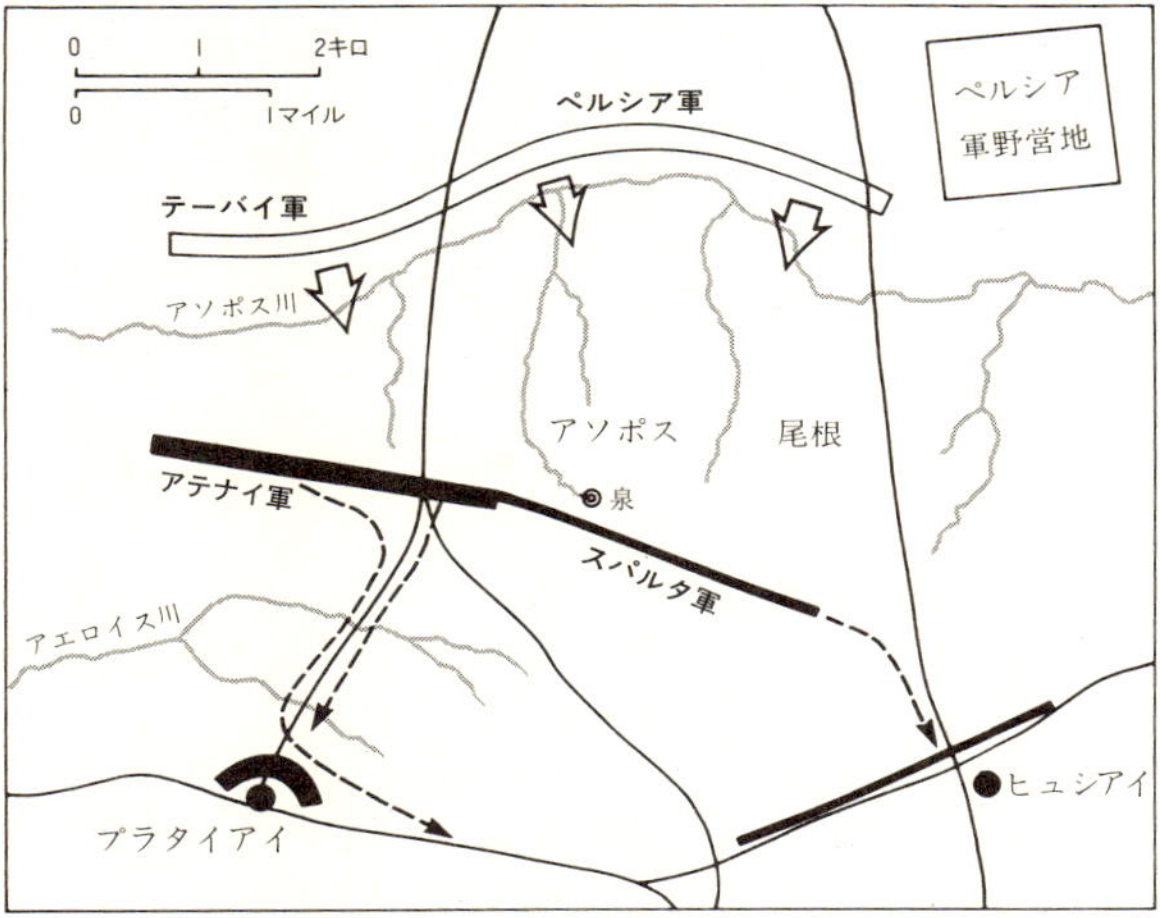

前479年のプラタイアイの戦い。ギリシア軍は、初めアソポスの尾根に布陣していたが、夜陰にまぎれてプラタイアイの市に近い線に引き揚げるとき、混乱状態におちいった。翌朝、ペルシア軍は攻撃に出た。

は初め、名誉ある右翼を占め、アテナイ人は左翼に、その他の同盟軍は中央に布陣していた。マルドニオスは、スパルタ人の正面にあたる左翼に自軍の最強部隊を配置した。アテナイ人は、マラトンでペルシア陸軍との戦いを経験していたので、パウサニアスはアテナイ人を右翼に配置し、スパルタ人を左翼にまわすことを決めたが、マルドニオスは、それに応じて自軍の配置を変えた。ところが、パウサニアスは、敵の配置がえを察知すると、自軍を最初の陣形に戻してしまったのである。後世の戦闘では、こうした戦術上の混乱は珍しくないが、これほどはっきりと混乱ぶりが跡づけられるのは、軍事史上でもこのときの戦いが初めてである。[168]

およそ二週間後になって、パウサニアスはやっと自軍をプラタイアイに近い別の陣地に移動させることを決めた。部下の兵士たちは夜陰に乗じ、列をくずして移動した。マルドニオスはこの機をとらえ、明け方、パウサニアスが隊列をととのえないうちに攻撃をかけた。「[マルドニオスは] アソポス川を渡り、ペルシア軍の先頭に立ち、全速力でギリシア軍を追跡した。実際に、敵が逃げ出したと確信していたのである」と、ヘロドトスは書いている。しかし、マルドニオスが自陣を立て直す間もなく、あまりにも性急に行動したことは明らかである。「ペルシア人部隊がひどくあわててギリシア軍を追跡するのを見ると、異国軍の他の指揮官たちも時を移さず旗を握り全速力であとを追った。隊形はくずれ、配置も乱れて、大混乱におちいっていた」[169]。パウサニアスは追ってくる敵に圧倒されそうになったが、スパルタ軍を立て直してペルシア軍歩兵隊に白兵戦を挑んだ。マルドニオスは自ら騎兵隊を率いていたが、スパルタの一兵士がマルドニオスを倒したとき、この戦いの勝敗が決まった。一説によれば、投石が命中したのだという。マルドニオスの死によって、ペルシア軍内にパニックが起こった。副司令官アルタバゾスは、戦場を放棄し、残った四万の兵を率いてヘレスポントスを渡った。ギリシアは大国ペルシアと正面から対決し、これを撃退してアジアへ追い返したのである。

ギリシア本土で事態が以上のように進んでいたとき、スパルタ王レオテュキデスは、連合軍の船隊を率いて海を渡り、東エーゲ海を海戦の舞台に選んだ。伝承によれば、プラタイアイの戦いと同じ日に、ギリシア海軍はサモス島の向かい側のミュカレでペルシア軍と遭遇した。ペルシア船隊はミュカレの浜に乗り上げていたのである。結局、ギリシア人も上陸し、陸上での両軍乗組員の激突の末に、戦いの帰趨が決した。ミュカレの戦いで勝利を収めた結果、ギリシア人は以後二、三世代にわたってエーゲ海のゆるぎない制海権を確立したのである。

ギリシアがペルシアを打ち破ったことは、それが明らかになった日以来、多くの理論家たちから謎として扱われてきた。理論上では、ペルシアが勝って当然なのである[170]。数の上での圧倒的な優位に加え、兵站組織もより高度に発達しており、散兵や騎兵隊の戦術的利用を心得ていたこと、中・長距離兵器も充分に備えていたうえ、輝かしい威信に満ちた帝国の伝統からくる自信と敵に与える威圧感があり、将軍の指揮権も統一がとれていて戦略的に磨きぬかれていたことを考えれば、ペルシアの勝利は約束されていたはずである。何が起こったのだろうか。なぜギリシア人が、ペルシア戦争で勝利を収めたのだろうか[171]。

ギリシア人に有利な点がいくつかあったことは確かである。彼らは自らの国土で戦ったのであり、国内の物資供給および通信網を維持することは、ペルシア人の場合にくらべてはるかに容易だった。異邦人の侵略を撃退しようとするギリシア人の愛国心が彼らの士気を高めたことは事実だし、ギリシア軍の重装歩兵は突撃戦で敵を圧倒した。ギリシア人は自分たちの勝利を、槍の威力が弓を上まわったこと、つまり重装歩兵が敵より上手《うわて》であった結果とみるか、さもなければこの戦争で海軍の重要性を見抜いたテミストクレスの輝かしい戦略的洞察力の結果とみる傾きがあった。どちらの見方も要点をついてはいるが、ギリシアの勝利はそれらのいずれか一方だけでは説明できないし、両方合わせても完全な説明にはならない。ペルシアは、重装歩兵と対決する場合、地形的に不利な場所で戦わないようにしさえすればよかったし、優勢な兵力で圧倒することもできた。テミストクレスがペルシアの陸海合同作戦をはっきり見抜いていたにしても、ペルシア海軍はギリシア海軍を撃破して当然だったのである。

トゥキュディデスが言及しているところによると、古代ギリシア人たち自身、あるいは少なくとも彼らの中の一部は、自らのおかれた状況を理解していたことがわかる。トゥキュディデスによれば、前四三二年にスパルタへ派遣されたコリントスの使者が、ペルシア人は自らのおかした誤りによって敗北を招いたと述べたというのである。こういう見方は、アテナイやスパルタでは一般の支持を得られなかったであろうが、的を射た指摘には違いない。(172) クセルクセスは、サラミス沖の海域へ誘いこまれる必要はなかったし、ダティスとアルタフェルネスはマラトンで数において劣勢の軍隊に二重包囲されてはならなかったのである。ペルシアの指揮官たちが軍事作戦における陥穽におちいらないためには、軍事的天才は要らなかった。彼らは愚鈍ではなかったし、充分に磨きぬかれた戦略的および戦術的洞察力にも欠けてはいなかった。近代までの多くの将軍たちも、似たような誤りをおかしている。ペルシア人の場合、問題は自信過剰から軽率になったことだ。彼らが自らを過信したのは、明らかに優位に立っていたことと、戦場におけるペルシア軍の勝利の実績を考えれば無理からぬことだった。しかし、軽率は誤りにつながり、誤りは敗北につながったのである。ペルシア戦争は、大戦争のうち少なくともいくつかのケースでは、勝敗は戦場で決まるのであり、緒戦における両軍戦闘員の力関係で決まるのではないという事実を証明している。ペルシア人が誤りをおかしたと言っても、重装歩兵訓練のための制度から生まれた副産物として海軍にも徹底していた士気と規律がなかったら、ギリシア人が勝利を収めることはできなかったであろう。

戦略と戦術——ペロポネソス戦争

ペルシア戦争が終わると、アテナイは、エーゲ海に海上帝国を築き上げた。ギリシア系イオニア人をペルシア人の支配から解放したあと、海軍によってエーゲ海を制圧し、その権勢を拡大した結果、アテナイ帝国はスパルタを中心とするペロポネソス同盟に匹敵する力をもつに至った。一方は海軍に依拠し、他方は陸軍に基礎をおく二つの武装同盟集団は、前五世紀半ばにはしばしば衝突するようになったが、前四三一年にようやく両者の敵対関係は決定的な危機を迎えた。この年、スパルタ軍がアッティカ地方に侵入し、ペロポネソス戦争（前四三一年—四〇四年）の幕が切って落とされたのである。この攻撃に応えて、アテナイの指導者ペリクレスは、スパルタの権力を打倒するための戦略を練り上げた(173)。

第一段階——アルキダモス戦争

戦争の第一段階は、最初にアッティカへ攻撃をかけたスパルタ王アルキダモスにちなんで名づけられているが、いろいろな意味で焦点の定まらない消耗戦であり、一〇年間（前四三一年—四二一年）つづいた末、膠着状態のうちに終息した。軍事史家から見ると、これは悪夢のような戦争だ。両軍とも、しばしば兵力を分散させ、ギリシア全土のいたるところで同時に起こる小戦闘に振り向けたからである。しかし、この戦争は、重装歩兵および海軍の限界をまざまざと示し、ギリシア人の戦闘方法に大きな革新をもたらす地ならしの役割を果たした点で、軍事的に重要な意義をもっていたのである。

ペリクレスの対スパルタ戦略は、言葉で説明すれば簡単だが、実行するのは難しかった。ペリクレスは、スパルタの陸上戦力があまりに強大で、アテナイが戦いを挑むのは不可能だと確信していた。そこで、アッティカ地方は敵の侵略にゆだね、アテナイ人は城壁内にとじこもる作戦を立てたのである。ピレエフスの港に通じる道は長い城壁で守られていた。

市内に充分な物資を供給するために必要な海上輸送路は、海軍がこれを防衛した。海軍の規模は大きかったので、その一部をペロポネソス半島周辺での攻撃作戦にあてることができた。その主な狙いは、スパルタ陸軍にアテナイ密集軍を打ち破るチャンスを与えないようにして相手の勢いをそぎ、海戦で相手を徹底的にたたいてペロポネソス同盟を屈服させようというものである。ペリクレスの戦略は決して防衛だけに重点をおいていたわけではないし、単なる消耗戦略でもなかった。海上での攻撃作戦にも望みをかけていたからである。言うまでもなく、スパルタ軍が国土を荒らしまわっているとき、なすところなく座視していることに苦々しい思いをかみしめるアテナイ人もいたが、ペリクレスの信望の力で、アテナイは断固としてゆるぎない彼の方針に最後まで従った。

アテナイの兵力は大きかった。陸軍の力ではスパルタに及ばなかったけれども、一万三〇〇〇の装甲歩兵がいつでも出陣できる態勢にあり、それに加えて種々の駐屯地の任務に一万六〇〇〇の兵員をあてることができた。これらの兵力のほかに、ペルシアとの戦争から教訓を得たこともあって、一二〇〇の騎兵隊と一六〇〇の弓兵からなる分遣隊を持っていた。堅固な城壁と三〇〇隻の三橈漕船からなる軍船隊とがあいまって、アテナイは難攻不落の砦となり、スパルタの攻撃をしりぞけた。それに、アテナイの支配下にあるエーゲ海地方諸地域の臣民からの貢物のおかげで、スパルタよりはるかに多くの収入があった。そのうえアテナイ人は、戦略面で指揮権を統一することができた。臣民に命令すればよかったからだ。それにたいし、スパルタの同盟軍は少なくともペロポネソス同盟の意思決定機構においては、もっと対等に近い勢力だった。だが、別の面から言えば、スパルタは、同盟軍の兵力を全面的に利用して五万におよぶ陸軍を展開することができたし、海軍もアテナイほど強力ではないにしろ、アルキダモス戦争に代表されるような小規模な戦闘には充分に対応できたのである(174)。

前四三一年から四二五年まで、七年にわたるこの戦争の最初の五年間、スパルタはアッティカに侵入し、この半島に甚大な被害をもたらしたが、この電撃的侵略によって戦略的には何の利益も得られなかった。前四三〇年から四二九年にかけて、そして再び前四二七年から四二六年にかけて、アテナイで悪疫が猛威をふるったにもかかわらず、アテナイ市民の決意はゆるがなかった。だが、悪疫が流行した結果、人口の二五パーセント近くの死者を出し、前四二九年にはペリクレスがこの病気の犠牲となって死んだ。けれども、アテナイの決意は変わらず、前四二七年にスパルタとテーバイがプラタイアイに包囲攻撃をかけたときもまったく動じなかった。アテナイ自体の周辺におけるスパルタの軍事行動は戦略的に中途半端で、勝敗の帰趨はギリシアの遠隔地方での戦闘によって決まった。ここには、アテナイの海軍力が集中的に振り向けられたのである。この戦争の最も重要な舞台は、西部ではコリントス湾であり、北方ではコルキュラ島、すなわち現在のコルフ島の周辺であった。戦争が始まったとき、アテナイの同盟国であるコルキュラは、ペロポネソス同盟中スパルタに次ぐ強国のコリントスとすでに戦端を開いていた。コリントスは初め、コルキュラとアテナイの同盟をくつがえそうと企てたが、アテナイの船隊が介入し、血なまぐさい内戦ののち、前四二五年にコルキュラのアテナイ支持派が反対派を大量虐殺した結果、この地域の安定が保たれた。

コリントス湾では、はるかに興味深い海戦が起こり、アテナイの提督ポルミオンは、ペロポネソス同盟の海軍との二つの大きな戦闘で輝かしい勝利を収めた。前四二九年、スパルタはコリントス湾のナウパクトスの基地からアテナイ軍を追い出そうとくわだて、戦争を挑発した。陸上では一〇〇〇の装甲歩兵がこの地域に送られ、海上では四七隻からなるペロポネソス同盟の軍船隊がコリントスを出発してポルミオンとの戦いにおもむいた。ポルミオンは湾口付近でアテナイの三橈漕船二〇隻を率いて配置についていたのである。ポルミオンの作戦は、船足の遅い敵船隊が広い水面に出るのを待って攻撃をかけることだった。コリントス軍は、数の上での優勢を生かすとともに、アテナイ軍の巧みな中央突破戦《ディエクプルース》術を無力化すべく、円陣を組んで守りを固めた。コリントス船隊のうち最も速い五隻は円陣の内側に位置し、外周のどこかをアテナイ側が攻撃してきた場合には、いつでも救援に出動できる態勢をとったのだ。ポルミオンは横隊を組んで敵に向かって前進し、敵の周りを何度もまわった。一度まわるたびに敵がより狭く小さい円陣を組まざるをえないようにしたので、結局、敵の船隊は味方同士が衝突する羽目になった。自軍の船の側面をコリントスの衝角軍船の前にさらすことになり、危険をおかしたわけだが、アテナイ軍の船はスピードにまさり機動性があったので、こうした戦法も理にかなっていたのである。そのとき強風が吹いてコリントス側がますます窮地に追いつめられたところで、ポルミオンは攻撃に出た。この戦闘についてのトゥキュディデスの記述は、コリントス軍がおちいった困難な状況をまざまざと描きだしている。

「湾内に」風が吹きこんできたとき、敵の船隊はすでに間隔がつまっており、風にゆられ、小型船に進路をはばまれるなどして、たちまち混乱におちいった。船と船が衝突してもつれ、乗組員たちは竿を使ってたがいの船を離そうとしたが、彼らが叫び、ののしり、争う声で船長の命令や水夫長の号令もほとんど聞こえなかった。また漕ぎ手も訓練不足のため、荒波にもまれて櫓をうまく漕げなかったので、舵手の指図どおりに船を進めることができなかった。このときをとらえて、ポルミオンは合図を送り、アテナイ軍の攻撃が始まった。(175)

この勝利によって、ポルミオンは一二隻のコリントス船を拿捕した。一方、スパルタ人はペロポネソス同盟の大船隊が勝てなかったことに激怒した。彼らはもう一度戦闘を挑み、今度こそ負けるなと指揮官たちに厳命した。そこで一カ月後、ペロポネソス同盟側は、ブラシダスの指揮のもと、七七隻の三橈漕船からなる大船隊を編制して、ポルミオンをナウパクトス基地付近に強襲した。湾口から外海に出られないようにポルミオンの動きを封じようと、ペロポネソス同盟の船隊は四列横隊を組んで、南岸沿いにナウパクトスを目指して進んだ。二〇隻からなるアテナイの船隊は基地を守りながら、敵におくれをとらないよう一列縦隊になって対岸沿いに前進しなければならなかった。突然、ペロポネソス同盟側は九〇度方向転換し、横一線になってアテナイ側に迫り、包囲作戦《ペリプルース》で相手側を罠にかけようとした。だが、ペロポネソス同盟側の横隊は四列だったので、長さが足りなかった。そのため、アテナイ船隊のうち一一隻は罠から逃れてナウパクトスへ退却した。残る一〇隻は、敵を迎え撃とうと方向転換した。追跡する二〇隻のコリントス船隊のほうは乗組員が早くも勝利の歌をうたっており、陣形を乱して軽率にも前進してきた。踏みとどまったアテナイの三橈漕船は、旋回して衝角でペロポネソス同盟の先導船に激突し、これを沈めた。そのとき、他の一〇隻のアテナイ船が戦闘に加わり、敵を駆逐するとともに六隻を拿捕し、緒戦での損失を取り戻した。アテナイ人は大胆な決断によって敗戦を勝利に変えたのである。

しかし、その後、こんどはスパルタ人がなかなかの大胆さを発揮した。彼らがあとほんの少しでも勇気を出していたら、戦略的に大きな利益をあげていたかもしれない。冬が近づくとともに、ペロポネソス同盟の船隊はコリントスに帰ったが、ブラシダスをはじめとする指揮官たちは無防備のピレエフス港に帰っていたアテナイ船隊に奇襲攻撃をかけることに衆議一決した。ペロポネソス同盟側の四〇隻の三橈漕船がメガラ付近の基地に停泊していた。船は放置されていたため傷んでいたが、コリントス船隊の乗組員たちはオールとクッションを持って地峡を横断し、それらの船に乗りこんでピレエフス港攻めに向かったのである。彼らは夜のうちに出航した。おそらく自分たちの計画の大胆さに多少はおびえていたことだろう。風のために船足が鈍っていたので、まずサラミスを襲撃した。サラミスでは三隻のアテナイ船を拿捕し、コリントス軍は島内を略奪しはじめた。この知らせを受けて、ピレエフス港のアテナイ軍は警戒態勢に入り、軍船に乗り込んでコリントス軍を迎え撃つため出港した。一方、コリントス側は、船が浸水しはじめたので不安になってメガラに戻り、上陸して徒歩でコリントスへ帰った。その後になって、アテナイ側はピレエフス港で臨戦態勢を敷いたが、トゥキュディデスが確信をもって述べているところによれば、スパルタはその海軍が戦略的任務と目的を忘れて進路を変えサラミスに向かったとき、千載一遇の好機を逸したのである。

その他の戦域でも注目すべき戦闘があった。前四二八年、レスボス島のミュティレネがアテナイにたいし反乱を起こし、スパルタは四〇隻の三橈漕船を援軍として送るとともに、アッティカ半島への例年の攻撃をいっそう強めることを応諾した。しかし、ミュティレネは食糧欠乏のため、スパルタの軍船隊が着かないうちに降伏した。アテナイはエーゲ海地域における其の地位を維持していたものの、この反乱によって帝国の弱点が露呈された。アテナイの臣民はその従属状態に怒りをつのらせており、アテナイがスパルタと戦っているこの機に乗じて、自分たちの目的をとげようと手ぐすねひいていたのである(176)。

シチリアでは、アテナイが形勢を逆転してスパルタを圧倒していた。南イタリアおよびシチリアの西部ギリシア諸国家は、伝統的にコリントスやスパルタと親密な関係にあり、戦争が始まったとき、スパルタはこれらの国々に援軍を求めた。多くの援軍が来たかどうかは確かでないが、ペロポネソス同盟がこの地域との貿易に依存していたことは事実であり、とりわけ食糧については穀物の輸入に頼っていた。そこで、アテナイ人はこの地域の同盟諸国をそそのかして、ペロポネソス同盟の忠実な同盟者である大都市シュラクサイにたいして反抗させ、敵の糧道を断とうとした。前四二七年、アテナイは二〇隻の船隊によって直接介入し、前四二五年にはこれを六〇隻に増強した。シュラクサイの指導者はこの脅威を前にして、シチリアにおける全面的和平を提案し、アテナイの指揮官もこれに同意した。ところが、西部ギリシアからの援助がペロポネソス半島に届かないようにするというアテナイの戦略目的がほぼ達成されたというのに、アテナイの本国では無条件降伏以外の和平を受け入れたとして指揮官たちを処罰したのである。

戦争が始まってからの六年（前四三一年―四二六年）、ペリクレスの戦略が功を奏し、戦況はアテナイにとって有利に展開した。いかにも、プラタイアイはテーバイとスパルタの手に落ち、アッティカ地方はスパルタ軍の蹂躙にゆだねられてきたし、その一方で悪疫のために大量の死者が出た。しかし、コルキュラ周辺やコリントス湾ではアテナイも負けておらず、ペロポネソス同盟側に損害を与えた。シチリアにおける海軍の攻勢は戦略的成功を収めたし、ミュティレネの反乱は鎮圧された。さらに前四三〇年から四二九年にかけての冬には、エーゲ海地方北西部カルキディキ半島のコリントス植民地、ポテイダイアがアテナイに降伏した。アテナイはいぜんとして強力であり、スパルタ人の陸上戦力もこの海上の巨人を敵にまわしては、さしたる戦果をあげられそうになかった。

前四二五年、意表をついた作戦にかかって、スパルタは危うく条件付き降伏の瀬戸際に追いこまれた。その年、シチリアとコルキュラにおける戦争が終息に近づいていた頃、コルキュラ経由で西方のシチリアに向かって航行していたアテナイ船隊が暴風雨のため、ペロポネソス半島南西端のピュロス(地図参照)にあるスパルタ軍の要塞港内に押し流された。(17) 古代のピュロス湾は、現代ではナヴァリノ湾と言ったほうが通りがよいが、スパルタの属国の中心であるメッセニアの戦略的要衝だった。アテナイ人の一人、デモステネスは、五隻の船とともにこの地にとどまることを認められたが、残りのアテナイ船隊はコルキュラに向かって航海をつづけた。しかし、スパルタは危険を察知してアッティカから軍を呼び戻し、ピュロス付近に数部隊の兵を送った。六〇隻のペロポネソス同盟軍船隊がコルキュラから召集され、スパルタ軍はピュロスの要塞にこもるアテナイ軍を陸と海から包囲しようとした。計画の一環として、彼らは四二〇人のスパルタ装甲歩兵を近くのスファクテリア島に上陸させそこを占領したが、アテナイ軍の要塞にたいするスパルタの最初の攻撃は失敗した。

一方、その間にデモステネスは使者を派遣してアテナイ軍船隊の救援を求め、四〇隻の船がついに到着した。アテナイ船隊はスパルタ軍の待ち受ける湾内に侵入し、戦闘の末、敵を圧倒して、スパルタ側をスファクテリア島に封鎖した。スパルタ政府は戦況を検討するため、数人の指導者、すなわち監督官を派遣したが、彼らの下した判断では絶望的な状況だった。そこでデモステネスと休戦交渉を行ない、アテナイに特使を送って和平を申し入れた。ペリクレスの戦略がほぼ成功したわけだが、アテナイ側は交渉を拒否した。アテナイの指導者の一人、クレオンが他の指導者を説き伏せて苛酷な条件を出し、スパルタが戦争をつづけざるをえないようにしむけたのである。その後、間もなく、勝利を決定的なものにするため、クレオン自身がピュロスに派遣された。彼は、二〇日以内に戦いの決着をつけてみせると約束した。

デモステネスとともに指揮にあたったクレオンは、数千のアテナイ兵をスファクテリア島の南端から上陸させ、四二〇人のスパルタ装甲歩兵に戦いを挑んだ。スパルタ側は島の北端に強力な陣地を構えていた。だが、スパルタ軍は包囲されて絶体絶命の窮地におちいり、生き残った二九二人の装甲歩兵は降伏した。そのうち一二〇人は名にしおうスパルタ

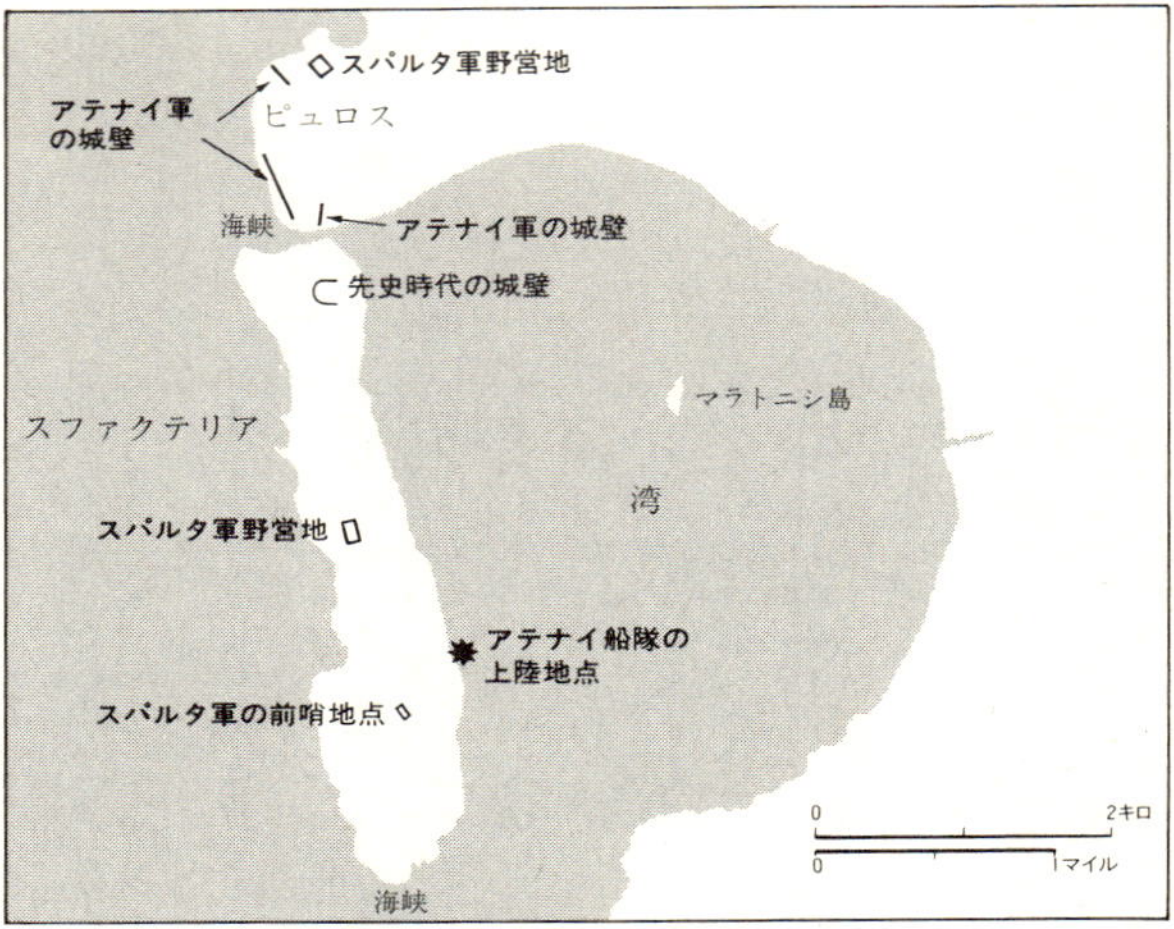

ピュロスとスファクテリア島（前425年）

陸軍に属するスパルタ市民だった。トゥキュディデスは、ピュロスにおけるアテナイの勝利が、ギリシアのいたるところで重要な意義を持つと評価されたことを明言している。

戦時を通じて、この事件ほどギリシア人から意外の念をもって受けとられたものはほかになかった。スパルタ人と言えばいかなる軍隊を前にしようと、またどんな飢餓に直面しようと武器を捨てないもの、力のつづくかぎり戦い、武器を手にしたまま死んでいくものと一般に信じられていたからである。[178]

アテナイは、テルモピュライの栄

光を粉砕した。スパルタは、もはや陸上でも無敵ではなかったのだ。捕虜はアテナイへ連れ去られ、スパルタ政府には、アッティカへの侵略をこれ以上つづけるなら、捕虜を処刑すると通告された。

アテナイは圧倒的な兵力によってピュロスでの勝利をものにしたが、アテナイ軍が新しい軽装歩兵、小楯兵――これらについては次章でくわしく見ることにする――および弓兵を採用しているところを見ると、戦闘方法が変化しつつあったこと、ギリシア人がペルシア軍の戦術的柔軟性の持つ重要な意義に気づきはじめたことがわかる。スファクテリア島での戦闘の最終局面に関するトゥキュディデスの記述は、前五世紀末になって行なわれるようになった新しい戦闘方法の生き生きとした例証となっている。

一方、島内に駐留する「スパルタの」主力部隊は、前哨地点が遮断され、敵軍が攻め寄せてくるのを見ると、密集隊形を組んで反撃し、アテナイの重装歩兵に白兵戦を挑んだ。アテナイ勢は、重装歩兵が敵の正面に列を組み、軽装備部隊が側面および後衛にまわっていた。だが、スパルタ勢は、アテナイの重装歩兵と激突することができず、すぐれた陸上戦の技術を生かす機会を与えられなかった。アテナイ側は両側の軽装歩兵が矢と槍でスパルタ軍の前進を食い止める一方、重装歩兵が敵を迎え撃つために前進しようとはせず、もとの位置にとどまっていたからである。軽装兵が駆け寄って至近距離まで攻めてくれば、スパルタ勢はそのつどこれを撃退したが、相手は軽装備だったので戦いながら後退し、やすやすと敵の追跡をかわして逃げ去った。かつて住む人もなかった島の地形は険しく、凹凸が多かったので、重い甲冑をつけたスパルタ兵は逃げるアテナイ兵を追うことができなかった……〔軽装備部隊が〕喊声をあげて突進してくると、このような形の戦闘に不慣れなスパルタ勢は度を失った。焼け落ちたばかりの森から灰塵が立ちのぼり、その煙幕ごしに近くから敵兵が間断なく浴びせてくる矢や石の雨にさえぎられて、スパルタ勢は前方を見通せなかった。こうなると戦闘はスパルタ側の手に負えなくなった。円兜も矢を防ぐ役に立たず、負傷者の鎧には投げ槍が突き立ち、へし折れていた。彼らは敵の攻撃を前になすすべを知らないありさまだった。前方の視野をとざされたうえ、敵勢があげる鬨の声にかき消されて味方の命令が聞こえなかった。四方から危険につつまれ、防御も脱出もまったく望みがなくなった。(179)

しかし、アテナイはこの勝利を手放しに喜んでばかりもいられないことをさとった。アテナイ人の非妥協的な態度を見てスパルタ人は和平の望みがないことを悟り、軍事的勝利を得ようと再び力を傾けはじめた。これにたいしてアテナイは、大胆にもペリクレスの戦略を放棄したクレオンに触発されて、海上だけでなく陸上でも勝利を得ようとした。ところが、それがアテナイにとって惨憺たる結果を招くことになり、前四二一年には交渉による和平で解決をはからざるをえなくなったのである。

アテナイが新しい戦略を初めて実行に移したのは、前四二四年に陸上で二度にわたって長期間つづけられた攻撃である。第一の作戦はアテナイからメガラに向けた攻撃であり、第二はナウパクトスのアテナイ基地からボイオティアを目指した攻撃である。スパルタとボイオティア諸都市は再度にわたるアテナイの企図をくじき、アテナイの新戦略は失敗に終わった。

その間、スパルタは陸路から攻撃可能なアテナイ帝国唯一の防衛拠点を攻撃した。エーゲ海の北西沿岸のカルキディキ半島である。緒戦に、アテナイはポテイダイアに包囲攻撃をかけたが、カルキディキ同盟の他の諸都市は、マケドニア王ペルディカスにうながされて、この地域にたいするアテナイの支配に抵抗しつづけた。前四二四年、スパルタの将軍ブラシダスは、奴隷の軍隊を率いて北進し、アンフィポリス市をはじめ多くの領土を獲得した。アテナイは軍船隊によって反撃し、いくつかの都市を取り戻したが、スパルタはアンフィポリスを確保した。スパルタとアテナイはともに長期の戦闘に疲れて、前四二三年には一年間の休戦に合意したが、カルキディキ半島ではその休戦協定はほとんど無視されていた。前四二二年に休戦期間が切れると、クレオンは軍を率いてアテナイを出発し、アンフィポリスに着くや、ブラシダスと大戦闘を交えた。

クレオンは、まだ全増援部隊が到着しないうちにアンフィポリスの近くまで来た。そこで、初めは戦端を開くよりも、むしろその地域の状況を偵察しようとした。一方、ブラシダスは、元気はつらつとしたアテナイ軍にくらべると寄せ集めで装備も悪い自分の軍隊を、アンフィポリス市内にとどめていた。これは、自軍の状態をアテナイ側に知られないようにするという意図もあってのことである。両軍の兵力はそれぞれ約五〇〇〇であった。皮肉なことだが、重装歩兵に依拠した戦術では超一流のスパルタが、ペルシアやアテナイから軽装備部隊のメリットを学びとっており、ブラシダスは若干の軽装備兵を手勢として率いていた。クレオンがうかつにも南東方面のエイオンからアンフィポリス目指して前進して来るのを見て、ブラシダスはアテナイ軍に奇襲をかけることを決意した。まず選り抜きの装甲歩兵部隊を駆け足で突撃させ、そのあとただちに全軍がやはり駆け足で突進することにしたのだ。最初の攻撃で不意打ちを食わせてアテナイ軍の度肝をぬき、混乱におとしいれてから、ブラシダス軍の主力が敵に立ち直るいとまを与えず痛撃を加えようというわけである。

一方のクレオンは、偵察の目的を達すると、軍を基地に引き返すことにした。だが、密集軍がくるりと向きを変えて行軍に移るとき、無防備の右側面を市内の敵軍の方に向けてさらけだした。ブラシダスはその機を逃さず、自ら先頭に立ってアテナイ軍の中央に突入し、計算どおり敵を恐怖と混乱におとしいれた。次いで、スパルタ軍の主力による追い打ち攻撃でアテナイ軍の戦列は四分五裂になった。左翼はエイオンの基地に逃げ帰ったが、右翼はクレオンが逃走中に戦死したほか、丘陵で包囲され、かなりの抵抗を示したものの、最後には力つきて壊滅した。スパルタ軍は完勝したが、この戦闘中にブラシダスは致命的な深傷を受けた。

スパルタは長期の戦闘に倦み疲れ、なおピュロスとその他の基地からのアテナイ軍の攻撃に悩まされていたので、陸戦の勝利を機に和平を結ぼうと決意した。ブラシダスとクレオンという両国の好戦派を代表する指導者はすでに亡く、アテナイでは貴族のニキアスが説得力ある和平論を主張した。前四二一年、両者はついに合意に達し、五〇年間の和平を取り決めた条約が結ばれた。これによって原状回復が求められ、両者はそれぞれこの戦争のあいだに獲得した領土を返還することになった。もっとも、この一般原則には若干の例外が認められた。テーバイはプラタイアイを引きつづき領有し、その埋め合わせとして、アテナイはメガラの近くのニサイアを保持した。しかし、ピュロスとスパルタ人の捕虜は送還され、他方、スパルタはアンフィポリスを放棄した。

軍事的観点から見ると、この戦争はペルシア戦争とはまったく違っていた。トゥキュディデスが言っているように、二、三の大戦闘ではなく、多くの戦場に分散して長期にわたってつづいた戦闘によって勝敗が決したのである。戦争が長びいたのは、一つには軍隊が広範囲にわたってまばらに展開していたため、どこかで損害を受けても、比較的容易に補充できたからである。アルキダモス戦争は、その他の点でもギリシアの戦争が変わりつつあったことを証明している。密集軍と軍船隊がギリシアの軍事体制の主要な構成要素であることには変わりなかったにしても、ペルシアと接触した結果、すでに見たとおり若干の変化が起こっていた。

より軽装備で機動性のある部隊による新しい形の戦闘が、その意義も充分理解されぬままに展開されたわけだが、ペロポネソス戦争では将軍も兵士も一様にその効果のめざましさに驚き、あきれていた。アテナイ側同盟国のある市民は、ピュロスで捕虜になったスパルタ兵の一人に意地悪くこう尋ねた。スファクテリア島で戦死した仲間たちは、中でも選良と言われる者であったのか、と。生き残ったスパルタ兵は臆病者ばかりだ、と言外にほのめかしたのである。捕虜は答えた。それなら矢の軸こそ「万金に値しよう。飛んでくる矢に勇者かどうかの見分けがつくのなら大したものだ[180]」と。戦争は変わりつつあったのだ。選良や勇士は、一対一で激突しあう突撃戦では重要な働きをした。最も勇敢な戦士はいつも最前列で戦ったので、戦死することもいちばん多かったわけだ。だが、中長距離兵器が登場すると、中後列の兵士も倒されるようになり、まわりの兵士たちがすべて倒れている中で勇士だけが残ることも少なくなかった。ギリシアは、古代近東の戦争で採用された多様な戦術部隊をようやく取り入れはじめたが、それをギリシアの戦闘に組み入れたことによって、軍隊における勇気の基準も変わってこざるをえなかった。アルキダモス戦争では、生まれつつある新しい軍事道徳の萌芽が見られた。重装歩兵の支持者たちはなお抵抗したが、遠方から敵を殺したり、撤退、離散しては再び結集して戦う戦術が採用されるようになって、軍事技術は新しい次元に達したのである。

シチリア遠征

ニキアスの平和はこわれやすい不安定なものだった。数年間は、スパルタもアテナイも条約をある程度は重んじ、両国が直接戦闘を交えることはめったになかった。しかし、ギリシア世界全体を通じてみると敵対感情が燃えさかっており、それが火を噴いて新たな戦闘に発展することもしばしばだった。そして、シチリア島で起こった小さな事件をきっかけとして、アテナイ人はこの島に介入し、直接戦闘を再開することなしに、スパルタおよびペロポネソス同盟を弱体化することができると信じるようになった。アテナイの計画は大胆な戦略にもとづいていたが、戦術面での誤算と失敗のために手ひどい敗北を喫し、再びスパルタと戦端を開くことになったのである。(181)

前四一六年、シチリアの都市セゲスタが、シチリアにおける最強の都市シュラクサイの同盟国セリヌスと戦闘に入り、アテナイの援助を求めてきた（地図参照）。前四一五年、アテナイ人は情勢を検討したあと、介入を決定した。ペリクレスの甥にあたる大胆不敵な指導者アルキビアデスが強く介入を主張して、市民を説き伏せたのである。ニキアスは介入に反対して、警告した。シチリアはアテナイの安全に重大なかかわりのある中心地域からあまりにも遠く離れているうえ、遠征に非常な費用がかかるというのが反対の根拠だった。しかし、アルキビアデスが強硬に主張したので市民は反対しきれなかった。

政府は、アルキビアデスとニキアス、および鼻っ柱が強くて高慢ちきなアテナイの将軍ラマコスによる共同指揮のもと、六〇隻の軍船からなる遠征軍を派遣することを認めた。前四一五年の夏、アテナイを出発した軍隊は、兵員輸送用の三橈漕船を含めて総勢一三四隻、装甲歩兵五一〇〇人、弓兵四八〇人、ロードス島の投石兵七〇〇人、軽装歩兵一二〇人、騎兵三〇人という戦力だった。乗組員を含めた戦闘員の数は、合計二万七〇〇〇人前後だった。

船隊が出発する直前、アテナイで外聞の悪い事件が起こってアルキビアデスの立場はひどく悪くなった。六月のある夜、何者か——あるいは何人かのグループ——が市内にある幸運と豊饒の神として人気の高いヘルメスの小彫像のペニスをそぎ落として歩いたのである。アテナイ市民はこの瀆神行為を知って恐れおののいた。遠征軍の出発を前に、これは不吉な前兆であった。調査委員会は犯人を見つけることができなかったが、取調べ中に証人たちが申したてたところによると、アルキビアデスはアテナイの公式の宗教の密儀の祭礼、すなわちデーメーテールおよびペルセポネー崇拝と結びつくいわゆるエレウシスの大密儀を公然と真似てふざけていたというのである。もし事実なら、有罪として告発されるべきだし、アルキビアデスはただちに裁判を受けることを自ら申し出たが、深い疑惑の霧

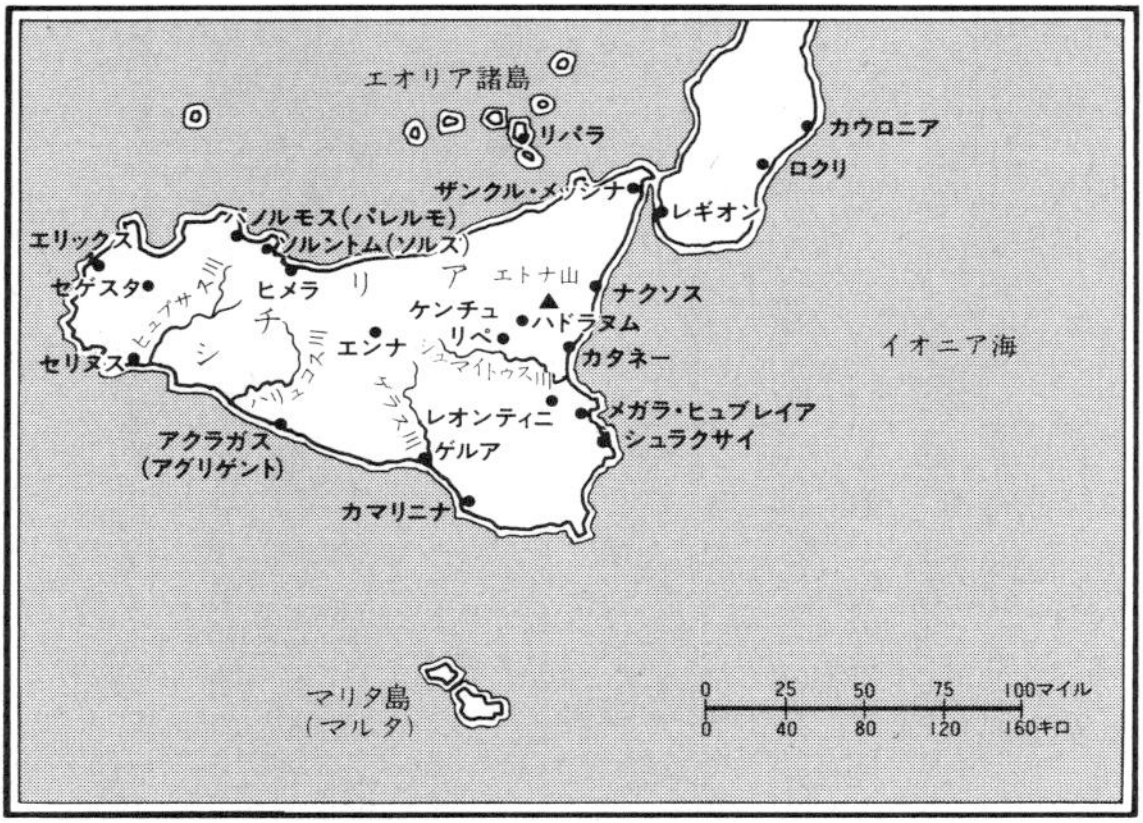

シチリアの地図

に包まれたまま、命令によって船隊とともに出発した。

三人の指揮官は、明確な行動計画も立てずにシチリアへ向かった。ところが、適切な安全措置を講じていなかったにもかかわらず、彼らの奇襲戦略は成功した。多くのシュラクサイ市民はアテナイ人がこんな大がかりな軍事行動に打って出ようとは思ってもいなかったので、アテナイ軍が攻めてくるという噂もまともに受けとっていなかったからである。南イタリアのレギオンで、アルキビアデス、ニキアスおよびラマコスは戦略を討議した。ニキアスは「条約を厳正に解釈する立場」から情勢を検討し、アテナイ軍はもっぱらセゲスタとセリヌスとの戦いを終わらせるように努力し、その任務を果たしたら帰国の途につくべきだと主張した。ラマコスはまっすぐシュラクサイへ向かい、シュラクサイ市民の準備がととのわないうちに戦端を開くことを望んだ。アルキビアデスは、いかにも彼らしいやり方で、両者の考えを折衷した提案をした。つまり、外交上の主導権をとってシチリアにおけるシュラクサイの同盟諸都市をそそのかし、アテナイ側につかせるようはかってはどうかと提案したのである。ラマコスは、二つの代案のうちアルキビアデスの案のほうが好ましいとして、最後にこれを支持した。しかし、あとになって考えてみれば、アテナイ軍がラマコスの最初の提案に従ってシュラクサイを徹底的にたたくべきであったことは、ほとんど疑いをいれない。

南イタリアから出航したアテナイ勢は、シュラクサイの北方およそ四〇マイルのカタネーを占領し、そこを基地として使用した。それから間もない前四一五年九月、アテナイ本国政府の命をおびた船「サラミニア」号が到着し、アルキビアデスを逮捕した。こうして、まさに戦争が始まろうというとき、アルキビアデスは戦いの場から連れ去られたのである。ニキアスは、ラマコスを制して全遠征軍を西シチリアへ移動させ、セゲスタをめぐる情勢を検討したが、秋の雨期になる前にカタネーへ引き返した。そこでラマコスとともに策を練り、シュラクサイの大湾の近くにアテナイ軍の基地を築いて戦争を挑発する計画を立てた。港湾を取りかこむ高地のおかげで、アテナイ勢が攻撃を受ける恐れの強いシュラクサイの騎兵隊にたいする防御は堅固であり、またアテナイ軍は市外に強固な陣地を占めることになる。この計画は、トゥキュディデスの言葉をかりれば、二重スパイを使った驚くべき欺瞞であった。

アテナイ側は、味方にとって充分信用でき、しかもシュラクサイの将軍らも誠実と見なすような者を敵陣に送りこんだ。この男はカタネー生まれであったが、シュラクサイの将軍を訪れると、自分はかねてから彼らがその名を知り、気脈も通じているカタネー市内の親シュラクサイ派の残党からの密使であると告げた。そして、こう忠告した。アテナイ勢は武装警戒地点から離れて城内で宿泊している。そこで、もしシュラクサイ側が期日を定め、夜明け頃に全兵力を動員して攻め寄せるならば、自分たち、つまり親シュラクサイ派はカタネー市内の城門を閉ざしてアテナイ勢を封じこめるとともに、彼らの軍船に火をつける。一方、シュラクサイ軍は敵の防御柵に攻撃をかければ、たやすくこれを奪取できるだろう、と。(182)

シュラクサイ側が期日を定めると(カタネーまで進軍するのに二日かかった)、ニキアスは船隊を率いて出発した。用心深く、夜のうちにシュラクサイ勢の脇を通過し、何の妨害も受けずにシュラクサイの大湾に進入した。そして、アナポス川の南に陣地を築いたのである。その直後に起こった戦闘で、アテナイ勢はシュラクサイ軍を完膚なきまでに打ち破っ

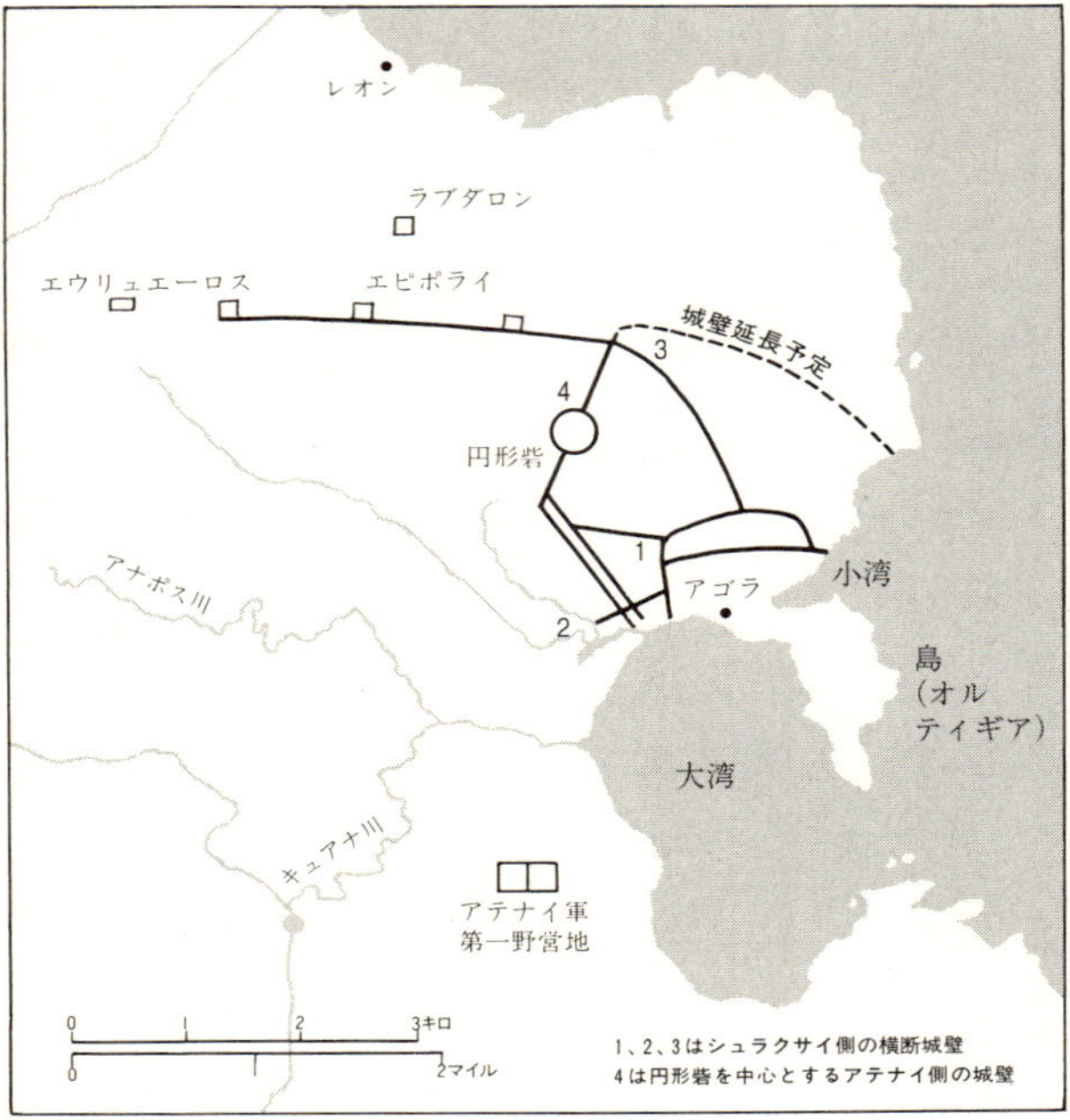

シュラクサイの攻囲戦(前415−413年)

た。シュラクサイ勢は市内に引き揚げたが、そのあとニキアスは自軍を結集してカタネーに戻り、そこで冬を越すことにした（前四一五年一〇月—一一月）。軍事史家の中には、このような事態の変転に驚きを隠さない者もいる。アテナイ勢があれほど巧妙に奪取し、しかも見事に守りぬいた陣地をなぜ放棄してしまったのか、その理由がわからないというのである。しかし、トゥキュディデスが明言しているように、ニキアスは、自軍に騎兵隊がないことから、このまま踏みとどまって戦いつづけるのは危険だと考えた。そして、敵を打ち破った勢いで、シチリアの他の諸都市から物資と馬を調達しようとした。陸上の戦闘でアテナイ軍が卓越した戦術によって戦果をあげた以上、それらの諸都市もアテナイに好意的態度を示すのは疑いなかったからである。

とはいえ、一年目の戦闘でアテナイ軍が優位に立ったと言っても、それはきわめて限定されたものでしかなかった。アテナイ軍が勝利を収めたことで、シュラクサイ市民は何よりもまず困難な戦いに本腰で取り組まなければならないと決意を固めたのである。彼らは冬のあいだに軍隊を訓練し、要塞を修復して、コリントスやスパルタから最大限の援助を受けた。スパルタには、アルキビアデスという思いもかけぬ味方が現われた。彼は逮捕されてギリシアへ戻る途中、脱走してアテナイの敵に寝返ったのである。そして、厳格な規律にもとづくスパルタの生活の熱烈な信奉者となった。アルキビアデスは、シュラクサイを援助するようスパルタ市民を説き伏せた。前四一四年の夏、スパルタは上級士官のギュリッポスを派遣した。ギュリッポスはシチリアの諸都市から三〇〇〇人の兵を集め、シュラクサイ軍をスパルタ式に訓練するために尽力した。

一方、ニキアスはメッシナを奪取しようと企てたが失敗し、前四一四年の戦闘に備えて、アテナイに使者を送り、援軍を求めた。シチリアの奥地に住むこの島の原住民は、シュラクサイを憎み、アテナイの立場を支持して反シュラクサイの戦いに加わった。ニキアスは、原住民の援助とアテナイからの増援隊を得て騎兵隊を増強した。アテナイ軍の戦略は、シュラクサイの北および北西に位置する急峻な高地エピポライを占領することにあった。アテナイ勢は、この高地に城壁を築き、そこからシュラクサイを攻め、市の城壁内にたてこもって守りを固める敵を包囲できるはずだった。ニキアスは、夜陰にまぎれて船隊を移動させ、シュラクサイの北西四マイルのレオンに上陸した。そして、エピポライ高地の西端エウリュエーロスにあるシュラクサイの大要塞を攻撃した。その朝、シュラクサイ軍は、士気高揚のため市内で観兵式を行なっており、要塞防衛に駆けつけたときには、アテナイ勢は、すでに塹壕でまわりを堅固にかためて、難なく陣地を守りぬいた。翌日、アテナイ勢はシュラクサイの城門目指して進撃したが、シュラクサイ軍は城壁内に立てこもったまま応戦しようとしなかった。そこでニキアスは、エピポライ高地の北尾根の中央にあたるラブダロンに砦を築き、兵力を結集した。アテナイ軍はシュラクサイを見下ろす高地を占め、戦略的に強固な陣地を確保した。一方、城壁をめぐらした都市シュラクサイは、困難な攻囲戦にたいする備えを固めた。

そのあと、ニキアスはエピポライ高地を越えてその南側に第二の砦を築いた。いわゆる円形砦であり、砦とシュラクサイとのあいだには一〇〇〇フィートにおよぶ防壁が築かれた。アテナイ側は円形砦からさらに二方向に城壁を構築しようとした。一つは北へ延び、さらに東に向かって海に達するものであり、もう一つは南の大湾まで延びるものだった。これによってシュラクサイにたいする締めつけを強めようとしたのである。さらに船隊を動員して海上封鎖することもできるのだから、シュラクサイの陥落は時間の問題にすぎないと言ってもよかったろう。この包囲を阻止するため、シュラクサイ軍はエピポライに陣どるアテナイ軍をめざして進撃したが、軍の士気がひどく低下していたので、シュラクサイ軍の指揮官はあえて戦端を開くことなく退却した。

そのあとに始まったのは、信じられないことだが、一方が城壁を構築すれば他方も対抗して城壁を築くという、果てしない競争だった（地図参照）。シュラクサイ軍が市内に引き揚げた翌日、ニキアスは円形砦から北へ城壁を建設しはじめた。シュラクサイ側は、アテナイ軍が城壁を南側にも延ばしてくるにちがいないと察知し、それに対抗してシュラクサイから西に城壁を築くことにした。アテナイ側の計画している城壁が大湾まで達するのを食い止めるためだった。アテナイ側は北側の城壁の建設に全力をあげているあいだ、南側でのシュラクサイ人の動きに目をつぶっていたが、ある暑い日の昼下がり、ニキアスはついに不意打ちをかけることを計画し、敵が昼寝をしているところを襲った。敵の城壁を破壊したあと、ニキアスは北側の城壁をあとまわしにして、南側に自軍の城壁を建設しはじめるよう命令を発したのである。

これにたいし、シュラクサイ側はこんどはもっと南寄りに別の城壁を西へ向かって建設しはじめた。だが、ニキアスは自軍の船隊が大湾に入ると同時に再び攻撃をかけ、激戦の末、アテナイ軍は敵を駆逐した。ところが、ラマコスが戦死したことから、シュラクサイ軍は元気づき、反撃に出て円形砦まで攻め寄せた。ニキアスが敵を撃退するため砦に火をつけたので、シュラクサイ軍も結局撤退し、再び市の城壁内に閉じこもった。アテナイ側の南側の城壁はいまや完成間近となり、ニキアスはこの二重城壁の建設を自ら監督した。これが完成した結果、正面も後方も防備は万全となった。

さまざまな理由から、ニキアスは北側の城壁を未完成のまま放置した。作戦の成功によって自信過剰になっていたのかもしれないし、シュラクサイ市内の混乱状態から敵がすぐにも降伏するだろうと楽観していたのかもしれない。意地が悪くて血も涙もないことで知られるスパルタの将軍、ギュリッポスが到着したのは前四一四年初夏のこの決定的な時期だった。シュラクサイの民議会が降伏を検討している最中、ギュリッポスは三〇〇〇の兵を率いてシュラクサイから一ないし二マイル以内に迫った。そして、自分を迎えにくるようシュラクサイ軍に命令を発するとともに、アテナイ軍との戦闘に備えて態勢をととのえた。驚いたことに、ニキアスとその配下の兵士たちが自軍陣地の堅固さを確信するあまり、まったく防備をかためていなかったので、敵側は兵力を結集することができたのである。ギュリッポスは、アテナイ側が五日以内にシチリアから撤退するなら、安全な通行を保証すると通告した。ニキアスは戦闘を回避し、ギュリッポスはシュラクサイ市内に入った。

ニキアスはまったく戦意を失っており、ギュリッポスはアテナイ軍のラブダロン砦を奪取するとともに、円形砦から北に延びるアテナイ側城壁に対抗する自軍の城壁をエピポライ高地を横断する形で構築した。その結果、その年の夏の終わりには、ニキアスはエピポライ高地（円形砦だけは別として）から追われ、アテナイ軍は南側の城壁と大湾まで後退することを余儀なくされた。こうして、シュラクサイはアテナイの包囲を破ったのである。秋が近づいた頃、ニキアスは現下の憂慮すべき戦況に関する報告をアテナイの民議会に送った。その中で、彼は遠征軍を撤退させるか、さもなければそれ相当の増強をするよう求め、いずれにしても自分は指揮官を辞めさせてもらいたいと述べた。アテナイは、ピュロスで戦った経験のあるデモステネスの指揮のもとに七三隻の三橈漕船と五〇〇〇人以上の装甲歩兵および散兵からなる増援船隊を送った。しかし、ニキアスは指揮官としての任務を解かれなかった。

デモステネスが着く前に、ギュリッポスは大湾にとどまっているアテナイの船隊を攻撃した。シュラクサイ人は、アテナイ船を真っ向から攻撃できるように船の設計を改め、衝角の位置を下げて船首を強化していた。この新しい戦術を前にして、アテナイ勢は戦意を失い、七隻の船と乗組員を犠牲にして逃げ去った。シュラクサイ勢は、翌日、敵を全滅するべく準備をととのえたが、その日の朝、ついにデモステネスが増援隊を率いて到着したのである。

到着するとすぐ、デモステネスはアテナイ側が大湾内とその周辺に閉じこめられているのに気づき、もう一度エピポライ高地に陣地を築いてシュラクサイ側の対抗城壁を破壊しなければならないと考えた。そして、深夜に攻撃を企てたが、失敗した。デモステネスはあきらめて、いまならおそらくまだ撤退が可能だと考えて全軍を引き揚げさせようとした。ニキアスは、アテナイに帰って処罰されるのではないかと恐れたが、最後には撤退に同意した。ところが、前四一三年八月二七日の夜、出発の準備をしていたとき、アテナイ勢は運命のいたずらに見舞われたのである。その日はちょうど皆既月食にあたったので、遠征軍に同行していた聖職者たちはそれを不吉な前兆と見なし、アテナイ軍は満月まで二七日間、出発を延期しなければならないと告げた。この不運なめぐりあわせによって、アテナイ軍は脱出の唯一のチャンスを逸したのである。

シュラクサイ側は、敵が逃げ出そうとしているのを察知すると、七六隻の軍船を結集して、八六隻のアテナイ船隊に向かって前進した。湾内にはアテナイ軍が中央突破《ディエクプルース》ないし包囲作戦《ペリプルース》という伝統的な戦法をとれるだけの広さはなかったし、シュラクサイ側の船は敵船に真っ向から激突できたので、アテナイ側は手ひどく打ち負かされ、一八隻の船を失った。さらに、シュラクサイ側は自軍の船を鎖のようにつないで大湾の入口を封鎖した。ニキアスは勇敢にも、部下を励ましてシュラクサイ船隊の封鎖線を突破しようとしたが、失敗した。デモステネスは、恐慌状態におちいったアテナイ軍を編制しなおそうとしたが、彼らは二度と海へ乗り出そうとはしなかった。

こうして、残された道は陸路による脱出をはかるしかなかった。カタネー目指して必死で逃走するか、それとも友好的なシチリア原住民に保護を求めるかである。しかし、シュラクサイ側はすでに道路を封鎖していたのである。数日間、気の滅入るような必死の行軍をつづけたあと、アテナイ軍は包囲され、ニキアスとデモステネスは降伏した。二人の指揮官は、おそらく拷問を受けたのち、殺された。だが、多くのアテナイ人捕虜は石切り場で公共のために働かされる奴隷としていっそう苦しい試練にぶつかった。幸運な者は私人の奴隷として売られた。ほぼ四万の兵士と二〇〇隻の三橈漕船からなる大規模な軍隊が失われ、二度と帰らなかったのである。

シチリア遠征の失敗に匹敵する例は、歴史上まれである。だが、これにくらべられる例としてすぐに思い浮かぶのは、ほぼ二〇〇〇年後の一五八八年に起こったスペイン艦隊の壊滅である。(183) この二つの出来事を比較してみると、教えられるところが多い。スペイン艦隊はさまざまな大きさと形の艦船およそ一三〇隻、船員八〇〇〇人、兵士一万九〇〇〇人、漕ぎ手二〇〇〇人を擁していた。だが、それは大砲を装備していたことを考慮に入れても、前四一五年のアテナイ船隊より速力が遅く、扱いにくかった。スペインからイギリス海峡までの距離は、アテナイからシュラクサイまでとほぼ等しいし、この両遠征軍の戦略上の任務はまったく同じだった。すなわち、陸海軍一体となった攻撃によって、本国から遠く離れた島を占領することにあったのである。もっともアテナイの場合、スペインのように、初めからその任務がはっきりと公式に示されていたわけではない。

スペイン艦隊は、アテナイの遠征軍とちがって、緒戦から強力な敵海軍の抵抗にあい、陸軍は戦闘に参加しなかった。しかし、「神の仕業」が艦隊の運命を決めるうえでここでも同様に重要な役割を果たした。一五八八年には月食は起こらなかったが、大暴風雨のためにスペイン艦隊は大きな損害をこうむったのである。総じて、この二つの戦闘は、本国から遠く離れた海域で戦う海軍が、本国と作戦海域とのあいだに予備隊と物資供給のための基地をほとんど持たない場合の力の限界を示している。アテナイおよびスペインの遠征軍を遠方へ派遣した政府はいずれも自国の軍隊は強力だから基地に頼らなくても充分に戦えるだろうと思っていたのである。たしかに、スペイン軍はネーデルラントに駐屯中の軍隊を動員しようと考えていたが、その計画を実行に移すためには、敵艦隊の抵抗を打ち破ってイギリス海峡を通過し、軍隊を迎えにいかなければならなかった。アテナイは最後に援軍を送ったが、それは予定外の行動だった。たいていの場合、アテナイの民議会もスペインのフェリペ二世も手をつかねて座視するばかりで、不安にかられながら遠方の戦域からの知らせを待つほかなかった。戦況が悪化しても手のほどこしようがなく、艦隊が脱出できるルートは残されていなかった。両遠征軍はともに戦略面で慎重さを欠いていた。スペイン艦隊は、イギリス全体を恐慌状態におとしいれるどころか、おそらくは戦いに勝てる見込みすらまったくなかった。アテナイの遠征軍は大いに幸運に恵まれればあるいは勝てたかもしれないが、さもなければ任務を達成することなど不可能だった。運まかせで軍事行動を起こすというのは、まったくあてにならない戦略である。それだけでなく、かりにこの二つの遠征が成功を収め、占領という所期の目的を達成していたとしても、問題はさらにそれから先のことになったろう。一九世紀および二〇世紀になって通信と物資補給の面で多くの進歩が見られる以前には、海の向こうの遠隔地の砦を奪取するのは容易ではなかった。しかし、奪取するのは、支配しつづけることにくらべればなお容易だったのである。

アテナイのシチリア遠征は、戦略面で慎重さを欠いたとはいえ、陸上および海上の戦闘技術で一定の進歩を示しており、二〇〇〇年後のスペイン軍にくらべて科学技術上の進歩ではおよばないながらも、磨きぬかれた戦術の目ざましさでは上まわっている。ニキアスには指導者になくてはならない資質、とりわけ自分の指揮する軍事行動に必要な戦略的理解力に欠けるところがあった。また、作戦全体にたいする熱意が不足していた点では、後年のスペインの指揮官と同様である。しかし、ニキアスはしばしば輝かしい戦術的才能のひらめきを示し、不屈の粘り強さの片鱗を見せた。この点で、彼はメディナ・シドニア公爵よりもすぐれていた。アテナイの陸海軍は、戦術の一体性の点でスペイン軍よりも断然まさっていた。スペイン軍は、陸軍と海軍との公然とした対立によって、戦力をそがれていたのである。

ペルシアの介入

シチリア遠征が失敗に終わった結果、スパルタは勢いづいてペロポネソス戦争を再開した。とりわけ、それはエーゲ海地方を再び支配下におこうと狙っていたペルシアが、財政ならびに軍事上の支援を与えることを約束したからである。ペロポネソス戦争の最終局面では、主として海上が戦いの舞台となり、いくつかの大海戦によって戦争の決着がついた。中でも重要なのは、アビドス（前四一一年）、キュジコス（前四一〇年）、アルギヌサイ（前四〇六年）、アイゴスポタモイ（前四〇五年）の海戦である。戦略的に見た場合、状況は比較的単純だった。スパルタはペルシアの援助を得てエーゲ海における制海権の確立をはかり、アテナイ船隊を壊滅させればこの戦争に勝利を収めることができるのだ。ペルシアの援軍が控えているので、スパルタは運にまかせて思い切った勝負に出られるし、人的損害にも耐えられる。スパルタは何度戦いに敗れても持ちこたえられた。ところが、アテナイ海軍は一度壊滅させられたら、それで終わりだったのである。ペルシア王は再びイオニアを手中にし、エーゲ海の制海権を獲得することになる。その一方、ギリシア本土では、スパルタが宿敵を滅ぼすのである。

まずヘレスポントスの支配をめぐって戦闘が始まった。前四一一年、スパルタ側がアビドスとビザンティウムを占領したが、アテナイ側も反撃に出た。八六隻のスパルタ船隊と七六隻のアテナイ船隊がアビドスで激突したが、この海上の決戦はアテナイが優勢のうちに終わった。終日、激しい攻防が繰り返され、双方に甚大な損害が出たが、アテナイ政府の寛大な措置で罪を許されて復帰したアルキビアデスが午後遅くに一八隻の船隊とともに到着し、スパルタ勢は三〇隻の船を失って撤退したのである(184)。

前四一〇年には、キュジコス周辺を中心に戦闘が展開された。陸路でペルシア軍が攻め寄せ、海上からはスパルタ勢が迫った。アルキビアデスは八六隻のアテナイ船隊を率いて姿を現わすや、六〇隻のスパルタ勢を急襲した。この戦闘のさなかに、アルキビアデスは二〇隻を切り離し、スパルタ勢を迂回して上陸した。スパルタの指揮官ミンダロスも自軍の船隊を浜に乗り上げさせたが、陸上の戦闘で自身は戦死し、部下は四散した。そのあと、アルキビアデスはスパルタ海軍の船を残らず拿捕した。ただ、シュラクサイ船隊の乗組員は、船を焼き払ってから逃げ去った。ヘレスポントスにおいてスパルタが置かれた絶望的な状況は、キュジコスの戦いのあと副指揮官が使者に託してスパルタ政府へ送った伝言に明らかである。「船は拿捕され、ミンダロスは戦死、兵士は飢えてなすところを知らず[185]」。この戦いの結果、エーゲ海地方におけるアテナイの地位が強化されたばかりでなく、落ちこんでいたアテナイ市民の士気がもりあがった。

その後の数年間、両陣営ともエーゲ海における自軍の地歩を固めることに力を注いだ。小規模な戦闘はあったが、前四〇七年から四〇六年にかけて東エーゲ海のレスボス島とサモス島の周辺で戦いが起こるまで、重大な事件はなかった[186]。ペルシアの援助で、スパルタは海軍を強化した。スパルタのリュサンドロスは、アルキビアデスが別の任務について不在の日にアテナイ海軍を奇襲し、二二隻の船を拿捕した。アルキビアデスはまたも面目を失って逃亡し、この戦争中に再び姿を現わすことはなかった。

前四〇六年、レスボス島と本土とのあいだにあるアルギヌサイ諸島で、一五〇隻のアテナイ船隊と一二〇隻のスパルタ船隊が対決した。アテナイ側は、スパルタ側の中央突破作戦《ディエクプルース》を許さなかった。そして、敵を押し返し、スパルタの左翼を打ち破って、ペロポネソス船隊をキオス島に追いやった。アテナイ側は二五隻を失ったが、スパルタ側の失った船は七〇隻を上まわった。戦いが終わったあとで暴風雨となったため、アテナイ側は生存者を救助したり遺体を収容したりすることができなかった。そのため、戦いに勝ったにもかかわらず、民議会は八人の提督を怠慢のかどで裁判にかけた。そして、帰国した六人は処刑され、二人は亡命したのである。処刑された中には、ペリクレス――ほかならぬあのペリクレスの息子――もいた。将軍が戦場で誤りをおかした場合、これを罰するのが古代の習慣だったのだ。結局のところ、市民の安全が将軍たちの知恵にかかっていたからである。[187]しかし、アテナイの場合は特に厳格だったので、そのために何人かのすぐれた指揮官が失われたばかりでなく、シュラクサイ遠征におけるニキアスの例に見られるように、誤りをおかすのを恐れて積極的に行動しない受け身の態度を助長する結果にもなった。

スパルタのリュサンドロスは、再びペルシアの援助を得て、もう一度ヘレスポントスまで戦線を拡大することを決意した。前四〇五年、リュサンドロスはアイゴスポタモイでアテナイ船隊を攻撃した。敵の乗組員が上陸して食糧の確保にあたっている隙をついて、不意打ちしたのである。スパルタ軍は九隻を除いてアテナイ船をことごとく拿捕し、おりからアテナイへ向かっていた穀物輸送船団を襲って横取りした。リュサンドロスが船隊を率いてアテナイ目指して進む一方、スパルタ陸軍はアッティカに侵入し、アテナイは包囲攻撃にさらされた。前四〇四年の春、アテナイはスパルタに降伏し、長城を破壊するとともに海軍を放棄することを余儀なくされ、スパルタがアテナイの外交政策を支配するのを容認せざるをえなくなったのである。テーバイやコリントスはアテナイを完全に破壊するよう要求したが、スパルタはアテナイを同盟諸国の競争相手として残しておくほうが有利だと判断した。

戦争は終わった。勝ったスパルタが払った犠牲は、敗れたアテナイに劣らないほど大きかった。多くの点で、ペルシアこそ真の勝者だったのである。イオニアは間もなく再びペルシアの支配下に帰し、エーゲ海はペルシアの領海同然となった。その一方で、ギリシア本土についてはまぎれもなくスパルタが覇権を握ったのである。

古典期ギリシアの戦争の限界

あとから考えてみると、ペロポネソス戦争が残した明白な教訓の一つは、当時それに気づいていた人もいるが、密集軍には戦争にはっきりした決着をつける力がなかったということである。密集方陣は変則的な戦闘隊形だったのであり、ヘロドトスでさえ早くからこの事実に気づいていたことは、彼がペルシアの将軍マルドニオスの口をかりて次のように言っているのを見ればわかる。

もっとも、私の聞き及びますところでは、このギリシア人というものは、ひどく片意地で愚かなため、世にも愚劣なやり方でたがいに争い、戦争をする習慣があると申します。戦いが布告されますと、すぐに彼らは国中でいちばん平坦な戦いやすい場所を選び、ここに集結して戦いますから、勝利を収めた側も大きな損害をこうむって退くことになるのでございます。敗れた側については申すまでもございません。戦いに敗れれば全滅の憂き目を見るほかないのでございます。さて、もともと彼らは言語を同じくしているのでありますから、当然使者や外交使節を取り交わして、ともかく戦いは避け、どんな手段をとってでも紛争を解決すべきなのです。そして、最悪の場合、たがいに戦うことが避けられなくなったら、敵が最も攻めにくい場所、「難攻不落の陣地」を選び、ここで雌雄を決するのが当然なのです。(188)

突撃戦で重装歩兵だけに頼りきるのは、とりわけギリシアのような山の多い国では奇異の感があるのは事実だ。だが、なぜ重装歩兵でなければならなかったのか、その理由については もっと奇妙な説明がなされてきた。重装歩兵にもとづく戦略、戦術に代わるものとしては、軽装歩兵によって山道で敵の侵入を防ぐことしかないのだが、いろいろな理由から、これはうまくいくまいと決めてかかる傾向がこれまであった。そして、ギリシアの重装歩兵はやはり理にかなっていたのだと多くの歴史家は信じている。いかにも、重装歩兵がマラトンやプラタイアイでペルシア軍を食い止めたのは事実である。(189)

しかし、そうした主張が当を得ていないのは明らかであろう。突撃戦で重装歩兵だけに頼るのは多くの理由で「ばかげている」が、中でも見逃せないのは実戦部隊に精神的および人的資源の途方もない消耗を強いることである。兵士たちを突撃戦にかりたてるのは、戦争において最も困難なことである。「人間の本性を抑えることはできない」とか、突撃して命がけで戦うことを恐れる人間の感情は無理からぬもので、これを克服する方法はないと言ったデュ・ピックの見解は誇張されてはいるが、古代ギリシア人がその戦闘習慣のゆえに現実に払った犠牲を踏まえているのだ。スパルタは最良の軍隊を投入したが、硬直した軍隊組織のために多大の損害をこうむった。

重装歩兵がそれだけで機能しうるのは、周囲の国々の軍隊も重装歩兵ばかりという世界だけであるが、その場合でもそれが実際に役に立つだろうか。もし役に立つとしても、それで説明できるのは前七〇〇年から五〇〇年にかけてのギリシアにおける装甲歩兵の戦闘だけであり、なぜギリシア人が前四世紀に至るまで重装歩兵を何よりも重視する考えを変えなかったかの説明にはならない。アルカイック期ギリシア（前七〇〇年―五〇〇年）の条件下でさえ、密集方陣は軍事的に変則的な陣形であった。散兵、軽装歩兵、重装歩兵に軽装備および重装備の騎兵隊を組み合わせ、時に応じてこのうちのどれかに重点をおく統合軍のほうが効果的であり、社会的負担も少ないのである。重装歩兵は、単独では軍事的にまったく意味をなさず、これを打ち破るのは容易だったろう。ペロポネソス戦争の時期には、軽装歩兵および散兵が密集軍を寄せつけず、ときどきこれを撃破したが、それでもなおギリシア人は古い陣形への信仰を捨てきれなかった。古代近東では、少なくとも前一〇〇〇年代に入る頃には、統合軍が出現しており、ギリシアと隣りあうアッシリアとペルシアが長い軍事的伝統にふさわしい軍隊を築き上げていただけに、ギリシア人が密集軍にこだわりつづけたのは驚くべきことである。それに、ギリシアには小規模な正規の騎兵隊を維持するに足る馬がいたのは確かなのだ。

ギリシア人の特異な戦闘方法のよってきたるゆえんを国家の政治的構造に求めてきた人びともいる。すなわち、軽装歩兵を採用するとなると、下層階級を武装しなければならないが、これには裕福な階級に属する装甲歩兵が反対しただろうというのである。しかし、もっと単純な説明もある。多くのギリシア賛美者たちには是認できない説かもしれないが、ギリシア諸国家が他の陣形を採用しなかったのは、おそらくギリシア人が密集方陣の隊形をつくりあげたとき、彼らにはそれ以上の知恵がなかった（また、ありようもなかった）からであり、またペルシアから学ぶことができるようになったときには、密集方陣がすっかり社会に定着していて簡単に変更するわけにはいかなくなっていたからだというのである。

ギリシアは、いわゆる暗黒時代に、古代近東の軍事的伝統との結びつきを断ち切られた。アッシリアとペルシアは、原始時代にまでさかのぼる一貫した軍事的発展の流れの上に立っていたが、ギリシアは文化的真空状態の中でほとんど原始的な形態の戦争にまで逆戻りしてしまった。戦士たちが一対一で決闘しあうようなかたちの戦争である。そうした軍事的状況にあっては、どのような陣形でもまず間違いなく効果を発揮したであろうが、もろもろの理由からギリシア人は重装歩兵に頼るようになった。そして独特の軍事的慣行を築き上げげ、密集方陣を重装兵の陣形として歴史上最もすばらしいものの一つに発展させたのである。

しかし、密集方陣は単なる戦術的陣形にはとどまらなかった。それは生活様式の表現であり、男らしさと倫理の規範を象徴するものとして、ギリシアではおよそどんな軍事国家とくらべてもはるかに深く浸透していた。突撃戦に際して重装歩兵がその「肉体」に負わされる重圧は、統合軍の場合よりずっと大きかったからである。密集方陣は、ギリシア人にとって一つの社会制度としての意義を持っていたのであり、その重要性は出現しては絶えず移り変わる彼らの政治形態に劣らなかった。テュルタイオスやカリノスの詩、スパルタの母親が息子に与えた忠告は、密集軍の軍事道徳が広く社会におよぼした影響を示している。軍国主義を国是として宣言していたスパルタ以外のアテナイをはじめとする諸国家でさえ、ギリシア人は誰もが自らを戦士と見なし、それを誇りにしていた。マラトンで戦ったアイスキュロスやアンフィポリスの戦いに加わったソクラテスは、有名な実例である。

ギリシア人がペルシアの統合軍とまみえるようになったあとも、重装歩兵の倫理からして、古代近東の明らかに優れた軍事制度を取り入れることは不可能に近かった。彼らの抵抗には精神的かつ文化的な色あいがあり、合理的分析や軍事科学の裏づけがあったわけではない（密集方陣についての科学的研究は確かにあったが）。ピュロスの戦いにおけるスパルタの敗残兵が、侮辱されたのに反駁して長距離兵器にたいする軽蔑をあらわにしたのも、精神主義のあらわれである。前四世紀になって、大部分がペルシアから取り入れられた最新の戦闘方法はのちに見るようにその利点が明らかだったにもかかわらず、猛烈な反対に出あった。雄弁家のデモステネスは、「公明正大な」戦法と、マケドニアのフィリッポスが採用した散兵、騎兵隊、弓兵、傭兵その他の軍隊の併用とを対比して、両者の違いを強調している。[190]前二世紀になっても、まだポリュビオスが「古来の公明にして高貴な戦法と当今のずるいやり方」をくらべて論じているところをみれば、[191]古い時代の規範がなお力を持っていたことは明らかである。

ギリシアがペルシア戦争に勝利を収めたことも、密集軍の軍事道徳が社会に与える「間違った」インパクトを強めるのにあずかって力があった。ペルシア人が誤りをおかしたおかげで勝てたことを理解しているギリシア人もいたが、一般には槍が弓に勝ち、重装歩兵が軽装歩兵を制したものと受けとめる向きが多かった。海戦では、ギリシア人は多くの独創性を発揮したし、ペルシアに勝てたのも密集軍より海軍の力が大きかったのである。ペロポネソス戦争を通じて陸上でも多くの戦闘があったが、勝敗を決めたのはやはり海戦であり、密集軍は軍船隊のおかげで時代遅れになったほどである。それにもかかわらず、ギリシア人は相変わらず陸戦における重装歩兵の優位を信じてやまなかった。彼らの誤りを立証して見せたのは、マケドニアのフィリッポスである。

密集軍に頼ったため、古典期のギリシア人は、ほかにも多くの軍事分野でペルシアにおくれをとった。ギリシアの要塞構築および攻囲戦に関する技術が幼稚だったのは、装甲歩兵の密集軍があまりにも重装備で、ごく簡単な防護柵を強襲することもできなかったからである。[192] 要塞で防備を固めた都市を攻める場合、たとえ要塞が不完全なものでも、ギリシア側として実行可能な戦術は、城門を開けるよう住民を説得でもしないかぎり、封鎖するしかなかった。要塞構築術は、密集軍のおかげで必要性がなくなったので、古代近東にくらべて立ちおくれてしまった。スパルタ人は、自分たちの都市に城壁がないのを誇りにしていたし、アテナイ人の中には城壁を破壊すればいっそう安全が増大すると信じる者もいた。それが刺激となって、スパルタに劣らない密集軍をつくりあげるのに役立つからというのだ。

兵站学も同様に、軍事技術としてギリシアではあまり発達しなかった。小規模な軍隊——ギリシアの軍隊はたいてい規模が小さかった——は、さして大きな困難もなしに移動できたが、前四七九年のプラタイアイの戦いのおり、戦場が地峡のギリシア側要塞から数マイルしか離れていなかったにもかかわらず、ギリシア人は四万人近くの軍隊に食糧を供給することがおぼつかないという事態にたちいたったのである。古代近東の大規模な軍隊は、その行軍距離から判断して、かなり高度に発達した兵站および補給のシステムを持っていたが、ギリシアの軍隊はたいへんな数の従者たちを引き連れ、ひどくのろのろした足どりでくねくねと進んだ。その際、食糧の供給は牛車に頼ったが、それよりも組織的な兵站部門などまったくなかったので、軍隊について歩いて高く売りつける民間商人の才覚に頼ることが多かった。ペロポネソス戦争中には、民間商人を「組織」しようとする試みも見られたが、政府の兵站部門は存在しなかった。軍隊が行軍しながら、それぞれの土地で食糧を調達するという現実離れした考えは、かりにうまくいくとしても敵の領土に入った場合に限られる。通常、ギリシア兵が遠征の最初の数日間、つまり敵の領土に入るまでのあいだの食糧を各自が持参することになっていたのは、そのためである。しかし、密集軍のように行軍速度の遅い軍隊の場合、行く先々で食糧をまかなうようにしても、それによって正規の兵站および補給システムの機能を代替することはできない。どちらかといえば機動力の乏しい重装備の軍隊が、兵站部を持たず、行軍しながら各地で食糧をまかなう場合、遠征先で全滅するのは珍しいことではない。シチリアにおけるアテナイ軍はその一例である。

のちのローマ軍は、野営をしたことで広く知られていたし、古代近東のアッシリアやペルシアの軍隊も、戦場の野営地に要塞を築いて防備を固めたが、アレクサンドロス以前のギリシアの軍隊は、夜間も無防備で行軍したし、戦場に要塞を備えた野営地を持たなかったので、後退して立てこもる場所がなかった。やはりこれも、装甲歩兵の戦法の本質上やむをえないことだったのである。重装歩兵はその編制からして、敵を攻めるのに伝統的な陣形をとるほかなかった。したがって、装甲歩兵の攻撃にたいする防御として野営地は必要がなかった。しかし、統合軍を相手に戦うときは、野営地がないことは不利な条件になったのである。武器を使う訓練でさえ、ギリシア人は大して必要性を認めていなかった。武器を巧みに使いこなす技術がものを言うのは、横列を破られて軍隊が退却する場合であり、陣形を組んで戦うときはさほど問題にならなかったからである。(193)

重装歩兵による突撃戦を別とすれば、陸戦のあらゆる側面で、ギリシアはペルシアから多くのことを学ばなければならなかった。これにたいし、海上ではギリシア人とペルシア人の戦力はずっと拮抗していたが、ペルシアはより多くの資源に恵まれていたことから数量的に優位に立ち、ギリシア人がこの面でも劣勢をはね返すのは難しかった。ペロポネソス戦争の時期には、ギリシア人の戦闘方法に重要な変化のきざしがみられたが、それはまだ制度化されるに至らず、多くの点でそうした変化が充分に認識されるところまでもいっていなかった。ただ、トゥキュディデスは密集軍を高く評価しなかった点で、時代に先んじていたようである。ミルティアデスは、マラトンの戦いで前例のない戦法を用い、それによってギリシアの軍事的伝統を乗り越えた。だが、彼がギリシア式戦闘方法の枠から抜け出したのは、「いちかばちかの一発勝負」の結果であり、ペルシアに勝ったのも同じことだった。したがって、その結果はあとに残らなかったのである。

前４世紀の軍事革命には、他の諸事実と並んで、トラキア人小楯兵の採用も含まれる。彼らは、ギリシアの装甲歩兵より軽装備で動きが敏捷だった。小楯兵の槍は、投げ槍として使うのが普通だったが、手で持って突くこともできた。小楯兵は、散兵ないし軽装歩兵として戦った。

第五章　軍事革命

前四世紀の後半、アレクサンドロス大王は精強な軍隊を率いてアジアに攻めこみ、進路に立ちふさがるペルシア軍をことごとく破って、ついにインドへ侵入した。そして、ヒュダスペスの戦い（前三二六年）で、ポロス王の率いる大軍と象の群れを撃破したのである。この輝かしい軍事的偉業は、前五世紀にはとても不可能なことであり、想像もおよばなかったであろう。かつてギリシア人は、ギリシア本土でペルシア軍の進撃を食い止めた。だが、アジアに侵入するのに欠かせない騎兵隊およびその他の補助的な予備隊を持っていなかった。前四〇四年にペロポネソス戦争が終わり、前三三六年にアレクサンドロス大王が即位するまでのあいだに、ギリシア世界では軍事革命が起こり、その結果、古代の戦争が本質的な変化をとげるとともに、西欧世界の軍事史上最もすばらしい軍隊の一つが出現したのである。戦闘方法におけるこの革命は、古代を通じてひきつづき大きな影響を残した。広大なギリシア世界の西方周辺部に位置したローマ人でさえ、自国の風土に合った方法で、その成果を取り入れないわけにはいかなかったのである。

この時代を研究しているある学者は、この軍事革命の特徴を「西方の歩兵隊と東方の騎兵隊」を統合したものだと述べている。これはそれなりに正確な表現ではあるが、充分な説明にはなっていない[194]。ギリシア人とマケドニア人がペルシアの中心部まで攻め入るには、その前に統合軍――重装備および軽装備歩兵隊、散兵、重装備および軽装備騎兵隊からなる――をつくりあげるとともに、そうした軍隊を支える兵站部門の技術を確立する必要があったわけである[195]。それだけでなく、地中海沿岸のペルシア領に築かれた堅固な要塞にたいしある程度の危険をおかして猛攻を加え、これを奪取しなければ、ペルシアへ侵入することは不可能だった。ペルシアのほうが兵力として動員できる人的資源の点で上まわっていたので、侵入をくわだてる側もただ封鎖するだけというような悠長な作戦をとるわけにはいかない。封鎖を実施している軍隊は救援軍に包囲されやすい弱みがあり、とりわけ敵の領土の中心部ではその危険が大きいのである。要塞基地を強襲してこれを奪取するには、統合軍が不可欠だった。しかも、攻囲戦の技術に関して、前五世紀末までのギリシア世界には見られなかったようなきわめて高度な知識を備えた工兵隊を擁する軍隊でなければならなかった。

驚くべきことに、ギリシア人とマケドニア人は装甲歩兵戦につきものの制約にもかかわらず、前四〇〇年から三五〇年頃にかけての二世代ほどのあいだにその戦闘方法を一変させていた。この軍事革命をもたらした原因の中には、ギリシア固有の文化に根ざすものもあったが、ペルシア帝国の軍事制度に代表される古代近東の戦闘の影響が最も重要な要因となったのである。

軍事革命が起こった理由の一つとして間違いなくあげられるのは、ペロポネソス戦争に決着をつけるうえで陸軍が無力だった事実について、ギリシア全土で理解が深まりはじめたことである。それと切り離せないのは、軽装歩兵が密集軍の前に恐るべき問題を提起しているという認識があったことだ。その結果、前四世紀前半には、新編制の歩兵隊に関する多くの実験的な試みがなされた。けれども、密集軍への依存は伝統的にも文化的にもきわめて深く根をおろしていたので、この時期の最も代表的な二つの決戦、レウクトラ（前三七一年）およびマンティネイア（前三六二年）の戦いは、密集軍同士で戦われたのである。前三五九年にマケドニアの王位についたフィリッポスは、新しい戦法を戦場で実行に移すことができた。これは、マケドニアがはるか北方に位置していて、かならずしも全面的にギリシア装甲歩兵の軍事的文化圏に組みこまれていなかったことにもよるのである。新戦法は、主としてペルシアから触発されたものだが、移入されてからギリシアおよびマケドニア独自の伝統にもとづいてつくりかえられた。エーゲ海地方の新しい典型的陸軍は、かつての重装歩兵を有効に利用した。いまや重装歩兵は、統合された戦力の単なる一部門として、きわめて有力な役割をになうことになったのである。

傭兵

古代近東とギリシアの軍事制度を融合させる過程で、ギリシア人の傭兵隊は決定的な役割を果たした(196)。近代の戦闘では、傭兵は一般に軽蔑すべきものと見なされており、不幸にしてそうした見方は古代の戦闘にたいしても向けられることがある。アメリカ独立戦争およびフランス革命にともなって、民族主義的かつ愛国的な熱情が高揚し、勝利を収めて以来、祖国への愛よりも報酬を目当てに戦う外国人部隊はこれを裏切り者同様に扱うのが一般の風潮であり、いずれにしても祖国のために戦う市民のように頑強な闘争心を発揮することはありそうにないと考えられてきた。一九世紀および二〇世紀には、戦闘の規模が劇的に拡大したし、多数の傭兵を徴集するのはつねに困難でもあるので、どのみち昔のように傭兵を効果的に配備することはできなくなっている。

古代世界では傭兵が戦闘の主役を果たす場合が多く、実際の軍事技術面でも群を抜いた力量を示すことが少なくなかった。彼らはときおり、最高の報酬を払ってくれる側に寝返ったり、最後の土壇場に反対陣営に鞍替えしたりしたが、概して職業軍人にふさわしい態度で兵役を務めたし、戦闘中に危険に直面しても経験にとぼしい一般徴集兵の軍隊より落ち着いた態度で、しかも断固とした目的意識をもって対処した。傭兵は、弓兵や投石兵からなる散兵の特殊部隊で特に有用な働きを示した。そうした技術を磨くには長期の訓練が必要だったからである。だが、ペルシア人は比較的少数（わりあい多数の場合もあったが）の傭兵を装甲歩兵として雇ったことがあり、それが実際に役に立った。小人数の傭兵は護衛として採用され、この場合は至近距離の戦闘における彼らの練達の力量が大いにものを言った。傭兵は外国人なので、宮廷内の政治的策略にからむ甘言によって丸めこまれる恐れも少ない。多人数の場合、傭兵は突撃部隊として陣形を組んで戦い、敵を襲撃した。突撃部隊として戦うのは、ギリシアよりもアジアの戦場のほうが容易だった。アジアでは、敵がさほど重装備をしていなかったからである。ペルシア軍はいつも騎兵隊と軽装歩兵によって、ギリシア人傭兵の密集軍の側面を守るようにしていた。

ギリシアでは限定された規模ながら比較的早く、特に前七世紀および六世紀のアルカイック期の僭主たちによって傭兵が使われていたが、本当の意味でのギリシア人傭兵の時代が始まるのは、ペロポネソス戦争が終わったときからである。この戦争の最後の段階では、ギリシア人——とりわけスパルタにくみしていた側——は、小アジアのペルシア総督と緊密な連絡をとりながら作戦を展開していた。戦争が終結しても、ギリシア本土では政治的経済的混乱が収まらなかったので、多くのギリシア兵は、国を出て富裕なペルシアの太守の軍隊に身を投じた。ペルシア人はかねてから、ギリシア人重装歩兵の戦闘能力を高く評価していたのである。ペルシアに雇われた傭兵は、古代近東の戦闘技術をギリシアに持ち帰るのに大いに貢献した。

クセノフォン

ペルシア人が初めて大規模にギリシア人傭兵を使ったのは、前四〇一年のことである。ペルシア人の中でも最も高貴な存在であり、小アジアの太守にして国王アルタクセルクセス二世（前四〇四年―三五九年）の弟でもあるキュロスが、血気にはやってメソポタミア侵入をくわだて、ペルシア国王の座を奪おうと決意したのである。[197]

その目的のために、キュロスは独自にペルシア人部隊を組織し、すでに小アジアで兵役についていたギリシア人傭兵を徴募した。そして、国を追われていたスパルタの将軍クレアルコスやその他のギリシアの将軍たちに呼びかけて、小アジアで傭兵（主としてペロポネソス同盟の装甲歩兵）を集めるよう求めた。将軍たちが約一万三〇〇〇の兵を集めると、キュロスは攻撃目標はピシディアであるとだけ告げた。ペルシアがまだ完全に制圧しきれずに手を焼いていた小アジアの一地域である。キリキアに着いたとき（すでにピシディアは通り過ぎていた）、将軍たちはキュロスが自分たちを率いて、国王に反逆しようとしているのではないかと気づき、不安になってきた。言うまでもなく、キュロスは、アルタクセルクセスを不意打ちにするため、できるだけ計画を秘密にしておきたかったのだ。そこで、傭兵たちをなだめようとして報酬を引き上げ、目指す敵はシリアにいると言った。もちろんそんなことを信じる者はなく、このときキュロスを見捨てて逃亡した者もいるが、大部分の兵士はひきつづき行軍してユーフラテス川に達した。この川に着いたとき、キュロスはやっと自分の真の意図を明かし、再びギリシア兵に報酬の引き上げを申し出た。ギリシア人たちもこのときには計画に深入りしすぎていたので、ほかにどうしようもなく、アルタクセルクセスを襲撃することに同意した。

　これまでのところキュロスの作戦は順調に運び、メソポタミアへ突入したが、そこでは兄のアルタクセルクセスが待ちかまえており、両軍はバビロニアの北方およそ一〇〇マイルのクナクサの野で対決した。国王は早くから小アジアのペルシア人官吏から充分に警戒するよう注意を受けていたのだ。役人たちは、キュロスの軍隊がピシディアでの作戦行動のためにしては規模が大きすぎることに初めから気づいており、兄の王座を転覆しようとたくらんでいるのではないかと疑っていたのである。国王の軍隊は、ことによると六万から一〇万の兵力（騎兵六〇〇〇と車輪に鎌を取りつけた戦車二〇〇台を含む）を擁していたかもしれない。それにたいし、キュロスの軍隊はギリシア兵を含めて四万から八万の兵力で、騎兵は三〇〇〇しかいなかった[198]。両軍がそれぞれユーフラテス川の東岸に近づいたとき、キュロスは自軍を縦隊から戦闘隊形に展開しなければならなかった。彼は、騎兵隊一〇〇〇を自分の右手の川のすぐ近くに配置し、その隣にギリシア兵を置いた。キュロス自身は六〇〇の騎兵を率いて横隊の中央を占め、その左手にペルシア人歩兵隊、最左翼に騎兵の

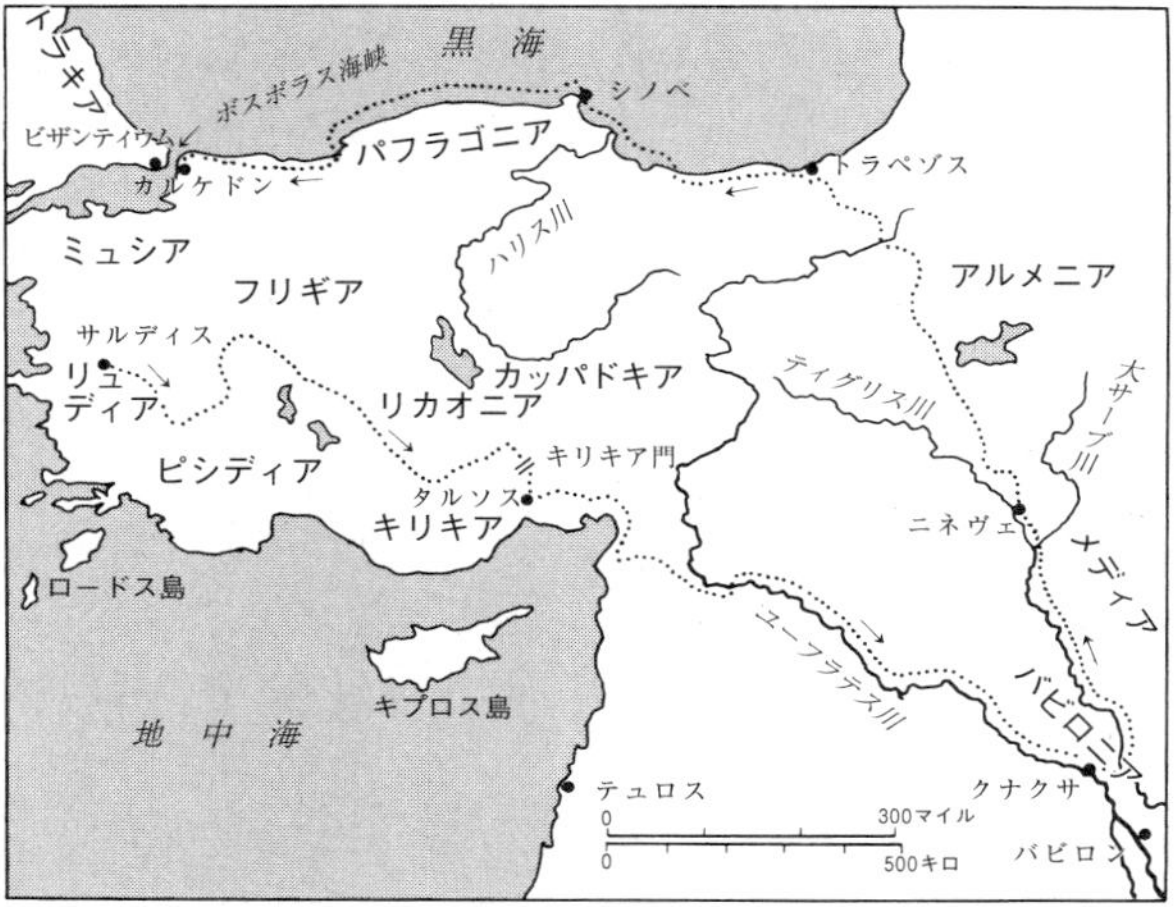

クセノフォンの行軍（前401－400年）

補助部隊を配した。両軍が激突したのはその日の昼下がりだったが、キュロスはまだ全軍を戦闘隊形に切りかえていなかった。

アルタクセルクセスが陣形のととのった自軍の横隊の中央を占めて前進すると、キュロスはクレアルコスに命じて、ギリシア兵を率い斜め方向に進んで国王を直接襲撃させようとしたが、スパルタ人はこれを拒否した。クレアルコスは、自分の部隊の側面をアルタクセルクセス軍左翼の騎兵隊の前にさらけだすのを望まなかったからである。両軍が五〇〇ないし六〇〇ヤード以内に接近したとき、ギリシア兵は急速歩で真っ直ぐに突撃した。ペルシア兵は後退し、戦車の御者たちの中には車をシア兵は他の部隊を通すために横列を散開させた。キュロスは自軍右翼の成功に狂喜して、アルタクセルクセスに向かって突撃した。国王はキュロスより多少左に位置していた。国王の軍隊のほうが横隊が長かったからである。国王がキュロス軍の左翼を包囲しようとしていたとき、弟は兄を戦場で討たんものと、国王軍の隊列の中に突進した。運よく、キュロスは実際にアルタクセルクセスに傷を負わせ、落馬させたが、それにつづく混戦の中でペルシア軍の戦士が投げ槍でキュロスの頭部を射抜いて落馬させ、名もない一兵士がとどめを刺した。

その後、アルタクセルクセスはキュロス軍の野営地を攻撃したが、その間、右翼にあって戦果をあげていたギリシア人部隊は、目の前を退却していくペルシア軍を約三マイルも追跡した。そこで、国王は野営地から引き返し、ギリシア兵の背後をついたが、クレアルコスはくるりと隊列の向きを変え、国王軍にたいして逆襲した。そのため、国王は正面からの攻撃を避けるべく、ギリシア隊の右翼へと方向転換せざるをえなかった。ギリシア隊は側面の守りを固めるため、川を背後にして横一線に整列し、ペルシア軍の突撃をしりぞけた。ギリシア兵はペルシア軍をクナクサまで追跡したが、ペルシア軍の騎兵隊はギリシア兵の進撃を食い止めようと最後の戦いを挑んだ。しかし、それも撃退され、算を乱して敗走したのである。戦場に夜のとばりがおりる頃、ギリシア人部隊がもとの野営地へ引き揚げてみると、そこは敵に略奪されていた。ギリシア兵に関するかぎり、いたるところで敵を打ち破っていたのに、キュロスとその軍隊がどこへ行ったのか、彼らには見当がつかなかった。

翌朝になると、恐ろしい現実が明らかになった。キュロスが戦死し、ギリシア人部隊はペルシア帝国の奥深くに取り残され、しかも完全に糧道を断たれていることを知ったのである。その日の昼頃、国王からの使者がやって来て、武器を捨てて国王の前に出頭し、慈悲を乞うよう告げた。だが、ギリシア兵は大胆にも頑としてこの指図に従わなかった。そして、キュロスがすでに死んでいたので、クレアルコスを指揮官に選んだ。ペルシア人は戦闘を望まず、ただギリシア人部隊を帝国内から追い出したいと思っていただけなので、国王の代理としてティサフェルネスを派遣し、説得にあたらせた。彼は自分が先導してバビロニアを脱出し、安全な場所に送りとどけると請けあったのである。ギリシア人部隊の復路の道筋では食糧が枯渇していたので、ティサフェルネスはギリシア兵をつれてティグリス川を横断し、大ザーブ川まで進んだ。そして、そこへ着くと、会議を開くと言ってクレアルコスをはじめとする将軍たちを集め、全員を逮捕した。指揮官を失ったら、ギリシア兵はたちまち投降するだろうとティサフェルネスは思ったのだが、案に相違して彼らは再び隊列をととのえ、新しい将官を選出した。このとき選ばれた指揮官の一人が、アテナイ人のクセノフォン（前四二八年頃—三五四年頃）である。クセノフォンは部隊を率いて、故国に向け、北へ進んだ。もっとも祖国がどの方角なのか、しかとわかっているわけではなかった。ティサフェルネスはぴったりとそのあとをついて進み、ギリシア人部隊がアルメニアの山岳地帯に入るまで執拗に圧力をかけつづけた。クレアルコスらギリシアの将軍たちは、ペルシアの首都スサへ送られて処刑された。

前四〇〇年の初め、ギリシア人部隊は奇跡的にもついに黒海に達した。まだ、そのときはほとんど全員が無事だった。それから数カ月後、ボスポラス海峡のアジア側沿岸のカルケドンに着くと、その地のペルシア太守はスパルタの提督アナクシビオスに金を支払って、ギリシア兵を船で海峡の対岸のビザンティウムに送りとどけさせた。ビザンティウムで、彼らはトラキアの君主セウテスに雇われ、蛮族平定のために働いたが、前三九九年にスパルタとペルシアのあいだで戦争が勃発すると、こんどはスパルタ人に雇われておよそ六〇〇〇の兵力をまとめて海峡を渡り、再びアジアに入った。

アジアでの戦闘についてはあとで再び触れるが、ここではクナクサ遠征の軍事的意義を検討することが大切である。キュロスは目的を果たせなかったが、ギリシア人傭兵の働きは目ざましく、当然のことながらその功績は広く世に知られている。この遠征を風変わりなドン・キホーテ的侵略と見る向きもあるし、ある点では事実そのとおりだった。しかし、キュロスがその戦略的任務と目的を果たせなかったとはいえ、クナクサ遠征がギリシア軍事史上に持つ意味は一見したところよりはるかに大きかったのである。ポリュビオスは、この遠征をもってアレクサンドロスによる対ペルシア戦争を引き起こした原因と見なしている。なぜなら、ペルシアの領土の奥深く入った中心部でギリシア戦士の無敵ぶりが発揮され、その結果ギリシアの歴史で初めてペルシアへの侵略が実行可能と思われるようになったからである。ポリュビオスの言っていることには確かに誇張が(そして単純化も)あるが、まるで取るにたりない所説とは言えない。[199]

クナクサの戦いで、ギリシア兵は、重装歩兵にたいしてペルシア軍が弱点を持っていることを自らの体験を通じて知ったが、この遠征の真の意義は、この戦いによって彼ら自身の弱点がどこにあるかがわかったことにある。クレアルコスは戦場でまったく命令に従わなかったが、それは自分の部隊の側面がペルシア軍の攻撃にさらされるのを恐れたからである。[200]正面からの突撃戦では、ペルシア人はギリシア人に敵しえなかったが、ギリシア軍はペルシア領内にあって騎兵隊と軽装歩兵の充分なうしろ楯がなかったため、ペルシア国王を屈服させ、戦略的に決定的な勝利を収めることはできなかった。ペルシアから追われて脱出する途中、ギリシア兵は陣地を守るためには頼りになる散兵——投石兵と弓兵——が必要なことも知った。あるとき、クセノフォンはロードス島の装甲歩兵を投石兵(投石器はロードス島で生まれた兵器だから)として転用せざるをえなかったが、彼らは戦力として充分に役立ったのである。[201]

最も重要な教訓は、兵站業務に関することだったかもしれない。ギリシア人部隊はサルディスからクナクサまで、陸路およそ一五〇〇マイルを踏破した。キュロス軍の兵站組織のもとで一日一二マイルから一五マイル移動したのである。この遠征の模様を記録したクセノフォンの『アナバシス』を読むと、彼が行軍中の軍隊について少なくとも綿密に研究していたことがわかる。彼がこの問題に興味を持った一つの理由は、ギリシア軍が独力ではこんな大規模な兵站線を組織できなかったことにある。帰国の途上で兵站上の困難に遭遇したことから、ギリシア兵は誰もが兵站組織に代わるものはないと確信するに至った。それに劣らず重要なのは、彼らが帰国してからその新知識を他のギリシア人に伝えたことである。たいていは口づてだったにちがいないが、クセノフォンはその後数十年間を費やして、ペルシア人との戦闘から得た教訓を著作にまとめている。彼の残した記録は、同時代の指導的な軍人たちに直接、間接の影響を与えた。

『アナバシス』のほかに、クセノフォンは多くの著作をものしており、その中で戦闘、とりわけペルシア人の戦闘についての幅広い知識を読者に伝えた。軍事史上、特に重要なのは、キュロス大王に関する歴史「小説」(『キュロスの教育[202]』)である。この物語は細部に至るまで厳密に史実にもとづいているわけではないかもしれないが、ペルシア人の戦闘の生き生きとした描写を読めば、作者がアジア人とギリシア人の戦闘方法の実際上の相違を明敏に察知していたことは明らかである。ギリシアの将軍たちがすべてクセノフォンの作品を読んでいたかどうかは疑問だが、彼の所説は当時の軍人の教養として欠かせないものとなり、それを読まない将軍たちにも強い影響をおよぼした。クラウゼヴィッツやリデル・ハートが近代戦の研究に大きな足跡を残したので、今日では彼らの著作を読まなくてもその影響を受けざるをえないのと同じである。つまり、彼らの理論はいろいろな経路で広く社会に浸透しているのである。前三九九年からフィリッポス二世が即位する前三五九年までの四〇年間、ギリシア人とマケドニア人はクナクサの教訓を徹底的に学びとり、ついにフィリッポスがその教訓を充分に生かして新しい軍隊を組織したのであった。

前三九九年にギリシア人部隊がヨーロッパに帰ったあと、スパルタはペルシアと戦うために小アジアへ遠征した。スパルタ人とペルシア人は、ペロポネソス戦争では同盟関係にあったが、スパルタがキュロスを支援したことから、アルタクセルクセスの政府と協力関係を維持するのが困難になったうえ、キュロスの指揮下でギリシア人部隊が見事な働きをしたため、スパルタは自信過剰におちいっていたのである。最初の遠征隊から生き残ったギリシア兵六〇〇〇人がスパルタ人に雇われて小アジアに配備される一方、スパルタ軍はヘレスポントスへ送られ、そのアジア側沿岸で相当な戦果をあげた。ペルシア側はこの危機にあたって海軍力を使うことを決め、アテナイ人の提督コノンの指揮の下に三〇〇隻の船隊を投入した。コノンはアイゴスポタモイの戦いに敗れて逃亡して以来、亡命生活を送っていたのである。前三九六年、新たに選ばれたスパルタ王アゲシラオスが出陣して、騎兵隊を組織し、サルディス付近で太守ティサフェルネスを破った。さらに前三九五年、こんどは海上でコノンを相手に戦ったが、ペルシア海軍はクニドスの戦い（前三九四年）でスパルタ人にたいし決定的な勝利を収めた。さらにペルシア側は、スパルタ人がそれまでエーゲ海で組織しえた海軍力を破壊しつくしたのである。制海権を確立することによって、ペルシアは結局、ギリシアでの事態を大きく左右する支配力を持つに至った。アジアで戦争がつづいているあいだ、クセノフォンはアゲシラオスに従って軍務をつとめ、この二人は親しい間柄になった。そして、クセノフォンも含めて、ギリシア人は再びペルシア人から学ぶ機会が多かった。スパルタ王が騎兵部隊を展開したことは、学びとった教訓を実戦に応用した一例だが、スパルタ人は攻囲戦の技術を知らなかったので、その努力も実らなかった――これは、将来に向かって生かされなければならない教訓であった[203]。この戦争で、ギリシア人は傭兵としてスパルタ軍およびペルシア軍の双方に分かれて戦ったが、その結果、スパルタのみならずギリシア世界全体に戦闘方法の変革が浸透することになった。

イフィクラテス

一方、クニドスの戦いの前に、アゲシラオスは一時ヨーロッパに呼び戻された。スパルタとその同盟国とのあいだに、いわゆるコリントス戦争（前三九五年―三八七年）が起こり、そのための作戦行動に加わらなければならなかったのである。スパルタの同盟諸国は、ペロポネソス戦争に勝利したあと、スパルタが横暴にも自分たちをないがしろにしたことに怒りを燃やしていた。ペルシアは、ギリシアにおけるスパルタの覇権にたいし反乱をあおりたてようとして、反乱軍に援助を約束した。スパルタがコリントス、アルゴス、テーバイ、アテナイを向こうにまわして戦ったこの戦争では、軍事的に見て興味深く重要な戦闘が多い。だが、最も重要な見どころは、アテナイの将軍イフィクラテスの指揮のもとで傭兵による軽装歩兵が配備されて成功したことである。

すでに見たように、前四二五年のピュロスの戦いで、軽装備部隊がスパルタの装甲歩兵と戦って戦果を収めた。しかし、アテナイ勢はスパルタ人の小隊にたいし数量的に圧倒的優位に立っていたうえ、スパルタ側は不毛の小島と周辺海域に閉じこめられていた。したがって、スパルタの装甲歩兵がもっと有利な地形の戦場で、戦術的にもっと対等に近い状況で戦ったら、はたして軽装備部隊に敗れたかどうかはわからなかった。だが、コリントス戦争を通じて、イフィクラテスは装甲歩兵が軽装歩兵の攻撃に弱いことを決定的に立証したのである。

このときの戦況を簡単に述べれば、以下のとおりである。前三九五年に戦いが始まったとき、反スパルタ側は地峡を制圧し、スパルタを北部ギリシアから切り離した[204]。そこで、翌年（アゲシラオスが帰る前に）、騎兵六〇〇、弓兵三〇〇、投石兵四〇〇に加えてスパルタ兵六〇〇〇と同盟軍の歩兵一万からなる軍隊が北へ向けて送られた。両軍がシキュオンとコリントスのあいだにあるネメア川で対峙したとき、コリントス側は装甲歩兵二万四〇〇〇と騎兵一五〇〇を擁していた。この特異な戦いで、両軍の右翼はともに敵の左翼を駆逐したが、スパルタ軍の右翼は正面の敵を追い払ってからも陣形を維持したまま向きを変えて、こんどは勝ち誇って引き揚げていく敵右翼の無防備な右側面を攻撃し、大勝利を収めた。[205]

一方、アゲシラオスはアジアから呼び戻され（これはペルシアにとっては願ってもないことだった）、かつてクセルクセスが通ったのと同じ道を通り、トラキアとマケドニアを経て故国に向け進軍していた。ボイオティア地方のコロネアにおける戦い（ネメアの戦いの約一カ月後）では、またしても両軍右翼がそれぞれ敵を打ち破ったが、こんどは双方ともに陣形をくずさず、向きを変えてたがいに真っ向から対決した。[206] テーバイ軍は、奮戦して進路を開き、退却中の同盟軍に再び合流しようとしていたにすぎず、しかも大きな犠牲を払ってやっと同盟軍に追いついた。だから、アゲシラオスがテーバイ軍をそのまま退却させないで、その側面と後衛をたたいたのは重大な誤りであった。しかし、その結果、彼は戦場を自分の支配下におさめることになり、勝利を宣言しうる正当な根拠を得たのである。スパルタは地峡の封鎖を破ったが、アゲシラオスは海路コリントス湾を横断した。

その後、数年にわたって双方は地峡を制圧しようとして戦ったが、決着がつかなかった——スパルタはシキュオンに基地を持ち、敵はコリントスから出陣した。前三九一年、スパルタはコリントスの要塞港レカイオンを制圧した。この港は、ピレエフスをアテナイと

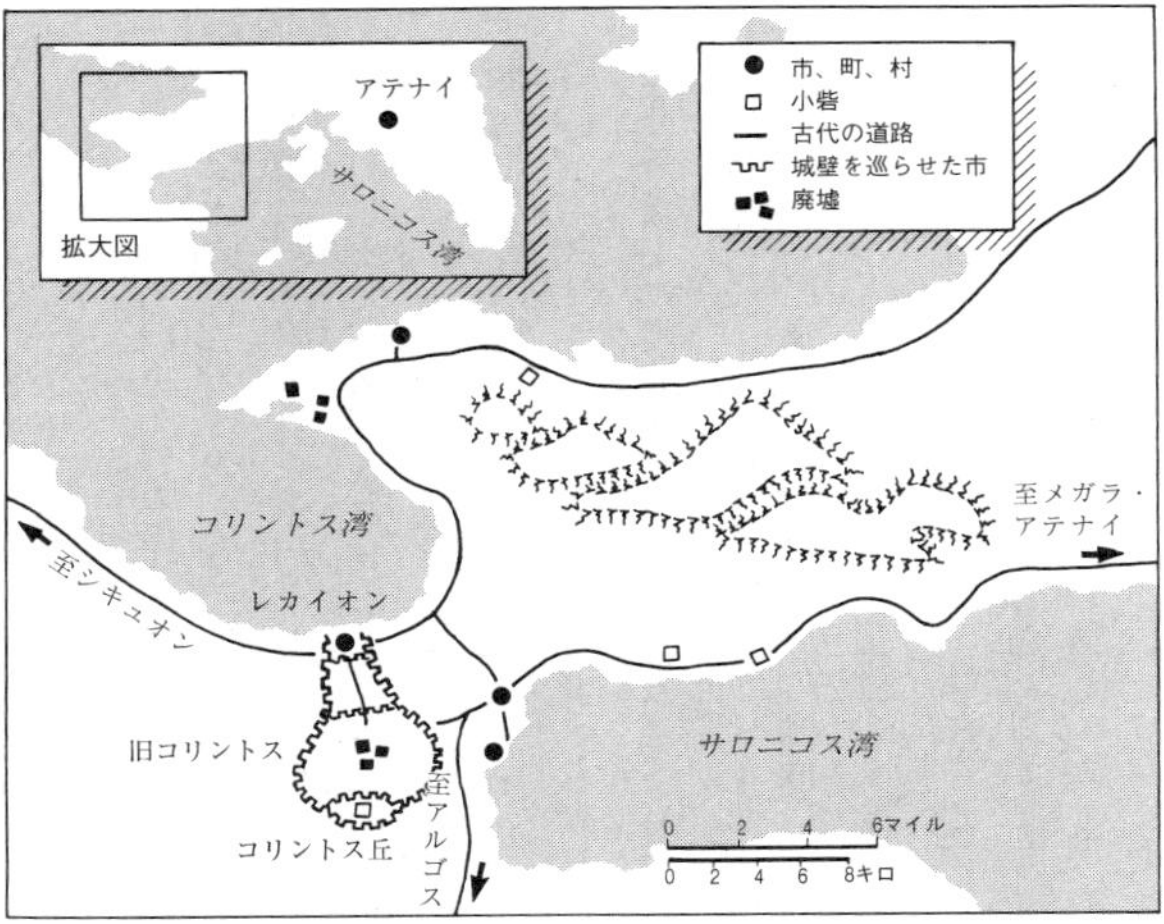

コリントスとレカイオン（前390年）

連絡していたのとまったく同じような長い城壁でコリントスと結ばれていた。こうした戦況の進展は、偶然のようではあったが、前三九〇年にイフィクラテスが装甲歩兵の密集軍に致命的な打撃を与える絶好の舞台を提供した。その年の夏のある日、スパルタの一師団《モラ》（六〇〇人）がレカイオンを出て、宗教的祭礼に出席する部隊の代表団を護衛しながら、コリントス付近まで来た。基地から三ないし四マイル進んだあと、スパルタの指揮官は祭礼出席者たちに騎兵の護衛をつけて先に出発させた。コリントスに駐屯していたアテナイ軍は軽装歩兵の小楯兵によってスパルタの師団を攻撃することにした。クセノフォンはこの作戦行動の記録の中でこう述べている。

彼ら（スパルタ人）が街道を進軍していけば、その無防備な側面を投げ槍で攻めて残らずなぎ倒すことができる。かりに敵が攻撃側を追跡しにかかっても、軽装備で脚の速い小楯兵が装甲歩兵をかわすのはまったく造作もないことだろう……そして、投げ槍が投じられると、スパルタ兵の一部は死に、一部は傷ついた……そこで指揮官は歩兵隊に……突撃し、攻め手を蹴散らすように命じた。しかし、装甲歩兵が追いかけた相手の小楯兵は、投げ槍が届くほどの距離を保ち、一人も捕まらなかった。装甲歩兵が接近する前に、イフィクラテスが部下に後退するよう命じたからである。ところが、スパルタ兵が追跡をやめて再び引き返したとき、各自が勝手な速さで走ったために隊列が乱れたところを見ると、イフィクラテスの部隊は踵《きびす》を返してこれを追った。再び正面から投げ槍を投じる者もあれば、走って敵の側面に迫り、楯で守っていない側を投げ槍で攻める者もあった……スパルタ側は、最強の兵士たちが殺されてしまったとき、騎兵隊が馳せ参じたので、騎兵隊の支援を得ていま一度の追跡を試みた。しかし、小楯兵たちは向きを変えて逃げ去り、騎兵隊の突撃は失敗に終わった。騎兵隊は、敵の一部を殺すところまでは追わず、前進するときも後退するときも最前線の装甲歩兵と歩調を合わせた。そんなふうに同じことを繰り返しても、結果はいつも同じで、スパルタ側の兵力は減りつづけ、士気も衰えたのにたいし、アテナイ勢はますます大胆になり、力を結集して攻勢に出た(207)。

戦闘が終わるまでに、イフィクラテスの指揮する小楯兵部隊は、二五〇人のスパルタ兵を殺していた。スパルタの師団が小楯兵部隊に敗れたことは、押し寄せる時代の波を物語っていた。にもかかわらず、装甲歩兵の精神主義の影響は容易に消えなかった。惨敗の知らせが伝わると、アゲシラオスの陣営には暗澹たる空気がただよったが、「自分の息子や父親や兄弟が戦いに倒れた人びとだけは別」で、「彼らは何かすばらしい宝でも手に入れたかのごとく晴れやかにふるまい、自らの苦しみの中に疑いなく栄誉を感じていた(208)」。投げ槍がその標的として特に「勇士」を選んだわけでないことは、ピュロス島の戦いで使われた飛び道具と少しも変わりなかったのだが、スパルタ人はなかなかそれに気がつかなかったのである。また、この戦闘からわかるのは、騎兵隊の正しい使い方について、スパルタ側にはまだ学ばなければならない点が多かったことだ。だが、クセノフォンをはじめアジアで戦った経験のある軍人たちがスパルタの誤りにすぐ気づいたのは間違いない。

イフィクラテスは、コリントス戦争が終わったあとも、ギリシアの戦闘技術の向上に寄与した。この戦争はアルタクセルクセスの介入によって決着がついた。アルタクセルクセスはスパルタ人を恐れるようになり、前三八七年にスパルタと共同で和平案を押しつけた。

それにより、小アジアはアルタクセルクセスの支配に帰し、スパルタはギリシア本土を支配することになった。その後、アテナイ政府は、何度もイフィクラテスおよび彼の率いる小楯兵を傭兵として外国に貸したが、ある古代史家によると、イフィクラテスはエジプトの反乱（前三七六年—三七三年）に際し、アルタクセルクセスに雇われて軍務についた経験から触発され、古代近東の戦闘技術をギリシアに導入したという。

そんなわけで、ペルシアの戦争に長いあいだたずさわった経験から、彼は多くの卓抜な発明をして、武器の問題には特別な注意を払った……普通の一倍半の長さの槍をつくり、剣の長さをほぼ二倍にした。実戦に使ってみると、彼の判断の正しかったことが証明された。その結果、彼はすぐれた創意の人として有名になったのである。また、彼は軽くて脱ぎやすい軍用長靴をとりいれた。それは、今日でも彼の名にちなんでイフィクラティドと呼ばれている。そのほかにも、それらをいちいち説明していると長くなって退屈だろうから差し控えるが、彼が軍隊生活に持ちこんだ創案は数多い(209)。

右に引用した一節の解釈には多くの難しい問題があるが、二つのことはまず間違いない。すなわち、イフィクラテスがペルシアで軍務についた経験から学びとった新機軸を導入したこと、その中には小楯兵を矛と長い剣で武装するようにしたことも含まれるということとである。長い槍は、エジプトではイフィクラテスがそこで軍務につく前から使われており、彼は自分の部隊を約一二フィートの長さの槍で武装する必要があると考えたにちがいない[210]。ペルシアでは、飛翔兵器投擲部隊は少しも珍しくなかったから、イフィクラテスは、自分の率いる小楯兵（彼が指揮していたのはひょっとしたら装甲歩兵だったかもしれない）を、エジプト人との戦いに備えて重装備部隊に組みかえた。その後、ギリシアで小楯兵が長い矛を使うようになったかどうかとなると、少なくともときおりそうした矛が使われた証拠はあるが、まだ論議に決着がついていない。けれども、イフィクラテスが新機軸をとりいれたことと、一五年ほどのちにマケドニアのフィリッポス二世が長い矛で武装した密集軍を創設したこととのあいだに何らかの関連があるとすれば、ギリシアおよびマケドニア人の戦闘法が古代近東に負っているものは、一部の人びとが考えてきたより大きかったわけである。フィリッポスがどのようにして長い矛（あるいは長槍《サリッサ》）を思いついたかに言及している古代の著作家はいないが、それがエジプトでイフィクラテスが試みた新機軸に由来していることに疑いをはさむ理由はまずない。

前四〇四年から三五九年にかけての時期には、ほかにもペルシアの軍隊に加わって戦ったり、あるいはペルシアとの戦いに動員されたりした傭兵は数多い。彼らがそれぞれギリシアの戦闘法の変革に果たした役割は、クセノフォンやイフィクラテスのそれほど重要なものではなかったかもしれないが、その人数の多さだけを考えても大きな意味を持っていたにちがいない。アジアでの経験から戦争の技術について新たな見識を持つようになった軍人が、将軍から名もない兵士に至るまで、ギリシア中のどこにでもいたのである。この時期のアテナイのもう一人の傭兵隊司令官カブリアスは、イフィクラテスに劣らないほど大きな名声を得た。カブリアスも前三八〇年代、そして前三六〇年代に再びエジプトで戦ったが、彼の場合は小楯兵よりも装甲歩兵を指揮することが多かったようだ。カブリアスは前三七九年にエジプトから帰り、その翌年、スパルタのアゲシラオスとの戦闘に際しては戦術面でギリシアに大いに貢献した。アテナイ・テーバイ連合軍は、ボイオティアでたがいに横一線に並んで対決した。アテナイ・テーバイ連合軍は、山の背に陣を占めた。カブリアスはスパルタ軍（兵力およそ二万）を見くびっているように見せようと、自軍を休めの姿勢で布陣させるとともに、楯を膝にもたせかけ、槍を敵に向けて水平に構えないで真っ直ぐに立てて持つよう命じた。アゲシラオスは、自分のほうからは攻勢に出ないことにした。上り坂の地形で戦いたくなかったからでもあるが、その主な理由は敵が異常なほど落ち着いているので、彼自身（彼の率いる軍隊もおそらく同じだったろう）が動揺をきたしたからだ。このように虚勢を張ってみせることで、心理的に相手を威圧し、狼狽させることができたのは、何よりもまず、ギリシアではそういう策略があまり使われなかったためである。これは、おそらくカブリアスがこの決戦の直前にエジプトへ遠征したときの経験に由来するものと思われる。[21]ギリシアの軍隊が危険に直面しながら休めの姿勢をとった例として、これにくらべられるのは、キュロスの遠征の際に起こった小さな逸話だけである。前四世紀のアジアでは、こうしたことは珍しくなかったのであろう。クナクサの戦いについてクセノフォンが記しているところによると、ギリシア兵は戦闘開始早々、いらだたしい思いをさせられた。彼らに向かってペルシア兵が「できるだけ音をたてないように、あわてず騒がず、ゆっくりと歩を進めて[212]」近づいてきたからである。しかし、ギリシア本土の戦闘ではこれが革新的な戦略としてもてはやされたのである。

傭兵が広く用いられた結果として、近東からもう一つの重要な影響がもたらされた。傭兵は普通、徴集兵の軍隊よりはるかに立派な職業軍人らしい団体精神を発揮した。こうした軍隊精神が、のちにフィリッポスとアレクサンドロスの率いる全マケドニア軍に体現されたのである。軍隊精神は、傭兵部隊の規律と教練に最もはっきりとあらわれており、これは長い訓練によって培われたものだ。イフィクラテスは、厳格な規律の人として有名であり、戦いがさしせまっていようといなかろうと、つねにたゆみなく自分の軍隊を鍛えた。それは、のちのローマのレギオンと同様の鍛練ぶりだった[213]。

現代では、練兵場での教練を軽んじる風潮がある。近代的な火器の技術が進んだため、密集隊形をとることが不可能になったのが大きな理由だが、古代の戦闘では軍隊は密集隊形で戦ったのである。練兵場での彼らの動きに、特にはっきりした特徴が見られる場合は、戦場での戦いぶりが反映されていることが多かった。練兵場での訓練の持つ心理的効果は、これをいくら高く評価してもしすぎることにはならない。その効果は、敵に与える衝撃に最もはっきりあらわれるが、作戦行動をきびきびと実行することは、軍隊内につねに存在する戦闘を恐れる気持ちを抑える手段としてさらにいっそう重要である。つまるところ、軍人が戦場で遭遇する最大の危険は敵ではなく、支援部隊がパニックを起こして自分を見捨てて逃げ出してしまうのではないかという恐怖心である。教練は、こうした避けられない恐怖心を克服するのに役立ち、ある意味でのチームワークをつくり、よりよい軍隊をつくるうえで寄与するところが大きい。

例を二つあげてこの点を説明することにしよう。前四二二年のアンフィポリスの戦いのおり、ブラシダスは兵士たちをかりたてて攻撃に出るべく、クレオンの率いる軍隊は陣形を保つことすらできないだろうと言って聞かせた。「敵兵は、決してわが軍に抵抗しないだろう。槍や兜の動きから、それは明らかだ。このような動きを見せる軍勢は、襲われればひとたまりもないものだ」[214]。前四世紀にイフィクラテスは一度、訓練のゆきとどいていない軍隊を戦場に投入するのを肯《がえ》んじなかったことがある。数の上では優勢であったにしても、この軍隊は初歩的な命令さえ実行できないことがあったからである。実のところ、傭兵が登場して厳格な規律を守るようになると、スパルタ人が有名な厳しい訓練にもとづき前五世紀を通じてほしいままにしていた非常に有利な立場も、その土台を奪われてしまった。アリストテレスは『政治学』の中でこの間の変化について述べている。

われわれが経験によって知っているとおり、ほかならぬスパルタ人でさえ、他の諸国民より優位に立ちえたのは、彼らがうまずたゆまず厳しい訓練を実行した唯一の国民であったからにすぎない。ところが近頃では、そのスパルタ人が運動競技でも実際の戦争でも打ち負かされている。以前スパルタ人がぬきんでた地位を占めたのは、彼らが若者たちにほどこした特殊な訓練のせいではない。それはもっぱら、敵にはまったく欠けていたある種の規律のおかげだった……スパルタ式訓練にはいまや好敵手が現われた。昔はそれが皆無だったのである。(215)

戦術理論家

ペロポネソス戦争は、ある意味で、真の軍事科学の発達をうながす結果にもなった。この戦争によって、傭兵として軍隊に動員しうる兵士の予備軍が生まれ、ギリシアのみならずアジアでも傭兵を広範に使える条件ができたのである。戦争が複雑化したこと、つまり戦争は結局のところ陣形に占める自分の持ち場を固守したり、塹壕を掘ったり、死んだりするだけにとどまるものではないことが認識されるようになったのである。昔のすぐれた将軍は戦場を選び（できれば農作物の実っている敵地を選ぶのがよかった）、自軍を敵に真っ向から立ち向かわせ、たいてい自ら陣頭に立って戦った。(216) 前五世紀末には、軍隊は少なくとももっと賢明になっていた。クレアルコスとクセノフォンがキュロス麾下のギリシア人傭兵隊のあいだで最高の地位をかちえたのは、軍隊の指揮法を心得ているところを示したからである。軍隊の指揮には多くの要素があった。その一つは、兵士たちにおのずと規律を守るようにしむける軍人らしい態度を保つことである。軍隊がいかに不服従と放縦と全般的無規律に傾きやすいか、それでいて彼らがそういう状態におちいるのを許した指揮官にどれほど不満を抱くかは、驚くほどだ。兵士たちは、自分たちが生きて帰れるかどうかは、彼らをチームとして統率して戦わせる将官の能力次第であることを知っているし、結束して戦うには規律が必要なことも認識しているのだ。将軍は、食糧も確保しなければならない。軍隊の中で食糧を自弁できる者はほとんどいない。もっとも、いつも食物にこと欠かないように見える者がかならずいるものだが、戦争に傭兵が使われた時代には報酬が大きな意味を持っていたことは明らかであり、すぐれた将軍はそのことを心にかけていた。

前四世紀になると、将軍たちは前五世紀にくらべて行軍中も戦闘中もはるかに多くのことに気を配らなければならなくなった。前三九〇年にイフィクラテスが小楯兵を率いて成功を収めたことによって、戦争とは装甲歩兵同士が戦場で激突しあうだけにとどまらないことが立証された。昔の軍隊なら、敵と遭遇するまではやすやすと敵の領土を通過できると期待してもよかったろうが、軽装備部隊が使われるようになってから、行軍中の危険が劇的に高まった。戦闘自体も、もはや軍隊の全面的な正面衝突によって勝敗が決することはなくなった。ペロポネソス戦争で、スパルタ軍は装甲歩兵が隣の兵士の楯で身を守ろうとして自然に右へ移動する傾向があるのを利用して、右翼から敵の左翼に向かって側面攻撃に出る作戦をとった。[217] 前四世紀前半には、こうした側面攻撃作戦がギリシアでは一般的な戦法となっていた。このため、将軍たちは敵の隊列の一部が混乱におちいったとき、いかにしてこれを総くずれに追いこむかという、いっそう困難な課題を負うことになったのである。すでに見たように、アゲシラオスは前三九四年のコロネアの戦いで敵の左翼を撃破したあと、敵の右翼にたいする攻め方で重大な誤りをおかした。将軍たちは、とりわけ戦闘がある程度複雑化してくると誤りをおかすものだが、指揮官が冷静さを失わず、ばかげた誤りをおかして兵士の生命を無駄にすることはないという信頼に支えられていなければ軍隊は成り立たない。指揮官が愚鈍さからにせよ、あるいはどんな犠牲を払っても「がむしゃら」に敵に当たろうとする向こう見ずのためにせよ、頼むにたりないとわかったとき、軍隊が士気阻喪することはないのだ。

ギリシアの戦争がさらに複雑な様相をおびてくると、正しい用兵術の研究が必修の科学にまで発展し、ギリシア社会にいわゆる戦術理論家たちが出現することになった。[218] 現代の軍事科学の基準からすれば、初期のギリシアの軍事科学はどちらかと言えば幼稚なものであったし、いろいろな理由からローマ時代をも含めて古代世界では軍事科学が一般に考えられているほど重要な意味を持つことは決してなかった。しかし、前四世紀のクセノフォンやアイネイアス・タクティコスから紀元四世紀のウェゲティウスに至る古代の著作家たちが、戦争のいくつかの側面を公式に取り上げて論文を書いている。とは言っても、科学的な方法に立脚した個々の公式的な分析よりも歴史のほうが、もっとたびたび軍事技術の教師たる役割を果たしたのである。キケロは、ローマの著作家の作品よりもクセノフォンの『キュロスの教育』のほうが人気があるのを嘆いたが、キリキアの総督として自分がクセノフォンの教えを実践してきたことを誇らかに公言してもいる。また、スキピオがいつもクセノフォンの本をたずさえていることを明かしたのはキケロだった(219)。

それにもかかわらず、前五世紀末および前四世紀初めのギリシア世界には戦術理論家が輩出した。クセノフォンは彼らをほとんど問題にしていなかった。『ラケダイモン(スパルタ)人の国制』の中で、彼はこう述べている。「スパルタ人は戦術理論家たちがきわめて困難だと考えている作戦をも、しごくやすやすとやってのける(220)」。兵士たちはいつでも「机上の」戦術論を軽蔑してきたが、あいにく戦術理論家たちについて知る手がかりはクセノフォンの著作しかない。しかし、彼らの活動に関するクセノフォンの好意的とは言えない記述からでも——特に『ソクラテスの思い出』の中で——多少はその実態を知ることができる。それによると、ソクラテスはアテナイの将軍になりたいという若い友人を励まして、戦術理論家のディオニュソドロスのもとで学ぶように勧めた。その友人が言われたとおりにディオニュソドロスについて学び、帰ってからソクラテスのところへ行くと、ソクラテスは前より将軍らしく見えるようになったと言って彼をからかい、どんなことを教わってきたのかとたずねた。「先生は、ただ戦術を教えてくれただけです」と、若者は答えた。すると、ソクラテスは言った。「戦術を習うのは結構だ。戦闘隊形に整列した軍隊は、戦闘隊形についていない軍隊よりもずっとましだよ」。けれども、ソクラテスは用兵術は戦術だけにつきるものではないことを明言した。「将軍は戦争に必要な装備を前もって完全にととのえていなければいけない。軍隊の糧食を準備しなければならない」と。ソクラテスがさらにつづけて言うには、将軍はずるさとやさしさ、残忍さと率直さ、そして悪賢さなど多くの資質を備えていなければならない。また、善良な人間と邪悪な人間の見きわめ方を心得ていなければならず、兵士を整列させるだけでなく、いろいろな陣形を使い分けるすべを知っていなければならない。そこでソクラテスはこの友人に、もう一度先生についてそうした点を学んでくるよう強く勧めた[221]。

戦術理論家に関するこの辛辣な記述は、象牙の塔にこもって現実の世界と接触を持たず、自分の理論をどう応用したらよいかを知らない教師にたいして昔から向けられてきた紋切り型の批判を繰り返しているにすぎない。こうした戦術指南がすべて、ディオニュソドロスのそれと同じくらい無力なものであったと（あるいは、ディオニュソドロスの理論にしても、クセノフォンが言わんとしているほど愚劣なものであったと）断定できる根拠はほとんどないのである。いずれにしても、それはギリシア社会で戦争が果たすようになった新しい役割、すなわち「知的」活動としての戦争の役割を示す顕著な例として興味深い。ディオニュソドロスは教師としてふさわしくなかったとしても、テーマ自体は、それにかかわりなく研究に値するものであったのだ。戦争は、もはや道徳や名誉とは無関係なものになってしまった。戦争は、祖先から受け継がれてきた「勇士」の基準に従って実行されるべき生活の一様式にとどまらなくなった。ギリシア人は、統合軍創設への道を急速に歩みはじめるにつれて、戦争を複雑な社会的活動として見るようになった。戦争は因襲的なものというより、むしろ革新的な性格をおびるようになったのだ。

傭兵と戦術理論家について述べるのはこのくらいにしておくが、その前にギリシアの戦争におけるもう一つの変化に目をとめておかなければならない。前四世紀になると、戦争が非常に専門化したため、ギリシアの若者は軍司令官、すなわち戦場における指揮官として身を立てることを望めるようになった。前五世紀およびそれ以前には、将軍の地位は政治と結びついており、軍司令官になれる唯一の確実な道は政界に入ることだった。ところが、前四世紀には事情が変わってきたのである。アテナイでは、ひきつづき将軍を選挙で選んでいたけれども、将軍の地位を得るためには戦争について研究しておくしか手がなかったし、選ぶほうでも政治と戦争との違いは充分にわきまえていて、少なくとも何人かの将軍については軍事的な才能だけを考慮して選んでいた。[222]

とはいえ、専門化が進んだと言っても、軍事的訓練と経験を積んだ士官だけが軍隊の指揮官に選ばれていたというわけではないし、古代社会では、そんなことはありえなかったのである。戦争の管理はきわめて複雑な仕事であったにもかかわらず、かならずしも軍事専門家集団の手にゆだねられてはいなかった。もちろん、戦略と戦術の専門家はいたし、国がそういう人たちを探しだして雇い入れることもあった。しかし、前四世紀になっても、一部の有力な人びとのあいだには軍事的な経験や訓練よりも指導者としての総合的な才能のほうが将軍には不可欠だという考え方が残っていた。『ソクラテスの思い出』の中で、クセノフォンはアテナイのある将軍候補が、実業界の成功者で軍事的経験のまったくない人物に選挙で敗れ、ひどく落胆する話を伝えている。落選したこの候補者は、選挙人の愚かさを嘆くとともに、自分の軍隊経験をながながと述べたて、多くの傷跡をソクラテスに見せるのだった。ところが、ソクラテスは個人的な業務の遂行に成功した者にはおそらく指導者たる素質があるのだろうと言い、それが「戦争でも同じようにものを言うことは大いにありうる」(223)と主張したのである。アレクサンドロスおよび彼のあとにつづいたヘレニズム世界の将軍たちによって、軍司令官の地位は専門的な職業と言ってよいほどにまで引き上げられた。事実、前四世紀のアテナイやスパルタをはじめとするギリシア世界では、軍隊の指揮官が一つの職業になりつつあることを示す兆候が見られたけれども、ソクラテスによって代表される総合的な知識を重んずる伝統はなお強い影響力を持ちつづけ、ローマでも共和政時代の内乱期を通じて、こうした考え方が広く支持されていた。古代の戦闘技術には目ざましいものがあったとはいえ、陸軍士官学校で何年も専門的な研究を積む必要はなかったのである。

エパメイノンダスとペロピダス

ギリシア人が軽装歩兵と騎兵隊と散兵を試験的に使いはじめるとともに、装甲歩兵の時代は終わることとなったが、前三七〇年代および前三六〇年代にスパルタとテーバイとのあいだに起こった戦争において、装甲歩兵戦は最後の花を咲かせた。装甲歩兵の歴史が始まって以来、ギリシアで最強を誇ってきたスパルタの陸上戦力が前四世紀になって新たに登場した統合軍ではなく別の密集軍によって撃破されたという事実は、少なからぬ皮肉である。

レウクトラ（前三七一年）およびマンティネイア（前三六二年）の二つの戦いで、テーバイの密集軍は伝説的なスパルタ軍と戦い、これを破った。テーバイの勝利はおおむね二人の有能な指導者、エパメイノンダスとペロピダスの功績である。(224) レウクトラの戦いで、エパメイノンダスは全軍を指揮し、ペロピダスは三〇〇の精強部隊からなるいわゆる神聖軍団を率いた。スパルタ勢は、クレオンブロトスの指揮のもと、レウクトラ平原の南にあたる丘陵の尾根に陣を張り、一方、平原の北側のこちらも尾根に陣どるテーバイ勢と相対した。両軍は、たがいに相手側を一望におさめることができた。スパルタ軍の総勢は装甲歩兵およそ一万と騎兵およそ一〇〇〇で、その中にはスパルタ市民軍六個師団のうち四個師団（およそ一八〇〇人）が含まれていた。テーバイおよびその同盟軍の軍勢は、おそらく装甲歩兵およそ六〇〇〇と騎兵およそ六〇〇にすぎなかったろう。(225)

戦闘が始まる前（正午頃）、テーバイ軍の分遣隊の一部は、人数で敵にかなわないことがわかったので、撤退するよう強く主張した。それにたいして、スパルタ側はワインを飲んでいて、頭に血がのぼっていたのかもしれない。クセノフォンによると、テーバイの同盟軍の一部は逃亡をはかったが、スパルタ軍の騎兵隊と軽装歩兵に追われてテーバイ軍の野営地に戻った。明らかにスパルタ側は逃亡兵をそのまま逃がすべきだったのだが、どうやら算を乱して逃げる敵の部隊を攻撃したいという気持ちを抑え切れなかったようだ。戦いが始まったとき、クレオンブロトスは騎兵隊を隊列の正面に配置した。エパメイノンダスも同様の布陣をとって対抗した。スパルタの騎兵隊は、数で若干まさっていたけれども、経験と訓練の点ではテーバイの騎兵隊におよばなかった。スパルタの密集軍が一二列の戦闘隊形をとったのにたいして、エパメイノンダスはテーバイ軍を左翼（スパルタ軍右翼のスパルタ市民兵の向かい側）に「五〇列に楯を重ねた」陣形で配置し、装甲歩兵の戦法に比類のない貢献をした。エパメイノンダスによると、その狙いは「蛇の頭を打ち砕き」、スパルタ軍の最良の部分を破ることにあった。テーバイ人は伝統的に他のギリシア人より奥行きのある陣形で戦ってきたが、クセノフォンは断定的に言うのを避けているものの、エパメイノンダスが特にこの戦いに備えて、わざと左翼を手厚くしたとほのめかしている。「全線のうち国王がいるところで味方の優勢がはっきりすれば、その他の戦線でも戦いやすくなるだろうと、彼らは目算を立てていた[226]」。そういうわけで、エパメイノンダスの新機軸は二つの面からなっていた。すなわち、（プラタイアイの戦いでマルドニオスが行なったように）スパルタ軍右翼の真正面に対峙する自軍左翼に最良の部隊を集中したこと、およびそれを五〇列という厚い陣形に配置したことである。この陣形の先頭にはペロピダスの率いる神聖軍団が陣どり、テーバイ軍左翼の先陣を切って攻勢に出るべく態勢をととのえていた[227]。

一方、クレオンブロトスは、騎兵隊を牽制部隊として使うつもりでおり（このことから、彼がなぜ騎兵隊を両翼ではなく正面に配置したかがわかる）、ペロポネソス戦争の時代からスパルタ人が自家薬籠中のものとしていた側面攻撃作戦を実行し、自軍の右翼を率いてテーバイ軍左翼を襲おうと考えていた。

レウクトラの戦いでは、多くの点で作戦が齟齬をきたしたが、特にスパルタは不運につきまとわれたうえ、指揮官の誤りによってさらに手ひどい打撃を受けた（それにワインの影響もあったかもしれない）。クセノフォンが述べているごとく、「確かにスパルタ側にとってはあらゆることがうまくゆかず、運も含めて何から何までテーバイ側に味方した[228]」のである。テーバイ軍は、密集した左翼を除くと士気が低く、もしスパルタ軍の中央と左翼がテーバイ軍の中央と右翼に戦いを挑んでいれば、間違いなくテーバイの同盟軍を戦場から駆逐することができたろう。エパメイノンダスはその点を心得ていて、しかるべく計略をめぐらしていた。クレオンブロトスは、かたくななまでに敵の計画を無視した。テーバイ側の中央の弱点に気づいていなかったのかもしれないが、エパメイノンダスの決断力もさることながら、クレオンブロトスは自身のおかした作戦の誤りから本来なら中央と左翼で達成できたはずの勝利をかちとることができなくなったのである。

戦闘が始まると、クレオンブロトスは牽制部隊の騎兵隊の背後でスパルタ兵を率いて右翼にまわり、側面攻撃作戦に移った。エパメイノンダスは、クレオンブロトスが予想もしなかったほどの果敢な反撃を見せた。テーバイ軍の騎兵隊はただちに突撃に移ってスパルタ軍の騎兵隊を敗北させ、スパルタ陣営内に追い返した。このため、スパルタの作戦は破綻をきたし、混乱におちいった。テーバイ騎兵隊による束の間の突撃よりもさらに重要だったと思われるのは、テーバイ軍左翼に密集した重装歩兵が神聖軍団に導かれて騎兵隊のすぐあとにつづき、急速歩で斜め方向に突撃して散開したスパルタ軍右翼を襲ったことである。どうしたわけか、スパルタ軍の中央と左翼は前進してくるテーバイ軍の縦隊にたいして攻撃しようとせず、またテーバイ軍の中央と右翼を襲おうともしなかった。両軍は一翼で激突した以外には戦いを交えなかったので、勝敗を決めたのはその一翼での戦闘だった（地図参照）。

クレオンブロトスが複雑な作戦を展開しているところへ騎兵隊が退却してきたり、突如としてテーバイ軍の歩兵隊が突撃してきたりしたため、スパルタ軍の右翼は混乱におちいったが、それでも潰走するには至らなかった。このような状況におかれながら、なお戦いつづけるのに必要な規律と訓練を備えていたのはスパルタ人だけであり、その精神力と不屈の意志には驚嘆せざるをえない。プルタルコスはペロピダス伝の中でこう述べている。

> しかし、ペロピダスは、クレオンブロトスが隊列を散開させる前に、三〇〇人の精鋭を率いてすばやく攻め寄せ、部隊を密集させて混乱状態のスパルタ軍を襲撃した。しかし、スパルタ人は軍人として最も熟練し経験を積んだ国民であり、何にもましてどんな状況の変化にあたっても、混乱におちいらないように自らを鍛え、習慣づけようとするのがつねだった。そして、どんな指揮官の命令にも従って……秩序正しい隊形を守り、いかなる危険がせまっている場所でも戦うことを辞さなかった。[229]

普通なら、軍隊が混乱におちいったとき、兵士たちを編制し直して隊列をととのえるのはきわめて困難である。とりわけ、敵の砲火を浴びたり、敵と激突して交戦中の場合はそうだ。こうして戦闘は激化したが、クレオンブロトスが致命的とわかる傷を負って倒れた

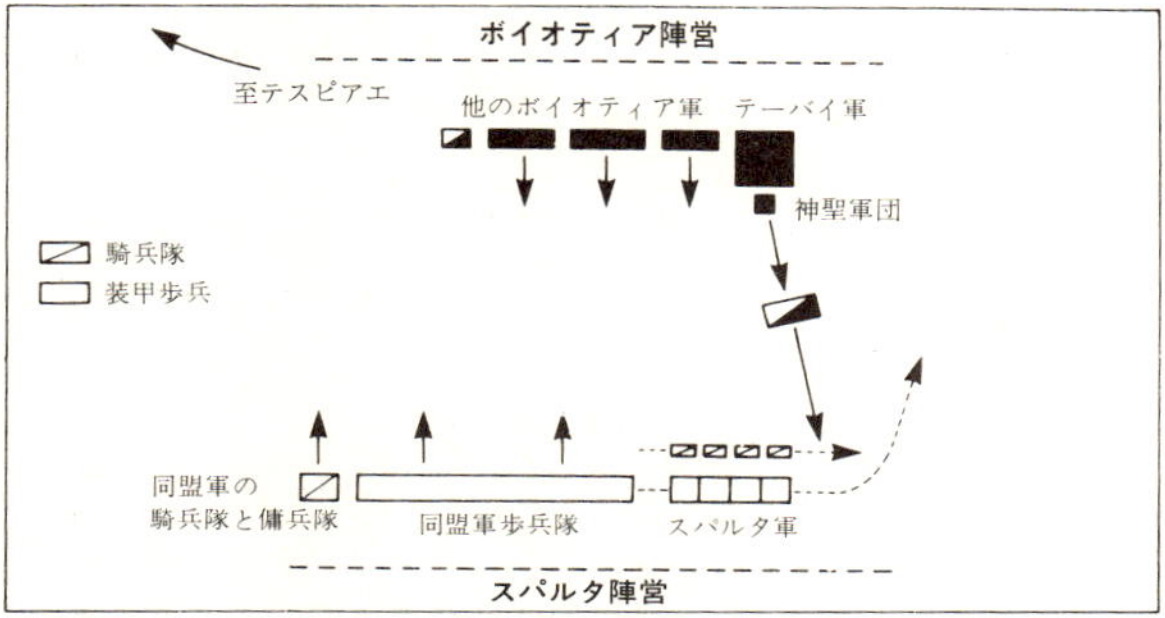

レウクトラの戦い（前371年）

あと、スパルタ兵が彼を戦場から運びだせたのだから、スパルタ軍はなおしばらくのあいだ苛烈な攻勢を持ちこたえたわけだと、クセノフォンが指摘しているのは確かに正しい。しかし、エパメイノンダスが最後の一押しによって敵を粉砕しようと、自軍の重装備部隊に「もう一歩前進」するよう命じると、スパルタ勢は駆逐され、自軍の宿営地まで退却した。そして、この戦いに出陣したスパルタ市民兵の半分以上が戦死していた。

政治的に見て、レウクトラの戦いはギリシアの戦争としてはアイゴスポタモイ以来最も決定的な意味をもつ戦闘であった。この戦いの結果、スパルタの覇権は打破され、短期間とはいえテーバイの支配が確立された。新兵器がすでに威力を発揮していた時代なのに、この戦いの帰趨を決めたのが小楯兵や散兵よりもむしろ装甲歩兵であったという事実は、ギリシア人の戦法の保守性を物語る例としてしばしば引きあいに出される。ギリシア人の戦法が旧態依然として容易に変化の兆しを見せなかったことは前に見たとおりだが、前四世紀になると伝統的な装甲歩兵の戦術にも新たな進歩の跡が見られる点に着目しておくことは重要である。レウクトラの戦いの発端では、騎兵隊が重要な役割を果たしたけれども、のちのアレクサンドロス軍に見られる古典的な「槌と鉄床《かなとこ》」戦法のように、歩兵隊との密接な連携のもとに騎兵隊が使われることはまだなかった。さらに見逃せないのは、歩兵隊の機動性が重視されるようになったことである。ペルシアとの戦争を経てギリシアに軽装備部隊が登場したことから、より柔軟な戦術が編みだされるに至ったのだ。まわり道をし側面から近づいて攻撃をしかける作戦がとられたり、重装歩兵を頻繁に急速歩で移動させるようになったこと、また戦場で複雑な機動作戦をめまぐるしく展開したり、騎兵隊を牽制部隊として使ったり、ときには陣形を隠すのに地形を利用したりしたこと、さらに戦闘の決定的瞬間に投入するための予備戦力を採用したことを見ると、軍事革命が重装歩兵に一定の影響をおよぼしつつあったことは明らかである。ギリシア人が依然として重装歩兵を信頼しながらも統合軍の戦術を試みるようになると、正面から直接、全線にわたって突撃をかける戦法は時代おくれになってしまった。

一〇年ほどのちの前三六二年に、スパルタ人とテーバイ人はペロポネソス半島のマンティネイアで再び激突した。そのときには、ペロピダスはすでにこの世にいなかった。エパメイノンダスはこの戦いでも、かつてレウクトラで用いたのと本質的に同じ戦術によって前回同様の勝利を得たのだから、この戦闘について詳論する必要はない。テーバイ軍左翼の重装備部隊は、またしてもスパルタ軍右翼を圧倒したが、エパメイノンダスはかさにかかって敵を追跡しているあいだに槍を受けて傷つき、倒れた(230)。エパメイノンダスによる重装歩兵の使い方は、戦術的に見て革新的であったし、スパルタの装甲歩兵密集軍を破ったことから、伝統的な密集軍によってスパルタ軍を破った唯一の将軍として絶大な名声を得たのだが、古代ギリシアの軍事史上に占める彼の地位は、これまで過大評価されてきた。フィリッポスは若い頃、人質としてこの重大な時期のテーバイで暮らしていて、エパメイノンダスとペロピダスから戦闘の技術を学んだという話がしばしば聞かれる。いかにも、フィリッポスはテーバイから多くを学んだが、本書でやがて見るように、フィリッポスの用兵術はエパメイノンダスよりもクセノフォン、イフィクラテス、カブリアスの見解に負うところが大きかった。実のところ、ギリシア世界で装甲歩兵の密集軍と大きな戦争をたたかった偉大な将軍は、エパメイノンダスをもって最後とすることになったのである。前三六二年には、ギリシア人はまだそのことを知らなかったが、軍事革命の結果として装甲歩兵の命運がつきたことに間もなく気づくのである。

弩砲と攻囲戦

前四世紀のギリシアで見られた戦闘技術の進歩は、大部分ペルシアとの接触の結果もたらされたものであり、一部はギリシア本土に固有の要素もあったが、革新をもたらしたもう一つの源は西ギリシア世界、とりわけシュラクサイである。そこでは、前四〇六年から三六七年にかけての時期に、ディオニュシオス一世がシチリアの支配をめぐってカルタゴを相手に何度となく戦争を繰り返していた。この戦いのあいだに、ディオニュシオスは、疑いもなく古代近東に負うところの多い軍事制度を持つ敵との対決から、シュラクサイ軍を再編制している。そして、彼が口火を切った軍事制度の改革はエーゲ海地方全体に広まったのである。

ディオニュシオスが戦争にたいし唯一にして最大の貢献をしたのは、前三九九年のことである。この年、彼はシチリア全土とイタリア、ギリシア、カルタゴから熟練工をシュラクサイに呼び集め、武器をつくらせた。ディオニュシオスは職人たちに充分な報酬を払い、彼らを援助して市のいたるところに作業場を建てさせた。そうした作業場の一つで、ある無名の軍事技術者が弩砲《どほう》を発明したのである。(231) 前四世紀に東地中海地方全域に普及した最初の弩砲は、ねじれのない単純な仕掛けで「腹弓《ガストラフェテス》」と呼ばれた。この機械的装置は引き金を腹部で支えるようになっているので、射手は片腕で引けるどんな弓より強力な複合弓を引くのに両腕を使うことができた。その射程距離は不明だが、かりに二五〇ヤードにすぎなかったとしても、古代の弓の最大有効射程にくらべ約二五パーセントも増しており、おそらく命中率も向上したであろう。これによる射撃の正確度と有効距離の向上は劇的だった。この装置に巻き揚げ機と土台が取りつけられ、機械の力で引っ張る仕掛けが与えられると、腹部を傷つけることもなくなり、投石器として使えるほど強力なものになった。こうした機械は、まだ「腹弓」と呼ばれていたが、前三五〇年頃につくられたものは、最大有効射程距離およそ三〇〇ヤードで、楯を射ぬくほどの威力があった（弩砲《カタパルト》という言葉は「楯を射ぬくもの」を意味する）。この機械が自在継ぎ手つきの土台に据えつけられれば、どの方向にも向きを変えられ、射撃の角度を調節することも可能だった。

前三七〇年頃にはギリシア本土の、少なくともスパルタとアテナイでは弩砲が使われていた。シュラクサイからディオニュシオスが船で送ったものである。前三五〇年にはテッサリアとマケドニアに、前三四〇年にはビザンティウムに弩砲が出現する。アレクサンドロスが前三三四年にペルシア領小アジアのハリカルナッソスを、次いで前三三二年にフェニキアのテュロスを攻囲したとき、両市の防衛軍は弩砲でマケドニア軍を攻撃し、マケドニア側も弩砲で応酬した。こうして、前三九九年からアレクサンドロスがペルシアに侵入する前三三四年までの時期には、弩砲がギリシアおよびペルシアにおける一般的な兵器に

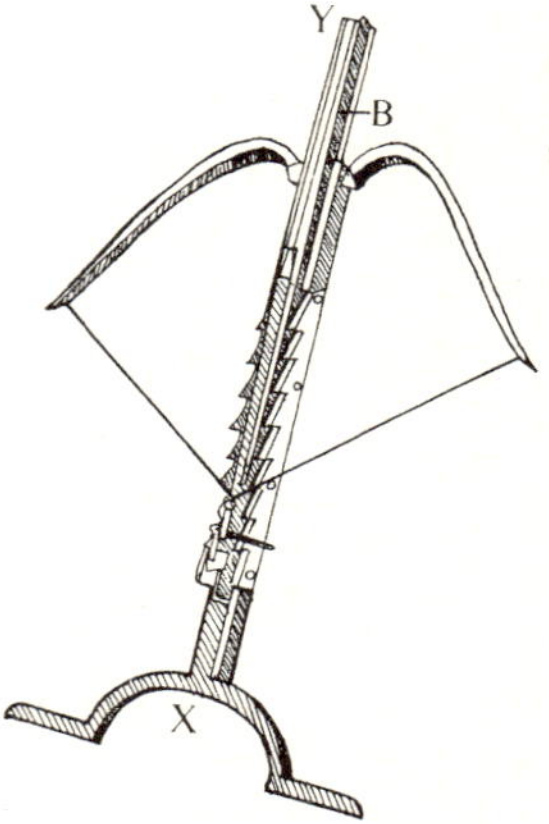

「腹弓」——発射の体勢で身構えるとき、腹部にあてがうところから、その名がある——は、最古の弩砲であった。射手は、腹部でXに寄りかかり、Yを地面につけて、Bのすべり金を力いっぱい手前に引いたのである。

なっていたのである。

もっと精巧な仕組みのねじれ弩砲がマケドニアで発明されたのは、たぶん前三五三年から三四一年にかけてのことだったろう。[232]前三五四年にテッサリアで軍事作戦を展開していたフィリッポスは、「腹弓」を使いこなす敵軍の砲兵によって撃退されたが、前三四〇年にペリントスとビザンティウムを包囲したときには、ねじれ弩砲を配備していた。それがマケドニアの軍事技術者によって発明されたものであることはほぼ間違いない。ねじれ弩砲は、複合弓に取って代わった。この機械に使われているねじればねは、たいてい動物の腱か馬の毛ないし人間の髪でつくられ、木製の台枠に取りつけられていた。腱または髪をよりあわせるのには鉄製のレバーが使われたので、ねじれ弩砲は「腹弓」よりはるかに強力だった。大きさにはほとんど限界がなく、巨大なものになると最高で重さ五〇ポンドの石を飛ばせるものまであった。弩砲を科学的に正確な寸法比率にもとづいてつくるための前提となるさまざまの口径測定法が考えだされたのは、アレクサンドロス以降のへレニズム時代になってからだが、前四世紀に試行錯誤を重ねながら弩砲がつくられた結果、飛び道具《ファイア・アーム》の製造技術に目ざましい進歩がもたらされたのである。

前四世紀の戦闘では、弩砲はしばしば野砲として使われた。疑いもなく、そのような形で弩砲が使われたのは、前三五四年にテッサリアでフィリッポスを攻めるのに用いられたのが最初である。アレクサンドロスは、即位して間もない前三三五年、イリュリアのペリウム付近の戦闘で窮地を脱したとき、川を渡って撤退するにあたって、もっぱら弩砲を使って後方を防衛したのである。このときの作戦について、アリアヌスはこう記している。「王自身が先に立って渡河し、川の土手に砲を据えて、弾丸の種類を選ばず、飛距離が長く敵に届くものなら何でも発射するよう命令した。王の軍隊の後衛をつとめる兵士たちに敵が激しく肉薄しつつあるのが見えたからである[233]」

弩砲は野砲として配備しても有効だったし、アレクサンドロスがそうした使い方をした例としては、もう一つアジアのヤクサルテス川での戦いがあるのだが、弩砲が最高の機能を発揮したのは攻囲戦で攻防両用の飛び道具として使われた場合である。前四世紀になって、ギリシア人はようやく攻囲戦の技術で古代近東に追いついた。それは、軍事革命でも重要な部分を占めており、ギリシア人は弩砲の発明によって古代の戦闘におけるこの複雑な部門に独自の貢献をなしたのである。ギリシアの軍事史上、初めて高度な攻囲戦を実行したのは、これもまたシュラクサイのディオニュシオス一世である。それがカルタゴ人と

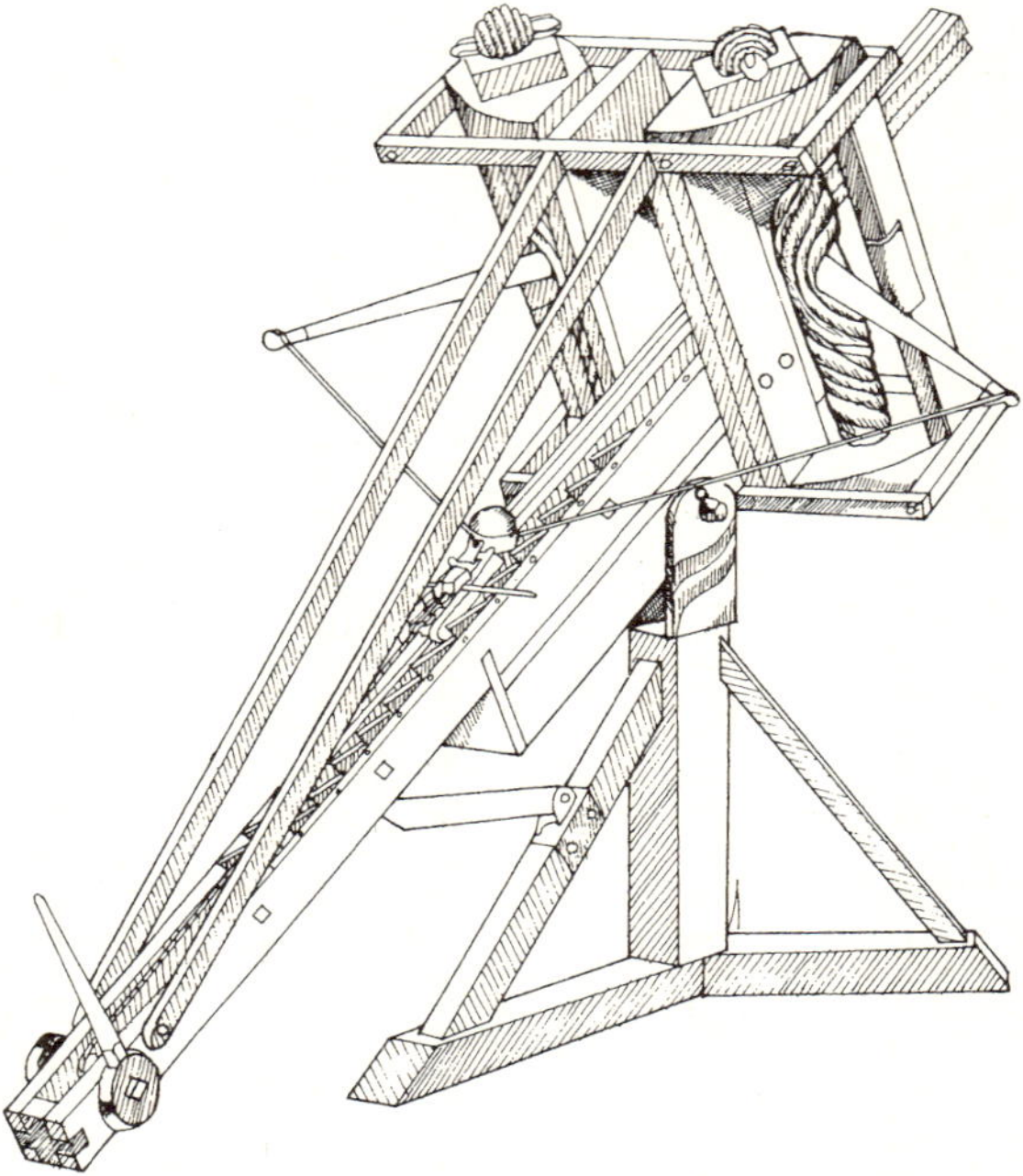

アレクサンドロスが使ったねじれ弩砲の威力は、人間あるいは動物の髪や腱をより合わせたもので強化したばねによっていた。最大級の弩砲は、重さ50ポンドの石を、かなりの精度で約300ヤード先まで飛ばすことができた。

の戦いであったことは意味深い。ずっと以前に、W・W・ターンが言及しているように、古代近東の影響がまず西方のカルタゴやシチリアへ伝わり、そこから逆にギリシア本土へ渡ったのは皮肉な事実である。「アッシリア人が知っていたことは、シチリアやフェニキアでも知られており、そうしてカルタゴに伝えられた。だから前四〇〇年までは、カルタゴ人のほうが攻囲戦についてはギリシア人よりくわしかったのである」[234]。前四〇〇年以前のギリシアの攻囲戦は、単なる封鎖にすぎず、ときにはシュラクサイでアテナイの遠征軍が試みたような複雑な戦法もとられたが、装甲歩兵が要塞都市を強襲しても、とうていこれを奪取することはできなかった。

そうした状況は、前四世紀初めになると変わりはじめた。すなわち、前三九七年、ディオニュシオスが古代近東の攻城塔や破城槌といった新機軸を採用したのである。モティアはシチリアの西端から一マイル足らず離れた島で、全島が要塞となっていた。そこには突堤ないし土手道と人工の道路が海中に建設され、モティアとシチリア本島を連絡していたが、ディオニュシオスが接近したとき、カルタゴ人はこの道路を破壊した。ディオニュシオスはもっと幅の広い道路を新たに建設し、要塞守備軍を駆逐するため、弩砲を装備した六層の車輪つきの塔をつくった。シュラクサイ軍はモティアの城壁まで達し、破城槌を用いて強引に市内に侵入した[235]。その後、ディオニュシオスは何度も攻囲戦を試みて成功し、攻囲戦の技術は徐々にギリシア世界全体に広まりはじめた。前四世紀前半には、主に旧来の装甲歩兵中心の戦法がギリシア人の戦略思想にひきつづき強い影響を与えていたことから、攻囲戦はギリシア本土ではあまり行なわれなかったが、ギリシア人が城壁内にこもって安閑としていられなくなる時代がすぐそこまで近づいていたのである。これにたいし、弩砲は城壁内からの反撃用に配備しても効果的であり、前三四〇年にフィリッポスが弩砲と一〇〇フィート以上の攻城塔および破城槌によってペリントスを包囲したとき、ペリントス人はビザンティウムから弩砲を手に入れ、アテナイやペルシアからの援助も得て反撃にでて、フィリッポスに攻囲をあきらめさせている(236)。

このように、要塞基地にたいする攻撃能力が進歩すると、それにともなって防衛能力も向上した。これは前述した軍事上の技術革新がおちいるディレンマ、すなわち「攻撃と防御の創造的循環」の一例である。しかし、攻囲戦に限界のあることが立証されたにしても、とにかくギリシアおよびマケドニアの戦争における戦略の幅が攻囲戦によって大きく広ったのは確かである。こうした変化のあらわれは、前四世紀のアテナイにも見られ、前三三八年にカイロネイアの戦いでフィリッポスに敗れるまでの総合戦略にその影響の一端がうかがわれる。

最近、ある傑出した若い学者が明らかにしたように、前四世紀のアテナイ人はペロポネソス戦争の結果、制海権を失い、経済的にも前五世紀の帝国はなやかなりし頃にくらべるとすっかり弱体化していたので、アッティカの北部および西部国境沿いの入り組んだ要塞網にもとづく国境防衛体制の整備に全力を集中していた[237]。そして、新たな軽装備部隊を活用するとともに、小楯兵戦法を磨く訓練と飛翔兵器の使用に重点を置いたのである。アテナイの要塞にはこうした軽装備部隊が配置された。その意図は、アテナイとのあいだを結ぶ新設ないし改良された軍用道路を通ってアテナイの主力軍が送りこまれるまでのあいだ、アッティカの辺境で侵入者を食い止めることにあった。国境を守る砦としての新しい「アッティカ要塞」は複雑をきわめた軍事構築物であり、弩砲を使えるように隙間や窓が設けられていた。こうした予防的防衛網が初めてアッティカ辺境沿いに展開されたのは、前三八〇年代および前三七〇年代であり、その態勢は前三四〇年代まで維持された。フィリッポスの攻囲戦法がきわめて手のこんだものになり、マケドニア軍があまりにも強大化したため、国境の要塞をもってしてもその進撃を妨げることはできないと悟るにおよんで、やっとアテナイ人は辺境防衛網を放棄した。そこで、前三三八年にテーバイと同盟を結び、アッティカの境界を越えてカイロネイアの野でフィリッポスを迎え撃ったが、アテナイとテーバイの連合軍は敗れ去った。

ギリシア人の戦闘方法は、前四世紀前半の軍事革命期を通じて技術的にも概念的にも、きわめて徹底的かつ急速に変化したので、将軍たちも国家自体も事態の進展についていけなかった。装甲歩兵精神は根強く残っていたし、この時期の最も決定的な二つの戦闘であるレウクトラおよびマンティネイアの戦いは装甲歩兵軍同士で戦われたが、スパルタ人もエパメイノンダスも新しく登場した軽装備部隊の機動力に富む戦闘方法をある程度借用した戦術を用いたのである。この時期の終わりには――はっきり言えば前三五九年にフィリッポスがマケドニアの王位についたときには――完全な統合軍を展開するのに欠かせない要素がすべてととのっていた。必要なのは、そうした要素を統合できる人物だったが、フィリッポスこそその人だったのである。

フィリッポスとマケドニア軍

前三三四年にアレクサンドロスの指揮のもとにアジアへ侵入した軍隊については多くのことが知られている。けれども、その組織および装備に関する若干の問題点は、これまでしばしば論争の的となってきた。[238] アレクサンドロスの軍隊は、父フィリッポス二世によって創設されたものと歴史家たちが考えているのは正しいし、フィリッポスの治世（前三五九年―三三六年）におけるマケドニア軍について言及した文献も現代では多少出てきている。しかし、この軍隊の完全な記録としては、アレクサンドロスの指揮による軍事作戦の詳細を述べた文献に依拠してきた。息子が導入した新機軸をフィリッポスの功績に帰するという時代錯誤におちいる可能性もなしとはしないが、アレクサンドロスの軍隊をつくりあげたのがフィリッポスだということはまず間違いないと言ってよい。

マケドニアの軍隊は、ギリシアおよび古代近東の戦闘方法の最良の要素の融合を象徴する統合軍であった。フィリッポスがどの程度ペルシアから直接の影響を受けたかは謎として残るだろうが、前四世紀初めの軍事革命による技術革新や、クセノフォンやイフィクラテスやカブリアスのようないずれも明らかにペルシアの戦闘方法から影響を受けた将軍たちを通じて古代近東がマケドニア軍におよぼした間接的な影響は強いのである。一方、ギリシア人もまたこの融合に多少は寄与するところがあった。ギリシアの重装歩兵は、ペルシアのそれよりはるかに優秀であったし、昔から変わらない訓練や規律、闘争精神の点でも、ギリシア人のほうが厳しく激しかった。

騎兵隊

マケドニア軍の最強の戦力は騎兵隊であった。マケドニアでは騎兵隊がつねに重要な役割を果たしたが、南方のギリシア諸国家のように装甲歩兵密集軍が主力戦闘部隊として採用されることは決してなかった。マケドニア国王は馬に乗らずに戦うこともあったが、すぐれた騎馬戦士であり、選り抜きの騎兵隊が王の朋友（ヘタイロイ）として組織された。ヘタイロイは、胴甲（胸当てないし鎖帷子《かたびら》）をつけ、散兵としてよりも突撃隊として戦った。彼らは貴族で、若い頃から馬に乗っていたので、乗馬術にはすぐれていた。フィリッポス時代については確かな証拠となる記録がわずかしかないけれども、前三三四年のアレクサンドロス軍についてわかっていることにもとづいて言えば、ヘタイロイ騎兵隊は一四ないし一五大隊に編制され、各大隊は約二〇〇人で、総勢は二五〇〇から三〇〇〇人ぐらいだった。各大隊にはそれぞれの指揮官がおり、その一つの国王大隊（兵力は三〇〇人だったかもしれない）を国王が指揮したのである。マケドニアの騎兵大隊は楔形隊形をとって戦い、槍騎兵はミズキの木でできた長槍《サリッサ》を持ち、必要なときに使えるように長くて湾曲した剣を身につけていた。楔形隊形は、特に騎兵隊が敵の隊形の間隙をついて中央突破するのに適していたので、マケドニアの騎兵隊が側面攻撃作戦に投入されることは決してなかった。騎兵用の長槍は、長さ九フィート、重さ四・二ポンドで、この重さならいざというときに投げることもできた。実を言えば、この長槍は長さも重さもナポレオン時代の槍と同じくらいだったのだが、マケドニアの槍は両端に鉄製の穂先がついていた。その全長を三対五の比率で分けるところ（おおまかに言えば手の前方が五・五フィート、後方が三・五フィート）を握ったので、槍の後部は密集した歩兵を突くのに使えたし、先端が折れたら後部の穂先を前にして敵を突くことができた。古代の騎兵は鐙《あぶみ》をつけていなかったけれども、マケドニアの騎兵隊の長槍のひと突き――落馬しないように、騎兵は突き刺す直前、ないし突き刺した瞬間に手をはなした――は、敵に致命的な傷を負わせる威力があった。ある専門家はこう書いている。

穂先が一つしかない槍でもたいへんな威力があるのだから、後部にもう一つの穂先を持つマケドニアの槍は後世につくられたどんな槍よりまさっていたと思われる。穂先が一つしかない槍でも使いこなすにはたいへんな技術が必要なのだから、攻撃範囲がもっと広く多様な戦法を会得していた——そのためにはより高度な技術と訓練が必要だった——ヘレニズム期の槍騎兵は、後代のいかなる槍部隊よりもすぐれていたとも思われる。ヘレニズム期の騎兵が鐙をつけていなかったのに、実戦でナポレオン時代の騎兵に少しも劣らない働きを示したらしいことを考えると、その技術と偉業には真に驚異的なものがあるように思われる。この二つの穂先を持つ騎兵用の長槍が結局、穂先の一つしかない槍に取って代わられて姿を消した理由は、実のところそれを実戦で効果的に使いこなす戦士を養成し、戦場に送りこむにはきわめて高度の訓練が必要であり、したがって費用がかさんだことにあったかもしれない(239)。

フィリッポスは、ヘタイロイ騎兵隊のほかに、トラキア人、偵察兵（たぶんマケドニア人であったろうが、ヘタイロイには属していなかったらしい）、パイオニア人を使っていた。こうした騎兵大隊のうち五大隊、言いかえれば合計一〇〇〇頭の馬がアレクサンドロスに従ってアジアに遠征したのである。これらの大隊は軽装騎兵として槍よりむしろ投げ槍で武装していたらしく（偵察兵は別として）、全軍の先がけとして偵察や前衛戦の戦力として使われた。このほかテッサリア人からなる重装騎兵があって、カイロネイアの戦いではフィリッポスの側に立って戦った。彼らは武器として槍——ひょっとするとマケドニア騎兵隊の長槍ほど重くなかったかもしれない——をたずさえ、伝統的にダイヤモンド形陣形をしいて戦った。この陣形をとると、楔形に劣らないほどの規模と重量感が得られ、左右に最も広く展開した場合の幅では若干上まわった。

マケドニア密集軍

戦術面でフィリッポスの功績とされる唯一最大の革新は、有名なマケドニア密集軍を組織したことである。フィリッポス以前のマケドニアの軍事力は騎兵隊に依存していたが、新王フィリッポスは前三五九年に即位するや、ただちにマケドニアの歩兵隊を改編し、その活力をよみがえらせた。一つには、人質としてテーバイにいたときにエパメイノンダスのもとで学んだことから刺激を受けたものであり、また戦闘の条件が変わりつつあることに漠然と気づいたこともきっかけとなったのである。フィリッポスは、歩兵隊を一六列の密集方陣として編制し、新兵器の両手用の長い矛、すなわち長さ約一三フィート（時代が進むとともにもっと長くなった）の歩兵用長槍《サリッサ》で全兵士を武装した。[240] それはミズキの木でできていて二つの部分からなり、鉄製の金具で接合され、重さは約一二ポンドあった。前列の兵士は、脛当てと兜と金属製の胴甲をつけ、直径およそ二フィートの楯を持っていた。

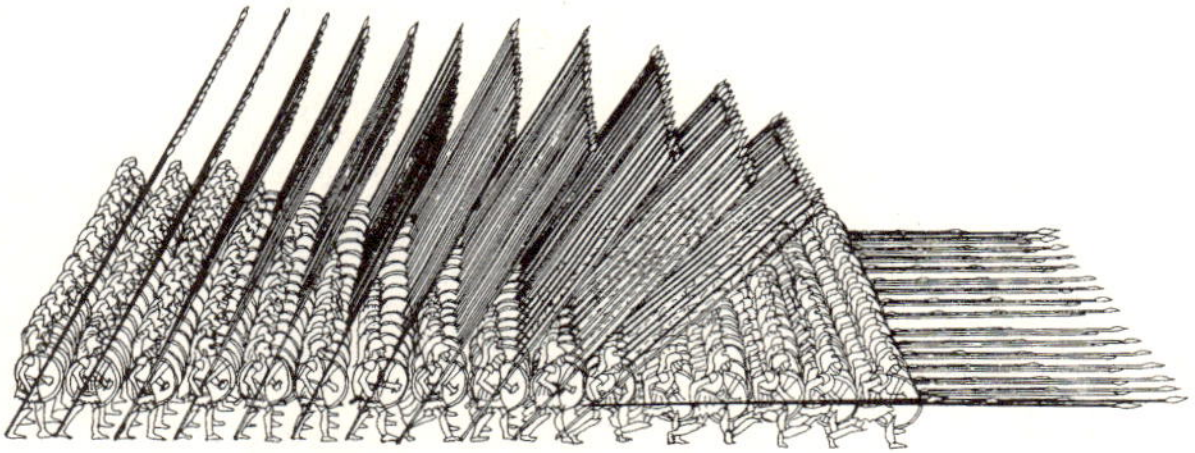

マケドニア密集軍。ここに描かれているのは、256人から成るシンタグマの戦闘隊形である。

後方の兵士はもっと軽装備だったようである。マケドニア密集軍が戦闘に備えて矛を下げたとき、第五列の兵士の矛先が最前列の兵士より前に突き出た。

マケドニア密集軍の兵士は、装甲歩兵の場合より多少おたがいの間隔を広くとっていた。矛を使うには両手が必要だったし、隣の兵士の楯で身を守るのはもはや不可能だったからである。マケドニア密集軍はギリシアの装甲歩兵密集軍よりさらに重装備であり、機動性にも乏しかったが、もっと特殊な戦術的任務を与えられていた。装甲歩兵とはちがって、マケドニア密集軍の兵士たちはふつう独力で戦闘に勝つ必要はなかった。敵を寄せつけない重装備部隊の陣形として、彼らに課せられた任務は敵を迎え撃ち、その隊列を釘づけにすることにあった。そのあいだにマケドニア騎兵隊と軽装歩兵が敵軍の間隙をついて突入したり、側面や後衛を攻撃したのである。マケドニア密集軍が鉄床《かなとこ》となり、敵軍は包囲した騎兵隊という槌によって、この鉄床に向かって追いやられ、戦闘のさなかに壊滅的な打撃を受

けたのである。(241)

マケドニア密集軍は、その威信を高めるため、「歩兵ヘタイロイ(ペゼタイロイ)」と称されるようになり、縦横一六列の正方形の隊形をとった。最前列の兵士はそれぞれの縦列の兵士たちの指揮官となった。二五六人からなるこの方陣はシンタグマと呼ばれ、全部で六つのシンタグマ、言いかえれば一五〇〇人を少し上まわる人数で歩兵大隊を形成して戦った。フィリッポス時代のマケドニア陸軍には、一二の歩兵大隊があった。

フィリッポスは、密集軍が弧を描くようにくるりと向きを変え、どの方角にも対面できるように徹底的に鍛え上げた。縦列のうしろの八人を右または左へ移動させ、前に進ませることによって、フィリッポスは意のままに密集軍の正面の幅を倍に広げることができたし、逆にアレクサンドロスがガウガメラの戦いでペルシア軍の戦車の突撃を受けたときにしたように、隊列を割って間隙をつくりだすこともできた。また、三〇〇〇人の重装歩兵からなる精鋭軍団ヒュパスピスタイもあって、これは通常、右翼の騎兵隊と密集軍のあいだに配置され、正規の密集軍兵士にくらべるとやや装備が軽く、機動性にまさっていた。マケドニア密集軍の兵士が戦況に応じて密集軍が本来とらない陣形をしき、いつもとちがう武器を使って戦えるように教育を受けていたことは明らかである。アレクサンドロスの指揮のもと、密集軍は攻囲戦や山岳戦に動員されたが、密集軍の陣形はこうした戦闘には向かなかったであろう。

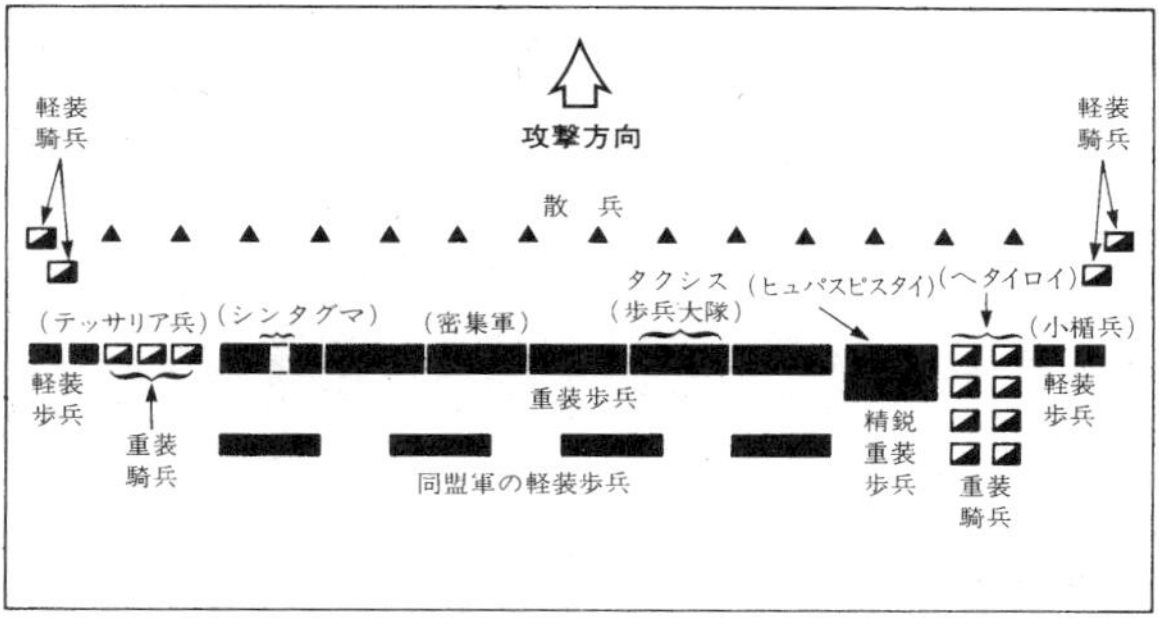

フィリッポスおよびアレクサンドロス時代のマケドニアの戦闘隊形

小楯兵と散兵

フィリッポスおよびアレクサンドロス時代のマケドニア軍は、軽装歩兵（あるいは小楯兵）と散兵をも効果的に使った。小楯兵は散兵と軽装歩兵の役割を兼ねることができた。この二種類の兵士のちがいは、散兵が敵と接近戦を交えたり、敵の攻撃にたいし踏みとどまって戦ったりすることはなかったという点にある。散兵は主に弓兵と投石兵であった。その任務は緒戦に敵の士気をくじいたり、混乱させたりするため、長距離兵器を用いて攻撃を加えることであり、また行軍中の敵の縦隊や輜重《しちょう》隊を襲撃することであった。馬に乗った弓兵は、騎馬散兵の役割を果たすことができた。軽装歩兵は普通、槍としても使える投げ槍で武装し、時には散兵として特に装甲歩兵を相手に中距離兵器の投げ槍を駆使して戦うこともあったが、横隊を組んで騎兵隊の攻撃を持ちこたえたり、厄介な山岳地帯の戦いで装甲歩兵とわたりあったりもした。軽装歩兵は、騎兵隊が敵の戦列の間隙をついて突撃するときの援軍として役立つことも少なくなかった。機動性にすぐれていて、敵の陣形の乱れに乗じ、すばやく騎兵隊の背後から攻めこむことができたからである。さらに軽装歩兵は、とりわけ騎兵隊と連携して敵を追跡する場合に力を発揮した。軽装歩兵と散兵がピュロスの戦いやイフィクラテスの指揮下で戦果をあげたことは、すでに見たとおりである。マケドニア軍にあって、彼らは攻囲戦でもかなりの役割を果たした。ペルシア軍はつねに軽装歩兵と散兵を効果的に使ってきた。それがギリシア人の戦闘でも採用されるようになったのは、間違いなく近東の大敵と戦った経験によるものである。アテナイが前五世紀初めに弓兵の軍団を設けたのは、ペルシアとの戦闘経験の直接の結果であり、投石兵が広く用いられるようになったのも同じ理由によることは疑問の余地がない。確かに、ギリシア世界にも昔から弓兵や投石兵はいたが、装甲歩兵に信をおく諸国家はペルシアがその有効性を証明するまで彼らを眼中におかなかったのである。

ギリシアの歴史家の中には、小楯兵はトラキア人がギリシアの戦闘に持ちこみ、のちにマケドニア人が取り入れたと信じる者もいるが、この見解はたぶん間違いであろう(242)。小楯兵がトラキア生まれの戦士であり、前四世紀には小楯兵の多くが実際にトラキア人傭兵であったのも事実だが、クセノフォンのような著作家は一般に小楯兵という言葉を軽装歩兵の意味で使っており、ギリシアで小楯兵が使われるのをうながす刺激を与えたのがペルシアだったのは明らかである。トラキア人はペルシア戦争ではペルシア人と肩を並べて積極的にギリシア人と戦ったし、ペルシア領小アジアでは小楯兵は少しも珍しくなかった。イフィクラテスはエジプト遠征のとき、装甲歩兵の持つ槍よりはるかに長い槍を小楯兵に持たせた。一五年後、フィリッポスはマケドニア密集軍兵士に長槍《サリッサ》を与えたとき、ギリシアおよびマケドニアの戦闘に古代近東の間接的な影響をきざみつけたと言えよう。もっとも、この場合の新機軸は、新兵器を軽装歩兵の手から重装歩兵の手に移したことにあった。

いずれにしても、意識してかそうでないかはともかく、ギリシアと古代近東の軍事的伝統の最良の要素を結びつけたのはフィリッポスであった。フィリッポスの軍隊は完全に統合されていたうえ、一つの点でペルシアよりはるかにすぐれていた。重装歩兵はギリシア人が昔からずばぬけた強みを発揮してきた部門であり、ペルシア軍部隊を寄せつけなかったのである。

訓練、諜報および兵站

すでに見たように、イフィクラテスは、軍隊に厳格な訓練をほどこし、戦闘のないときでも休まずに鍛えたことで評判になった。イフィクラテスが眠っている歩哨を殺し、ただ一言「私は彼を最初に見つけたときのままにしておいたのだ(243)」と言ったという話がある。

フィリッポスが戦闘方法の進歩に寄与した点の一つは、新しい統合軍にたいし、一貫した日常的教練にもとづく職業軍人にふさわしい厳格な軍規を課したことである。即位して間もなく、フィリッポスは「一連の集会で［軍隊を前に］熱弁をふるい、感動的な演説で彼らを激励し、その勇気をかきたてた。さらに、戦闘隊形を改善し、兵士たちに適切な武器を装備させ、武器を身につけたうえでの軍事教練をしばしば行なったり、肉体的強健さを競う競技会を開いたりした」とされている。それどころか、フィリッポスは、普通は近代戦の特別奇襲隊のために行なわれるような訓練を自軍に課した。また、ある意味では、マケドニア軍全体が突撃部隊と散兵を擁する大規模な特別奇襲隊であったと言えるが、この点を強調しすぎてはならない(244)。

フィリッポスは、この軍隊を展開するための一助として、ギリシアの戦争史上で初めて系統立った諜報部隊を組織した。前五世紀のギリシア諸国家は諜報活動に関心を持ち、政治的に、あるいは戦略的ないし戦術的に微妙な性質をもつ情報を手にいれるために手をつくした。その模様を伝える面白い話がいろいろ残っているが、当時のギリシアで組織的な諜報網を備えていた国は一つもない(245)。古典期ギリシアでは情報、ことに戦術に関する情報の系統的な収集および分析は、おそらく古代エジプトやアッシリアで発達したほど高度な段階には進んでいなかったのであろう。ペルシア人がこの古代近東のスパイ行為の伝統を踏まえ、それに改良を加えたことにはまったく疑問の余地がない。前五世紀のヘロドトスおよび前四世紀のクセノフォンは「国王の目」、すなわち帝国の内外で起こっている出来事を掌握する国王の能力に驚嘆した。前五世紀のスパルタ人は「自国の領土外の出来事に無知でありすぎる」、つまり一般的に情報不足であるとして非難されたくらいだから、組織的な諜報機関を持っていなかったのは言うまでもない。

これとは逆に、フィリッポスは、諜報および防諜機関を活用したことで有名である。ギリシア人はそれにたいして一般に、道義的に許せないとして憤りを隠さなかった――スパイ、策略、欺瞞は、「勇士」にふさわしくない行為だったのである。すでに見たとおり、ポリュビオスによれば、諜報機関を使ったフィリッポスの戦法は公明正大な昔の戦争といちじるしい対照をなしていた。この対照は、ことによると強調されすぎているかもしれない。初期のギリシア人は、実際に同じような術策にたよったことがあるからである。しかし、フィリッポスが諜報戦略を組織化した結果、それがエーゲ海地方の戦争にいつも見られる特徴となったのは間違いない事実である。

フィリッポスとアレクサンドロスがペルシア領小アジアへの侵入をくわだてたとき、いくつかの問題に関する戦略的情報がたやすく彼らの手に入っていた。二人ともヘロドトスやクセノフォンの著作のようなペルシアについての情報を伝える文学作品に広く親しんでおり、ペルシア帝国で活動している商人、旅行者や外交官の報告、アゲシラオスやキュロスをはじめとする将軍たちに従ってペルシアで戦った傭兵たちの話にも通じていた。それに加えて、マケドニアの宮廷には亡命してきた元ペルシアの高官が何人かいて、フィリッポスに多くの有益な情報をもたらしたはずである。

この程度のことでは、フィリッポスの諜報活動が初期および同時代のギリシア諸国家のそれと大きく異なっていたと言えるかどうか疑問だが、活動の規模は桁はずれだった。フィリッポスが最も重要な貢献をしたのは、戦術に関する諜報と防諜の分野である。ある学者が言っているように、「われわれがよりどころとするきわめて少ない記録からしても、アレクサンドロスが前もって情報を入手しなければ決して重要な戦術的決定を下さなかったのは明らかである」。別の専門家はこう書いている。「クセノフォン以前の文献で、行軍中の軍隊とともに偵察兵が使われたことを示すものはない(246)」。しかし、フィリッポスは騎馬偵察隊を編制して軍隊の先導をつとめさせ、行軍のルートや敵の動きについての情報を中継させた。フィリッポス軍の偵察兵は戦闘が始まると隊列にも加わったのでまだ完全に専門化された戦術的諜報部隊ではなかったが、アレクサンドロスがアジアでこうした偵察兵を使ったのを見れば、偵察兵が重要な意味を持っていたことがわかる。

フィリッポスは敵を欺くため、積極的に、あるいは必要に迫られて対敵諜報手段を使ったことでも有名である。あるとき、彼は一つの目的地へ進軍するよう偽の命令を発しておいて、実際には軍隊を率いて別の場所へ向かった。アレクサンドロスは部下を自分に似せて変装させ、野営地にとどまらせておき、自分は部隊の一部を率いて川を渡り、上流方面へ進んだことがある。同様に重要なのは、計画の秘密を保つために手をつくしたことであり、マケドニアには戦略と戦術に関する重要会議に出席できる人の数を厳しく制限する制度があった。また、敵に情報がもれるのを防ぐため、衛兵を配置した。

しかし、ここで留意しておかなければならないのは、フィリッポスとアレクサンドロスの時代には、マケドニアの諜報組織はまだ生まれて日が浅く、ペルシアの組織のほうがすぐれていたと思われることだ。ペルシア王ダレイオス三世はいつもアレクサンドロスの動きを知っており、あるときはアレクサンドロスの不意をつき、全ペルシア軍を率いてイッソスへ攻めこんだ。そして、アレクサンドロスを後方部隊から分断したのである。アレクサンドロスはペルシアの奥深くに進軍し、特に北東イランとインドへ侵入したとき、いままでより有能な諜報部隊を急ごしらえで編制しなければならなかった。それでも、彼はインドを去るとき、モンスーンのことを何も知らなかった。モンスーンのために彼の船隊の出発が数カ月遅れる羽目になったのである。

兵站の分野でギリシア人が遅れていたことは広く知られるところだが、フィリッポスは古代近東の兵站組織を取り入れ、それを自軍に応用した。その結果、真に革命的な変化が起こり、陸路で大軍をすばやく移動させ、ほとんど距離を問わずどこまででも行軍できるようになった。マケドニアの兵站に関する最近の研究書の中で、ある著者はフィリッポスの改革によってマケドニア軍がペルシアの軍隊とはまったく異なる軍隊になったと主張している。その根拠は、フィリッポスが自分の軍隊に装備はすべて各自が運ぶように求め、荷車の使用をすっかりやめてしまったことである。(247) この主張は、ローマの著作家フロンティヌスの作品中の次のくだりにもとづいている。

フィリッポスは、初めて軍隊を組織したとき、誰にも車を使うことを許さなかった。騎兵にはおのおの一人の付人を持つことを許した。歩兵隊には一〇人につき召使を一人だけ認め、しかもその任務までひき臼と縄を運ぶことと規定していた。軍隊が夏季用営舎に向けて進発するとき、フィリッポスは兵士一人一人に三〇日分の小麦粉を背負って運ぶよう命じた。(248)

しかしここでの問題点は、フィリッポスが荷車の使用をやめたことではない。実のところ、フィリッポスもアレクサンドロスも攻城砲列をしいたり、傷病者を運んだり、天幕や戦利品や薪のような重い器具および物資、そしてときにはおそらく食糧を運ぶのにも、ペルシア人と同じくやはり役畜に引かせた荷車を使っていたのである。(249) フィリッポスの改革の効果は、さしあたり細かいことを度外視すれば、マケドニア軍が一日平均一五マイルの速さで行軍できるようになったことである。五日ないし七日に一日休む——それは人間のためだけでなく動物のためにも必要なことだった——とすれば、特別に難しい地形でないかぎり、全体を通してみた平均行軍速度は一日およそ一三マイルだったことになる。ほんの四、五日という短いあいだなら一日平均一五マイルに歩調を速めることもできただろう。こうした数字は、四万から五万人の軍隊の場合である。より小規模な軍隊なら、もっと速く移動できるし、軍用行李を運ぶ輜重隊を従えていない騎兵ないし軽装歩兵の特殊軍団なら最高で一日四〇マイルないし五〇マイル行軍できる。

一九世紀に鉄道が整備されるまでは、かなり規模の大きい軍隊で右にあげた平均速度を凌駕するのは容易でなかった。軍隊の規模の大小は、想像以上に重要なのである。六万五〇〇〇の軍隊が一〇列の縦隊を組み、五列に並ぶ騎兵六〇〇〇とともに進軍すると、縦隊の長さは一六マイル半におよぶはずである。縦隊の先頭の兵士は最後尾の兵士が動きはじめるより少なくとも二時間前に出発し、最後尾の兵士は先行隊員から数時間遅れて宿営地に到着するのである。一日の行軍中に生ずる停止状態が問題となる。だからこそ、マケドニア軍の平均行軍速度には注目すべきものがあるのだ。

フィリッポスのやったことで最も重要なのは、従軍する召使の数を思いきって減らしたことである。そのために、兵士には各自の装備と食糧をできるだけ自分で運ぶよう要求した。装甲歩兵の諸国家では、軍隊はふつう装甲歩兵一人につき少なくとも一人の召使をともなって行軍し、召使は装甲歩兵の武器と食糧を運んだのである。スパルタ市民兵は遠征にあたって、ときには各自七人もの召使をつれていった。あいにく召使にも食糧が必要だったので、二万の装甲歩兵軍に必要な食糧は三万五〇〇〇のマケドニア軍の場合と変わりないくらいだった。おまけに、装甲歩兵軍は行軍速度がずっと遅かった。そこで、別の状況に移して考えてみると、装甲歩兵軍の一日の行軍距離を一〇マイルとすれば、三〇日間の遠征ののちに、三万五〇〇〇のマケドニア軍は、二万の装甲歩兵軍が三〇〇マイル足らず進むのに要したのと同じだけの食糧で四〇〇マイル離れた目標地点を攻撃できるわけである。三万五〇〇〇の兵士の射撃力は、二万のそれにくらべ圧倒的にまさっており、射程距離も三割上まわっていたことからして、フィリッポスがペルシアの兵站技術を導入したことによるギリシアの戦争への影響は弩砲の発明がもたらした衝撃より大きかったことがうかがわれるのである。

兵站技術と行軍速度はたがいに関連があるので、フィリッポスは、軍隊を迅速に進軍させることによって兵站部の質を高めた。これをフィリッポスが意識的に行なったのは、ポリュアイノスの述べていることから見て、明らかである。

フィリッポスは、マケドニア兵を実戦に先だっていつも運動に慣れさせておくために、武器をたずさえたうえ兜をかぶり、楯を持ち、脛当てをつけ、槍を備え、さらに日用の道具のみならず食糧をも運びながら、しばしば三〇〇スタディア〔ペルシアの距離単位では一〇パラサンゲス、すなわち約三七マイル〕も行軍させた。[250]

実戦でこのように迅速に行軍すれば、軍用行李を運ぶ輜重隊は当然遅れるが、結局は追いつくものである。輜重隊は、必要ならば軍隊の行軍に歩調を合わせて進むこともできたのだ。だが、そのためには、次々と新手の役畜を使わなければならなかった。[251] こうしたことを、ペルシア人は完全に心得ていた。キュロス軍のメソポタミアへの進撃は迅速であり、すぐれた兵站組織に支えられていたのである。キュロス軍と行をともにしたギリシアの装甲歩兵は、兵站技術についていままで知らなかった多くのことを学んだ。クセノフォンの『アナバシス』の最も顕著な特色の一つは、行軍距離およびそれに要した時間にこまかい注意が払われていることである。

ペルシアの兵站技術の起源をたどれば、アッシリア時代はもちろんのこと、おそらくもっと以前の時期にまでさかのぼるだろう。一部の歴史家は、前五世紀初めのペルシア戦争の時期におけるペルシアの兵站組織をあまり高く評価せず、ペルシア軍の移動が緩慢だったことを示唆している。アレクサンドロス軍の基準からすれば確かにそのとおりだった。しかし、その軍隊の規模の大きさを考慮に入れれば、クセルクセス軍がアテナイまで攻めこんだのは信じられないような壮挙だったのである。J・K・アンダーソンが述べているように、「前四八〇年にペルシア軍がギリシアへ侵入したときのよりどころとなった複雑な一連の基地に匹敵するものを築きえたギリシア国家は、いまだかつてなかった[252]」のである。

このことは、フィリッポスやアレクサンドロスの時代になってもおそらく変わりがなかったであろう。しかし、彼らが新たに導入したのは、護送隊や補給所の制度ではなく、もっと迅速な小キュロスの兵站組織だった。とはいえ、マケドニア国外の全行軍ルートにわたって実際に物資供給態勢を整備するのはまだ難しかった。行軍中の軍隊は、いくつかの集団に分かれて移動できたし、またよくあったことだが、先発隊が先を急いで進み、食糧を徴発することもできた。逆境におかれた場合、フィリッポスとアレクサンドロスは兵士の一日分の食糧の割り当てを減らしたが、兵士たちはこうした困苦欠乏に耐えられるよう訓練されていたのである。つまるところ、迅速に移動できることが、兵站面から見て一つの強みだった——食糧が欠乏しても、時を移さず遠くまで足を運んで新しい供給源を見つけることができたからである。

フィリッポスの新しい兵站組織の大きな利点を充分に理解するためには、ナポレオンの兵站組織と比較すればよい。デヴィッド・チャンドラーが名著『ナポレオンの遠征』(一九六六年)の中で述べているように、両者のあいだにはいちじるしい類似が見られる。

行軍中のフランス軍は、略奪、強姦、放火を別にして、一つの顕著な特色によって広く知られていた。すなわち移動の速さである。オーストリアや神聖ローマ帝国の軍隊は、この点ではるかに鈍重であり、とてもフランス軍の敵ではなかった。その理由の一つは、兵站組織による後方支援についての考え方が大きく異なっていたことにある。フランス軍はたいていの場合、必要にせまられて行軍中に食糧を調達し、「戦争の費用は戦争でまかなった」が、それによって少なくとも遅れがちな食糧輸送隊のために悩まされずにすんだし、あらかじめ武器や食糧をたくわえたうえで戦うというわずらわしさからも解放された。彼らは三日以上の食糧を持ち運ぶことは決してなかった。これに反して、オーストリア軍はまる九日分の食糧を荷馬車に積んで行軍するのがつねだった。指揮に誤りがなければ、フランス軍が動きの緩慢な敵を戦略的にも戦術的にも圧倒しえたことは、さほど異とするにはあたらない[253]。

チャンドラーは、別の箇所で、この兵站組織を「ナポレオンの電撃戦《ブリッツクリーク》の核心[254]」と評している。フィリッポスとアレクサンドロスは本質的に同じ方法を用いて(そしてカエサルも慎重さに欠けるところがあったとはいえ、その範にならった)、ギリシア世界の戦争に電撃戦を導入したのである。すでに見たとおり、トゥトメス三世やサルゴン二世は速さの戦略的ならびに戦術的重要性を知っていた。キュロス大王がこのことを『アナバシス』の小キュロス以上によく心得ていたことは疑いないが、ギリシア人にとっては、それは目新しい革命的な現象だった。フィリッポスが創設した新しい型の軍隊、統合軍の与えた衝撃を具体的に説明するには、フィリッポスの不倶戴天の敵であったアナテイの雄弁家にして政治家、デモステネスの言葉を引用するのが一番である。

戦争の技術ほど革命的な進歩をとげたものはないと思う。なんとなれば、私の知るかぎり、昔は夏の「あいだ」に重装歩兵と市民徴募兵により敵の領土を侵略し、荒廃させて再び帰国するには、ラケダイモン（スパルタ）人といえども、ご多分にもれず四カ月ないし五カ月を要したものである。彼らは頭が古かったのか、それとも善良すぎたのか、どんな相手であれ決して金で買収しようとはせず、正々堂々と戦ったのである……これにたいし、聞くところによれば、フィリッポスは破竹の勢いで進軍するが、それは彼の率いる軍隊が重装歩兵の密集軍だからではなく、散兵、騎兵、弓兵、傭兵などの部隊をも擁しているからである。こうした戦力に依拠して、フィリッポスは内紛で分裂状態にある国を攻め、敵が相互不信から誰一人祖国防衛に立ち上がらないのを見きわめてから、砲兵隊を動員して包囲攻撃をかけるのである。フィリッポスにとっては、夏だろうと冬だろうと関係はなく、軍事行動の不可能な季節などないことは改めて言うまでもなかろう。(256)

伝統的な戦闘方法を名誉と切りはなせないものと信じる軍人からみると、戦闘方法の変化はときとして腹にすえかねることがあるものだ。機関銃や飛行機や潜水艦は、二〇世紀初めの多くの軍人にとって特にいとわしいものだったらしい。一九〇〇年に、イギリスの海軍少将でヴィクトリア十字勲章を受けたこともあり、当時、第三海軍本部武官委員と海軍統制官をつとめていたウィルソンは、潜水艦を「陰険な」戦争手段と呼び、「いまわしい非英国的兵器(256)」と決めつけた。第一次世界大戦のソンムの戦いで、イギリスの将軍たちは無謀にも一群の勇敢な兵士たちをドイツ軍の機関銃部隊に向かって突進させ、あたら多くの若い生命を犠牲にしたのである。社会が戦闘方法の革命的変化を受け入れるにはどうしても時間がかかるのであり、前四世紀のギリシア人はその新しい非ギリシア的戦闘方法のもたらした緊張状態がどのようなものであったかを示している。

第六章　アレクサンドロス大王と近代戦の起源

大軍の指揮官として、アレクサンドロス大王の手腕はあまりにも傑出しており、それを表現するには最高級の賛辞をもってしても足りないように思われる。彼は短い一生のあいだに生ける伝説となっており、多年にわたり、軍事上の分析に用いられる通常の語彙ではその生活を記述するのにほとんど役に立たなかった。西欧世界で崇拝の的となった将軍はアレクサンドロス一人ではない――ハンニバル、カエサル、ナポレオンおよびリーはそうした尋常ならざる高い地位を獲得している――が、礼賛の対象として、アレクサンドロスはひときわぬきんでた存在なのである。カエサルもナポレオンも、アレクサンドロスの神秘的な魅力の虜《とりこ》となった。今日でも学校の生徒たちが驚きの目を見張りつつアレクサンドロスがインドのパンジャブに達するまでの困難な道のりをあとづけているが、カエサルとナポレオンの熱中ぶりもそれと少しも変わりなかった。そして、二人とも、アレクサンドロスの不屈の精神、体当たり的な進撃でアジア遊牧民の群れを突破する超人的とも見える能力に驚嘆したのである。ペルシアの騎兵もインドの恐ろしい象も、偉大な事業と栄光を目指すアレクサンドロスの堂々たる前進を阻止することはできなかった[257]。

歴史家は往々にして、このように傑出した人物を攻撃の対象とすることに魅力を感じるものである。「現実の」エイブラハム・リンカンやウィンストン・チャーチルはことによると、かならずしもすべての点で大衆のあいだに流布している神話の中のリンカンやチャーチルほど高潔な人物ではなかったかもしれない。したがって、アレクサンドロスのような超人でさえ、少なくとも国王および帝国建設者として果たした役割の点では、近代の歴史家の手で常人並みにおとしめられたのは驚くにあたらないのである。けれども、将軍としてのアレクサンドロスの才略についてはほとんど評価が下がっていない。たしかに、アレクサンドロスがアジア侵入に際して指揮した軍隊が彼自身の創設したものでないことは歴史家たちが指摘してきたところであり、中にはその点を強調する向きもあった。その軍隊をつくり上げたのは父親のフィリッポスであり、アレクサンドロスはフィリッポスの指導のもとに用兵術について多くを学んだのである。しかし、アレクサンドロスは実戦においては真に稀有の霊感に満ちた指揮官であり、戦略と戦術にたいする考え方は、それまでギリシアとマケドニアの世界に現われたいかなる指揮官とくらべても飛躍的に進んでいた。将軍としてのアレクサンドロスは、おそらく他に並ぶもののない存在であり、合理主義的な歴史家でさえも手放しで礼賛してやまない英雄なのである。

しかし、アレクサンドロスは将軍としてその統率力の基礎がまったくとらえどころのないものになってしまうほど徹底して革新的な戦略を打ちだしたわけではないし、またその用兵術はその後の発展や精密化の余地がないほど時代に先んじていたわけでもない。本章では、アレクサンドロスの戦争への貢献——戦略と戦術が中心だが、それだけにはとどまらない——およびその貢献の背景と性質、そして彼の用兵術の限界に焦点を合わせ、もってその貢献のすべてを歴史的展望の中に位置づけるための一助としたい。

フィリッポスは、ペルシアの大軍にくらべると規模こそ小さいけれども、戦術的にもっとまとまりのある統合軍を創設した。アレクサンドロスがこの軍隊を用いて戦った実戦の記録を見ると、彼もなおある程度まではギリシアの装甲歩兵戦時代の子であったことがわかる。グラニコスおよびヒュダスペスにおける重要な騎兵戦で、アレクサンドロスは本能のおもむくままに真っ向から突撃し、敵と交戦したが、それは昔日の装甲歩兵密集軍が激突しあったのとまったく同じだった。とはいえ、そうした戦闘においてさえ、アレクサンドロスは騎兵隊の突撃に歩兵隊の援軍をつけることを忘れず、統合軍の利点を生かしたのである。イッソスおよびガウガメラにおけるペルシア王ダレイオス三世との大戦闘で、アレクサンドロスはまぎれもない槌と鉄床《かなとこ》戦法を用い、騎兵隊によってペルシア軍の戦列を突破し、さらに方向を転じて敵軍歩兵隊の後衛を襲った[258]。それだけでなく、アレクサンドロスは、とりわけ前三三二年のテュロスの戦いで、ギリシア・マケドニア世界で新たに編み出された攻囲戦法をすっかり身につけていることを立証したのである。

戦略家としてのアレクサンドロス

前三三六年、フィリッポスが暗殺されたため、アレクサンドロスはマケドニアの王位についた。弱冠二〇歳だったが、フィリッポスから帝王学をたたきこまれていたし、二年前、一八歳のときには、アテナイとテーバイの連合軍を向こうにまわしたカイロネイアの戦いでフィリッポス軍の左翼の指揮をまかされ、自ら先頭に立って突撃し、勝敗を決していたのである。(259) だからアレクサンドロスは、若くはあったけれども、まったく未経験だというわけでなかった。

カイロネイアの戦いのあと、フィリッポスはコリントス同盟を結んでギリシア諸国家（スパルタを除く）を統合し、自ら「指導者」すなわち「盟主」として君臨するとともに、イオニア地方のギリシア人をペルシアの支配から解放するため、ペルシアにたいする十字軍の結成を呼びかけた。ギリシア軍がペルシア帝国内での軍事作戦で成功を収めうることは、クナクサの野でギリシア人部隊がみごとに実証していたし、その後、前三九〇年代には、スパルタ王アゲシラオスが小アジアでの軍事的勝利の夢を思い描いた。ギリシア人はアジアの軍隊を打ち破るという夢を持ちつづけ、いまや組織的によくまとまって機動力に富んだフィリッポスの統合軍が小アジアへ突入する準備を完了していたのである。

遠征に出発する直前になってフィリッポスが暗殺されたため、計画は一時中止せざるをえなくなった。アレクサンドロスはさしあたって、若い君主の即位にともない必然的に誘発される反マケドニアの反乱を鎮圧することに全力を傾けた。だが、アレクサンドロスは時を移さず断固たる軍事作戦に打って出て、マケドニアの北方および西方の領土と南方のギリシア諸国家にたいする支配を立て直した。二年足らずのうちに、マケドニアの権力は再びゆるぎないものとなり、前三三四年に、アレクサンドロスはいつでもペルシアへの侵略を開始できる態勢をつくりあげた(260)。

現代の最もすぐれたアレクサンドロス学者の一人、W・W・ターンが次のように言っているのは確かに正しい。「アレクサンドロスがペルシアへ侵入した第一の理由は、ペルシアへの侵略をくわだてないなどということは考えられなかったからである。つまり、それは父から受け継いだ事業だったのだ(261)」。公式には、この戦争は汎ヘレニズム十字軍であり、前五世紀にクセルクセスが行なったギリシアへの侵略と小アジアのギリシア諸国家を隷属させてきたペルシアの圧制にたいする復讐行為であった。しかし、はっきりした戦略的任務と目的をつきとめるのはそれほど容易ではない。フィリッポスはおそらく、小アジアのギリシア諸都市を解放して若干の領土を奪取することしか考えていなかったであろう。後世の研究でわかったように、アレクサンドロスはある時点でダレイオス三世を倒し、ペルシア帝国の全領土を併合しようと決意していた。だが、遠征の当初、まだヨーロッパ内にとどまっていたときから、それほど遠い先のことまで見通していたかどうかは、なお疑問である。J・F・C・フラーによれば、「アレクサンドロスが最初からペルシア帝国全体を征服する意図を持っていたとはまったく考えられない」が、N・G・L・ハモンドが最近主張しているところでは、アレクサンドロスの当初からの目標は、それどころではなくもっと遠大なものであったという。[262]初めてアジアに足を踏み入れたとき、アレクサンドロスは地面に槍を投げつけて言い放った。「余は神からアジアを賜り、槍の力で自分のものにした」と。ハモンドによれば、アレクサンドロスは初めから全アジアの君主たらんとしたのであり、単なるペルシア王にとどまるつもりではなかった。的を射ているかどうかはともかく、私見を述べさせていただくなら、ヨーロッパをあとにしたとき、アレクサンドロスの念頭にあったのはペルシアの陸上および海上戦力を破壊することだったが、そのような偉業が政治的にどんな意味を持つかとなると、勝利によってマケドニアおよびギリシア内で得られる威信を別とすれば、自分でもまだよくわかっていなかったのだろうと思う。アレクサンドロスのイオニア遠征が一時的に成功したにしても、解放されたアジアにおけるギリシア人の自由は長つづきしなかった。ペルシアは制海権を保持し、大軍を投入して反撃に出る力も持っていたからである。

　アレクサンドロスの戦略計画は、小アジアのペルシア軍と戦場でまみえてこれを撃破し、

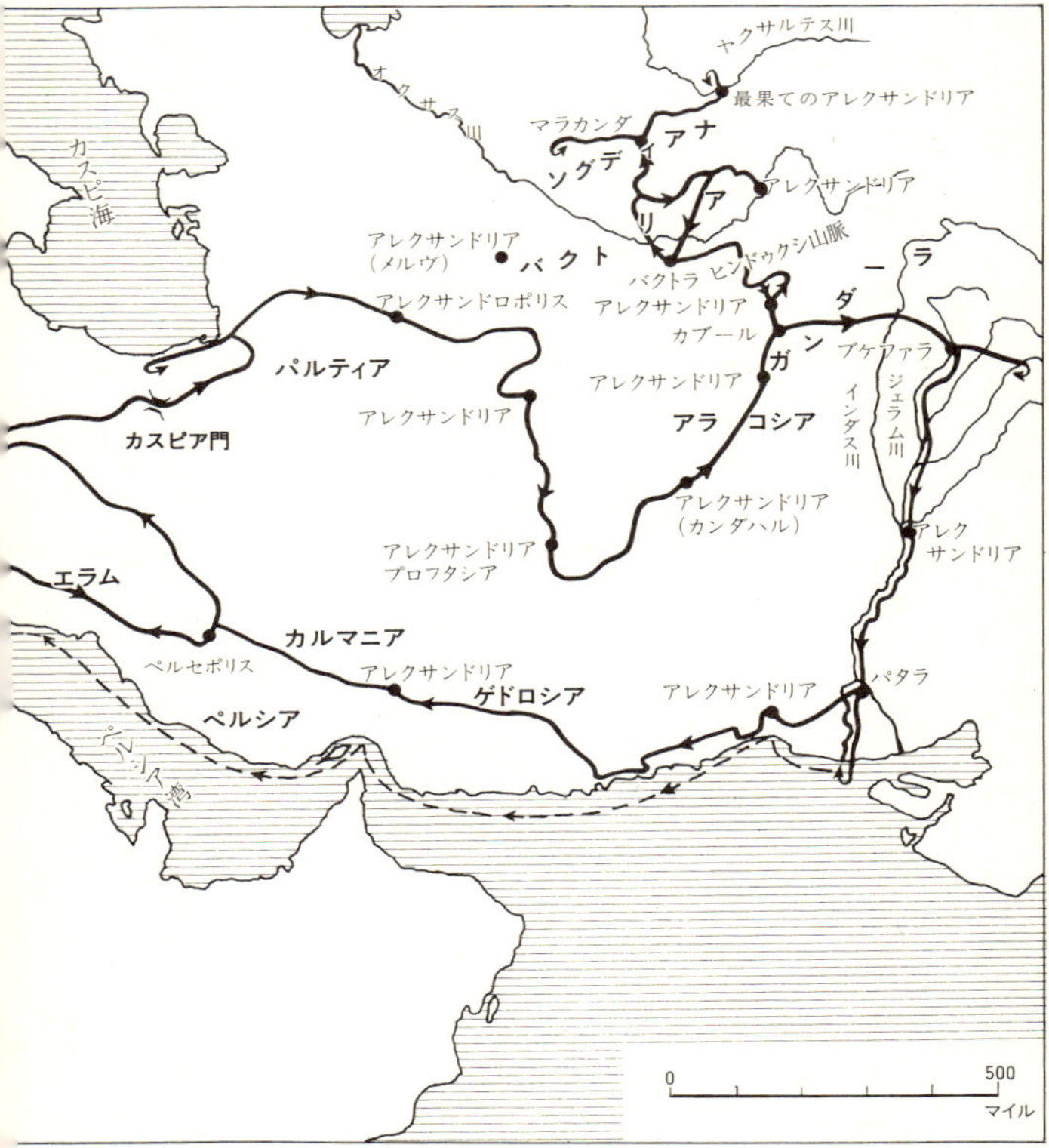

ヤクサルテス川
最果てのアレクサンドリア
オクサス川
マラカンダ
ソグディアナ
アレクサンドリア
カスピ海
バクトリア
アレクサンドリア
(メルヴ)
バクトラ
ヒンドゥクシ山脈
ガンダーラ
アレクサンドリア
カブール
アレクサンドロポリス
パルティア
ブケファラ
アレクサンドリア
アレクサンドリア
ジェラム川
インダス川
アラコシア
カスピア門
アレクサンドリア
(カンダハル)
アレクサンドリア
プロフタシア
アレク
サンドリア
エラム
カルマニア
ペルセポリス
アレクサンドリア
パタラ
ゲドロシア
アレクサンドリア
ペルシア
ペルシア湾
0
500
マイル

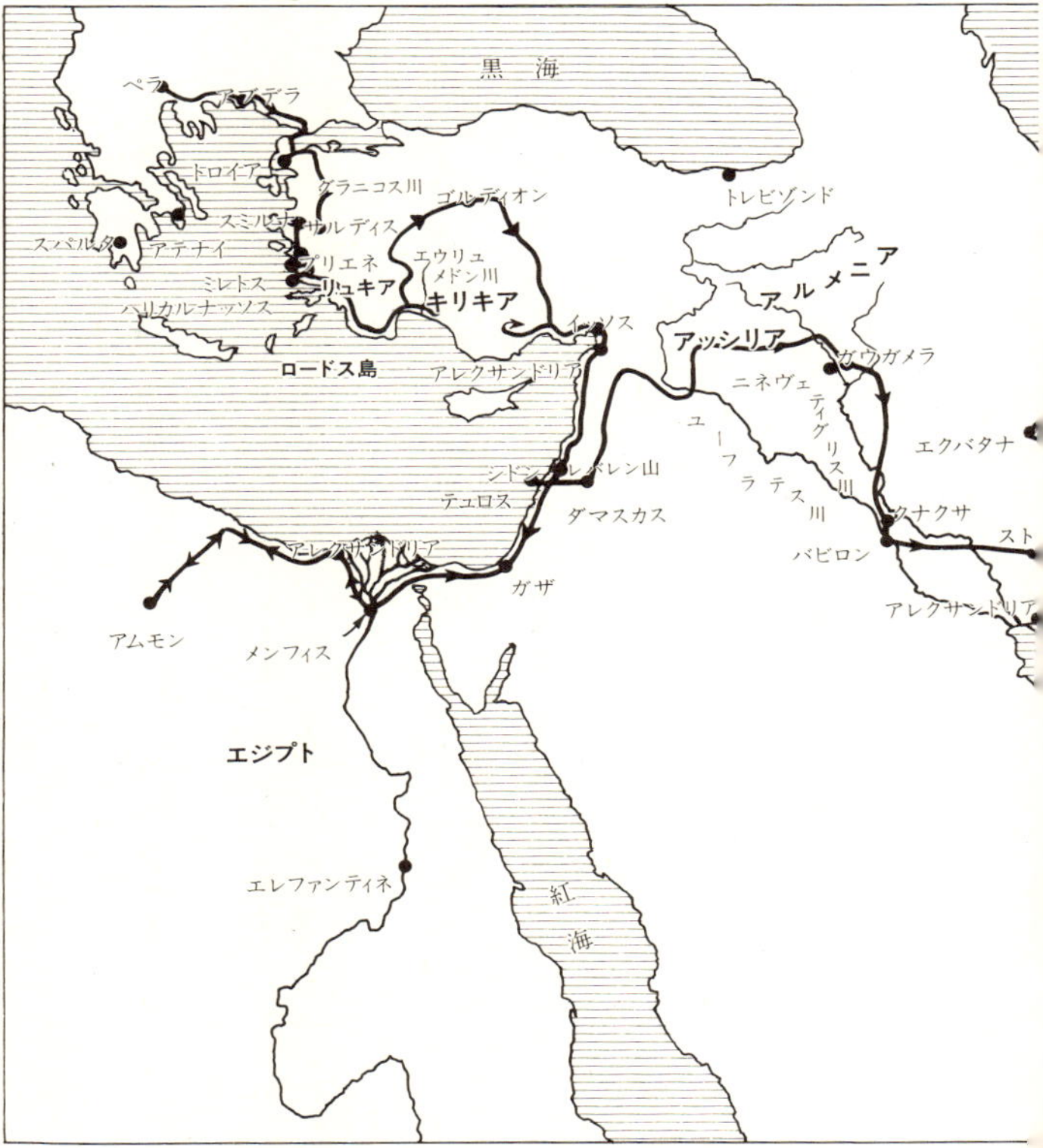

アレクサンドロスの帝国。アレクサンドロスの進路は実線で、
ネアルコスの航路は破線で示した。

さらにイオニアのギリシア諸都市を解放したあと、小アジア中央部を突破し、小アジア全域にたいする軍事的支配を打ち立てることにあった。海上では、アレクサンドロス軍はきわめて劣勢だった。彼の船隊がおよそ一八〇隻にすぎなかったのに対し、ペルシア船隊は約四〇〇隻を数えた。海戦でペルシア海軍を破ることは望めなかったので、アレクサンドロスは地中海東海岸を迂回してエジプトへ進軍し、沿岸の全基地を制圧することによって敵の船隊を無力化しようとした。そして、ペルシア帝国陸軍の主力部隊を追い求め、これを殲滅すべくメソポタミアへ突入するのである[263]。

この目的を達成するのに、アレクサンドロスは四年（前三三四年—三三一年）かけた。本章の後半では、ダレイオス三世をペルシアの王座から追放する結果をもたらした大戦闘（グラニコス、イッソス、テュロスおよびガウガメラの戦い）を詳細に検討しよう。前三三一年、ガウガメラでペルシア王に大勝したあと、アレクサンドロスはさらに三年を費やしてペルシア北東部の諸侯を相手につかみどころのないゲリラ戦を強いられたけれども、前三二七年になってようやくカイバル峠を越えてインドへ侵入する態勢がととのった。パンジャブでは、ヒュダスペス川の戦い（前三二六年）でインド王ポロスを破り、そのうえ地球の果てまで進みたいというロマンティックな思いにかられて、さらに先を急いだ。それを手のとどく目標だと信じて疑わなかったのである。しかし、結局、ガンジス川流域に至らないうちに、アレクサンドロスの軍隊はそれ以上一歩も進もうとしなくなった。近代になって行なわれたある推定によると、彼らがマケドニアを出てからインドへ入るまでにたどった道程はおよそ一万七〇〇〇マイルにおよんだ。遠く離れた異国の恐ろしい土地に来ていた兵士たちは安全な故国へ帰りたいというつに変わらぬ強い欲望に勝てなかったのである。

アレクサンドロスはしぶしぶ兵士たちの願いを聞き入れ、インダス川の下流に向かって進軍し、河口部で軍隊を二つに分けた。一方の部隊は特にそのためにつくられた船隊に乗りこんでネアルコス将軍とともに海路出発することになり、アレクサンドロスは別の一隊を率い、陸路をとってペルシア南部の荒野を進んだ。この帰路は遠征全体を通じて最も困難な行軍となった(264)。糧食の不足から、飢えと渇きのために多数の兵士が死んだ。ネアルコスも、モンスーンのため出航が数カ月遅れたうえ、帰りの船旅のあいだに同じような困難に遭遇した。陸海軍が合同作戦を展開する計画だったが、アレクサンドロスの情報機関が不可思議なモンスーンの襲来に気づかなかったことから、それも不可能になった。予定どおり海軍に先立ってインダス川をあとにしていたアレクサンドロスが、ネアルコスと連絡がとれなくなったこと（その理由はアレクサンドロスにはわからなかった）をはっきりと知るにおよんで、いまや両軍はそれぞれ別個にバビロンへ戻るため悪戦苦闘しなければならなくなった。だが、大変な数の死者を出しながらも、両軍はバビロンへの帰還に成功したのである。

前三二三年、バビロンとエジプトとのあいだに確固とした兵站線を築こうとして、バビロンをあとにしてアラビア半島周航に出る準備をしている最中、アレクサンドロスは病に倒れて死んだ。死んだとき、アレクサンドロスはまだ三三歳にもなっていなかったが、すでにアジアの支配者になっていた。アレクサンドロスは、ギリシアとマケドニアの影響力を古代近東の全域からインドへ広げることによって世界史の進路を変えたのである。彼の軍事的成功は途方もないものだったので、多くの人がその原因をこの偉大な指導者の神がかりの超人的な資質にあると見なした。アレクサンドロスは、進軍中、自分の神話を助長するような行動をとることをいとわなかった。戦争の技術の一つとしてのパブリック・リレーションズにおいて高度に洗練された感覚を備えた軍人は、マッカーサー元帥が最初ではなかったのである。

アレクサンドロスの戦略的構想のすばらしさについては、主要な戦闘を詳細に検討していくうちに多くの点が明らかになるだろうが、ここで戦略家としてのアレクサンドロスに向けられてきた重大な批判について論じておくのは不適当ではなかろう。要するに、アレクサンドロスは大胆すぎた。成功したにしても、道理をわきまえた軍略家には思いもよらぬことをくわだてたというのが批判の骨子である。この見解によると、アレクサンドロスは、いつも穏当な軍事計画にもとづいて動いていたわけではなく、ときとして夢のような構想から思い切った行動に走り、途方もない危険をおかしていた。彼が救われたのは、父フィリッポスが創設した軍隊の職業軍人としての訓練と精神がしっかりしていたからにほかならないというのである。

最近、ある歴史家は、古代の戦争技術に関する深い理解を示した本の中でフィリッポスのほうが戦略家として上だったと主張している。

> フィリッポスは、忍耐心があって自分の力の限界をわきまえていた……アレクサンドロスについてはそうは言えない……戦術家としてのアレクサンドロスがあまりにもすばらしかったので、後世の人びとは戦略家としての彼の能力がそれほどすぐれたものではなかったことに気づかなかったのである。再三にわたって彼を行動にかりたてた力は、非合理的な欲望《ポトス》であった。軍人という職業に欠かせないものは、合理的な計算である。フィリッポスにそれが欠けていたことを示すものは何もない。いかに戦うべきかの軍事的判断力の点で、フィリッポスは息子に劣らなかった。そもそも戦うべきか否かの政治的判断となると別個の問題だが、フィリッポスはそうした能力をも最高度に備えていた。息子のアレクサンドロスの場合はどうだったかと言えば、これは検討を要する問題である。[265]

フィリッポスがなお生きていて反ペルシア十字軍を指揮したとしても、インドまで軍を進めたと思えないことは確かに誰も否定できないだろうし、アレクサンドロスの指揮官としての才覚が現実離れした考えに触発されていたことを疑う人もいないだろう。いかにも、フィリッポスは特に戦略家としてアレクサンドロスより緻密な軍事理論の持ち主だったかもしれないが、冒険精神が独自の役割を果たす戦争においては、理論が実践に敗れることもありうるのである。世界の傑出した将軍たちはいつの場合も単なる軍事理論の専門家にはとどまらなかった。ウィリアム征服王がただの軍事理論家であったならば、一〇六六年九月末、追い風になるのを待って夏の半ばを過ごしたあげくに出帆したりはしなかったろう。九月末といえば、海峡を渡ってイギリスへの侵略を開始するにはまったく時機おくれだった。ナポレオンは明らかに世界最高の将軍の一人ではあったけれども、その戦略的構想はあまりにも非現実的だったかもしれない。だが、アレクサンドロスは夢のような考えにとりつかれてこそいたが、ワーテルローのような戦いをくわだてたりはしなかった。フィリッポスが戦略家として偉大だとしても、それは実績にもとづくというよりも可能性として考えられることにすぎない。なぜなら、フィリッポスはダレイオス三世との決戦まで生きていなかったからである。アレクサンドロスの全面的な成功は、軍事史上よく知られている事実を証明しているにすぎない。すなわち、最も卓越した将軍たちは軍事理論に通じてはいたが、それに縛られなかったということである。フィリッポスが新しい型の統合軍を創設したことは古代の戦争史上の大きな業績であったが、アレクサンドロスはその軍隊を使って父親が思いもよらなかった壮挙をくわだて、ついに輝かしい成功を収めたのである。戦争の技術において、アレクサンドロスはフィリッポスをはるかにしのいだのだ。

戦術家としてのアレクサンドロス

グラニコスの戦い

アレクサンドロスは、三万二〇〇〇の歩兵と五一〇〇の騎兵からなる軍隊を率いてヘレスポントスを渡り、アジアへ侵入したとき、前進基地を築くことに心をわずらわす必要がなかった。二年前、フィリッポスが臣下の将軍パルメニオンの指揮のもとに派遣した別の八〇〇〇人の歩兵隊が南方のエフェソスに至るまでの沿岸を制圧していたのである。ペルシアの宮廷内に混乱があり（ダレイオス三世は前三三六年に即位した）、マケドニア人はその隙をついて前進基地を築くことができた。傭兵隊司令官としてペルシアに仕えていたギリシア人、メムノンの指揮するペルシア軍が反撃に出て、パルメニオンはエフェソスから追われたけれども、アレクサンドロス軍は敵の妨害を受けずにヘレスポントスを渡った。海峡を渡ってから、アレクサンドロスは古都トロイアの遺跡を自ら訪れて、彼自身の遠縁の祖先に当たるといわれるアキレスの墓に花環を捧げた。

アレクサンドロスの当面の目的は、小アジアのペルシア軍と戦場で対決し、これを完膚なきまでに破ることだった。一八二隻の船隊（乗組員は三万六〇〇〇人）には非常に多くの費用がかかったし、総兵力四万五〇〇〇の陸軍にもその労苦に報いてそれ相当の給料を払わなければならなかったので、財政的には非常に苦しかった。アレクサンドロスは、ナポレオンと同じように戦争の費用は戦争でまかなう考えだったので、迅速に勝利を収めれば作戦も大いに楽に進められるわけである。

ダレイオスは、小アジアの太守がメムノンの協力を得て侵略の脅威に対処できると信じていたらしく、戦争の指揮を彼らにまかせた。ペルシアの将軍たちは、二万の騎兵と二万のギリシア人装甲歩兵傭兵隊を率いていたのだから、国王が自信を持っていたことにはそれなりの理由があったわけである。それでも、メムノンはマケドニアの歩兵隊のほうが自分の率いる部隊より強いことを知っていたので、会戦を避けるとともに、アレクサンドロスがこの土地から食糧を調達して軍隊を養うのを許さないように、焦土戦術をとるよう勧めた。メムノンの助言は確かに正しかったが、小アジアの六人の太守はそれを受け入れなかった。太守の一人で、問題になっている地域を治めていたアルシテスは、「自分の臣民の家を一軒といえども焼きすてることに同意するつもりはない」と言った。

その結果、アレクサンドロスの期待どおりにことが運んだ。小アジアの北西部を流れるグラニコス川の河畔で最初の戦闘が起こったのである。ヘレスポントスを渡ってから三日目だった。(266)ペルシア側は、流れが速くて比較的深いグラニコス川の土手の勾配が急なところに陣をしいていた。アレクサンドロスはわずか一万三〇〇〇の歩兵と五〇〇〇の騎兵を率いて前進した。その日の午後の斥候の報告によると、ペルシア側は前方の川沿いに二万の騎兵を布陣させていた。少し離れた背後の高台には、二万のギリシア人装甲歩兵が密集隊形をとって控えていた。ペルシア軍騎兵隊の戦列は全長およそ一マイル半におよんだ。アレクサンドロスは前進しながらすみやかに縦隊から戦闘隊形に展開し、歩兵隊の両翼に騎兵隊を配した。パルメニオンはマケドニア軍が川を渡って対岸に上陸するとき、隊列を維持するのは不可能ではないかと憂慮して、戦端を開くのを翌朝まで待つようアレクサンドロスに強く進言した。夜が明けたらすぐさまペルシア軍に奇襲をかけることもできるだろうというのだが、アレクサンドロスはあくまでもただちに戦いを交える意志を変えなかった。

アレクサンドロスは側面をつかれるのを避けようとして、ペルシア軍騎兵隊の横列に見合うよう自軍の小隊を広げた。そして、自軍の左半分をパルメニオンの指揮にゆだね、右半分を自ら指揮した。両軍は川をはさんで対峙し、アリアヌスの表現によればしばし「深い静けさ」の中で動きを止めたが、やがてアレクサンドロスが攻撃を開始した。この日の戦いのため特別に編制された騎兵大隊は、ソクラテスの指揮のもと、アレクサンドロス軍の右翼中央から横隊の中央に移動し、若干の歩兵の援軍とともに一直線にペルシア軍騎兵隊の中央へ突入した。アレクサンドロスは右翼の残りを散開させ、ペルシア軍左翼の側面を少しばかり攻撃した。ソクラテスの率いる部隊は多くの死傷者を出しながらも任務を果たした。アレクサンドロスは時を移さず、ヘタイロイ騎兵隊を率いてあとにつづき、ペルシア軍の横隊をくずした。アレクサンドロスが前方を見ると、選りぬきの部隊を率いて横隊の背後に控えていたペルシア軍指揮官の一人が自分のほうに向かって突撃してきた。アレクサンドロスはすでに槍を失っていたが、自分の護衛兵から槍を受けとると、ミトリダテスめがけて全力で馬を走らせ、顔をひと突きして敵を落馬させた。アリアヌスの記述には、アレクサンドロスが兜に白い羽根飾りをつけて護衛兵を従えていたために戦場で目につきやすく、マケドニア王を討ち取って功名をあげようと躍起になっているペルシア貴族を引き寄せる磁石のような役目を果たしたありさまが目に見えるように描かれている。

ロイサセスは、そのあと偃月刀《えんげつ》を手に馬を走らせてアレクサンドロスに迫り、狙いすまして頭部に一撃を加えようとした。刀は兜に当たってその一部を切りおとしたが、そのために本来の衝撃力が弱められたのである。アレクサンドロスはすかさずロイサセスに迫り、敵は胸当てを槍で突き抜かれて倒れた。こんどはスピトリダテスが偃月刀をかざし、背後からアレクサンドロスに一撃を加えようとした。しかし、ドロピダスの息子クレイトスがその前に偃月刀もろともスピトリダテスの肩をたち割ったのである。そのあいだにアレクサンドロスの部隊は着々と補強されつつあった。騎馬部隊が次々と首尾よく川から上陸して合流したからである。(267)

アレクサンドロスは、ペルシア軍の横隊の中央を突破していた。マケドニア軍の槍がペルシア軍の軽い槍よりすぐれていることがはっきりしたのである。ペルシア軍の中央が崩れると両翼も退却した。アレクサンドロスは敗れたペルシア軍騎兵隊を深追いするという誤りをおかさなかった。そのかわりに方向を転じてギリシア人傭兵隊を追い、騎兵隊を動員して、その側面と背後を襲うとともに、歩兵隊を率いて中央をついた。ギリシア兵はたちまち隊列をくずして敗走したようだが、あいにく孤立状態におちいって、どこにも逃げようがなくなり、大虐殺の憂き目にあった。わずか二〇〇〇人が死を免れて捕虜になった。アレクサンドロスがこの戦いで失った兵士の数は合計して一五〇人にもならなかった。そのほとんどはペルシア軍中央への突撃に加わった騎兵だった。

グラニコスの戦いは謎を含んでおり、軍事史家たちの頭を悩ませてきた。中でも、ペルシア軍の戦術は説明のしようがないように思われる。騎兵隊を川岸沿いに配置したため、騎兵隊が最高に威力を発揮する作戦――ギャロップでの突撃――が実行不可能になった。歩兵隊をはるか後方に置いて別個の横隊をつくらせたのは、統合軍の原則――ペルシア軍は充分心得ていたはずである――に背《そむ》くものであり、そのおかげで、アレクサンドロスは歩兵隊と騎兵隊を組み合わせて、まず歩兵隊の援軍を持たないペルシア騎兵隊を襲い、次いで騎兵隊の支援を得られない歩兵隊の横隊に攻めかかることができたのである。

歴史家の中には、ペルシア軍は、アレクサンドロスを殺すことだけに戦術目標を限定していたため、さもなければばかげているとしか思えない作戦をとったのだと考える者もいる[268]。川岸沿いに騎兵隊を配したのは、アレクサンドロスの率いる部隊に攻撃を集中し、アレクサンドロスを殺すことによって侵略を阻止しようと狙ったというのである。しかし、アレクサンドロスの歩兵隊に人数でおよばないのを初めから知っていて、味方のギリシア人傭兵隊によってマケドニア密集軍の攻撃を持ちこたえる自信がなかったと言うほうがより事実に近いだろう。アレクサンドロスはわずかな部隊を率いて、あれほどすばやく断固としてペルシア軍に向かって前進しなければ、確かにずっと大規模な歩兵隊を動員できたはずである。

一方、ペルシア勢は騎兵隊では明らかに優位に立っており（二万対五〇〇〇）、傾斜の急な土手を防御に利用することができた。そこで、この重要な任務を騎兵隊にゆだね、歩兵隊をその背後の丘陵に配置したのである。この戦闘はときとして騎兵隊同士の遭遇戦の古典的な例と見なされてきた。だが、この見方はアレクサンドロスの攻撃が騎兵隊主導とはいえ、援軍の歩兵隊との合同作戦であったという事実を看過している。

騎兵隊が騎兵隊に向かって突撃し、戦果をあげられるということを信じようとしない歴

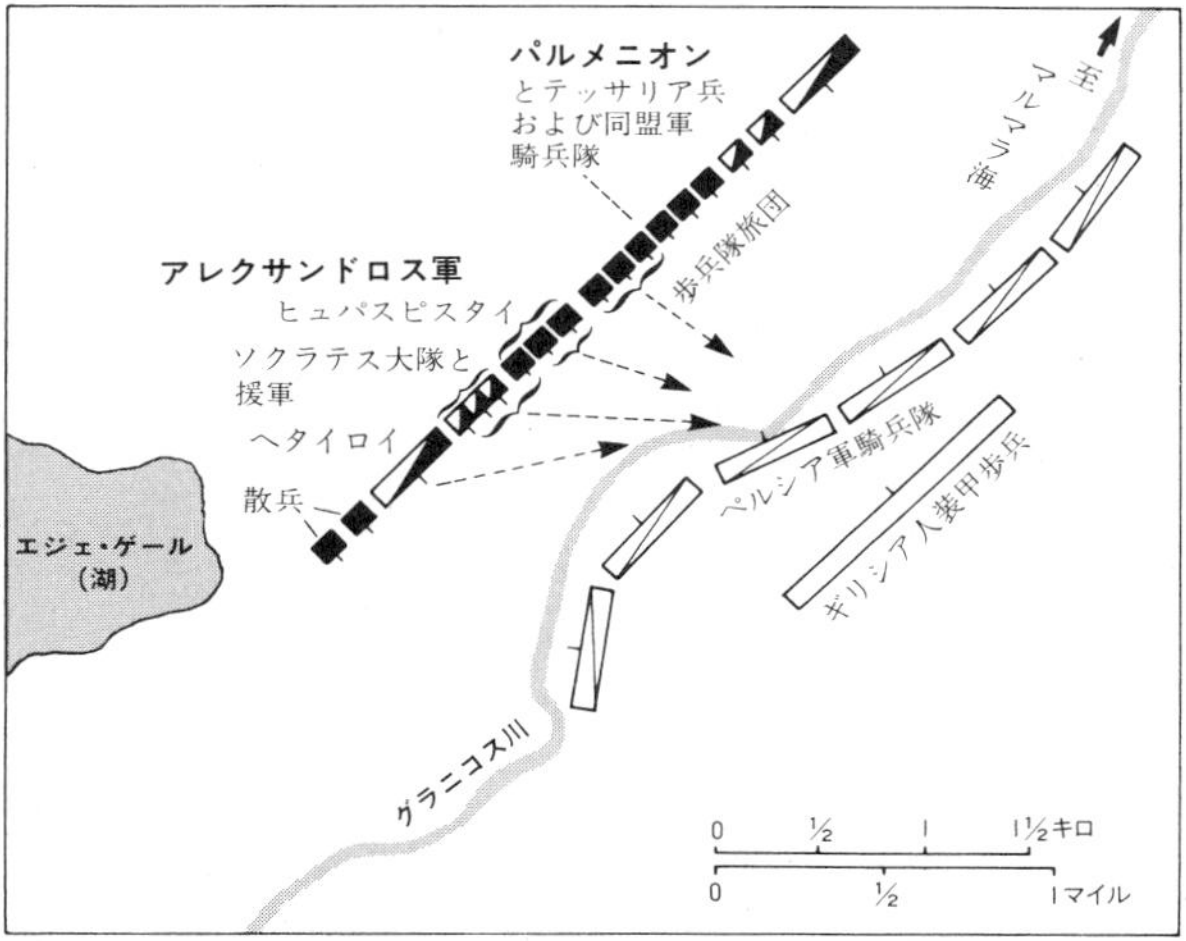

グラニコス川の戦い（前334年）

史家もおり、この戦闘について一般に流布している見解によれば、アレクサンドロスはペルシア軍の横隊の左端に攻撃をかけるようなふりをして、ペルシアの騎兵隊を中央から引き寄せようとしたことになっている[269]。こうすれば、アレクサンドロスはたとえペルシア側の間隙をつけなくても、少なくともその弱点を攻めることができるわけである。フラー少将でさえ、パルメニオンがペルシア軍の最右翼にたいし同様の攻撃をかけたものと信じているが、この戦闘に関して最も信頼できる史料を提供しているアリアヌスはこのような陽動作戦がとられたとはまったく言っていない。すでに見たように、アリアヌスはペルシア軍の横隊の中央にたいして猛烈な突撃が行なわれた様子を書きとめているのだ。

現代になってこうした誤解が生まれた一つの理由は、アレクサンドロスが歩兵隊を騎兵隊の援軍として使ったのを一部の歴史家が見落としたことである。だが、もう一つの理由は、堅固な布陣をとる横隊の中央にまともに突撃するなどありえない戦法だという考え方が、軍事史家のあいだに広く浸透していたことである。デュ・ピック、リデル・ハートおよびキーガンの系譜につながる歴史家たちは、多少ともこのような突撃は不可能（あるいはたいへんな損害をもたらすもの）という見方をほのめかしているが、これは明らかに事実に合わないし、近代の戦争についてみても当てはまらないのである。

半島戦争の際のシウダド・ロドリゴおよびバダホスの攻囲戦（一八一二年）のさなかに、ウェリントンは志願兵からなる決死隊という名の特攻隊を使って防衛側の要塞の手薄な箇所に最初の突撃をかけさせた。こうした部隊が戦闘に登場するのは珍しくない。フランスではそれをアンファン・ペルデューと呼んでいる。「決死隊」からは大量の死傷者が出るが、ひとたび敵の横隊を突破すれば、後続の部隊は比較的容易に攻めこむことができる。決死隊の中でわずかに生き残った者はただちに昇進を許され、報奨を受けるとともに、生涯にわたってゆるぎない名声を得るのである。(270)

この日の戦闘では、ソクラテスの指揮するアレクサンドロス軍の騎兵大隊が、事実上、決死隊の役割を果たした。この大隊は甚大な損害をこうむったが、その突撃によってペルシア軍の横隊の中央に弱点と混乱が生じたおかげで、アレクサンドロスはそのあとにつづき、歩兵隊の援軍をともなった騎兵隊によって強襲を加え、敵を打ち破ることができたのである。このような革新的な戦術に加えて、マケドニア軍の槍の威力がまさっていたこともあって、アレクサンドロスはグラニコス川の戦いで決定的な優位に立った。歩兵隊の援軍を従えた騎兵隊が実際に敵の横隊の間隙をついてこれを突破しうることを、アレクサンドロスはイッソスでもう一度証明することになる。こうした間隙をつくりだすために、かならずしも陽動作戦や側面攻撃作戦をとる必要はないのである。

この戦いのあと、ペルシア側が敗北から立ち直り、戦略を再検討しているあいだに、アレクサンドロスはイオニア沿岸を進軍し、ギリシア諸都市を解放した。小アジアにおけるペルシアの主要な拠点であったサルディスは戦わずして陥落した。ミレトスでは若干の抵抗を受け、アレクサンドロス軍の船隊はペルシア軍によって港に閉じこめられた。しかし、マケドニア軍が沿岸一帯でペルシア船隊にたいする真水の供給を止めたので、ペルシア側は撤退を余儀なくされた。そこで、アレクサンドロスは、自軍の船隊の大半をギリシアへ送り返すことにした。海戦では、ペルシア側が数において優勢であり、これに対抗することはできないのだから、船隊は役に立つどころか足手まといになると判断を下したのである。さらにそのあと、ハリカルナッソスで、ペルシア軍は再びアレクサンドロス軍の進撃を阻止しようとしたが、アレクサンドロスは猛攻を加えてこの都市を占領した(271)。

アレクサンドロスは、わずか一度の遠征の目ざましい電撃戦《ブリッツクリーク》によってイオニアのギリシア諸国家の解放という当面の目的を達成した。そして、この地域にたいする支配を固めるため、中央アジアに侵入し、前三三三年四月、古代リュディアの中心ゴルディオンを占領した。その地で、彼は有名なゴルディオスの結び目の難問を解いてその名声を大いに高めたのである。ゴルディオンのゼウスの神殿にある古い戦車をくびきにつないでいた結び目である(272)。古代世界で広く知られていた伝説によると、この結び目を解いた人物は、将来アジアの支配者になるだろうと言われていた。アレクサンドロスは一刀両断のもとに結び目を切断した。このように「パブリック・リレーションズ」を巧みに利用することによって、アレクサンドロスは自分の使命に神が好意を示していること（そして、おそらくはペルシア人を威嚇していること）を家臣たちに納得させようとしたのである。この点、あまりシニカルに考えるべきではないだろう。アレクサンドロスは若い夢想家であり、自らの運命について他人ばかりでなく自分自身をも納得させたのかもしれない。

後方を固めるため、アレクサンドロスはアンティパトロスをヨーロッパ司令官としてマケドニアに残し、海上からのペルシア軍の攻撃に対抗すべく、ヘレスポントスを防衛し、兵站線を守るようアンティパトロスに命じた。メムノンが死に、それから少し遅れて、前三三三年七月、その後任としてペルシア人ファルナバゾスが任命されたことから、ペルシア軍のアレクサンドロス軍にたいする反撃が弱まったのは間違いない。ダレイオスはペルシアの全野戦軍を動員し、自ら出陣してメソポタミアから攻勢に出ることを決意したようだ。そのため、小アジアでのペルシア軍の活動がゆるみ、おかげで前三三三年八月、アレクサンドロスはタルソスへ転進することができた。途中、「キリキア門」で、わずかにおざなりの抵抗にあったにすぎない。

槌と鉄床戦法――イッソスの戦い

小アジアを完全に征服したうえ、電撃戦はとどまるところを知らなかった。アレクサンドロスは、八月から九月にかけてタルソスで病に臥《ふ》したが、回復するとただちに「付近」一帯を席捲し、東地中海のシリアおよびパレスチナ沿岸にまで戦線を拡大することを決意した。一〇月半ばには、ダレイオスがバビロンで大軍を動員していることがわかったので、マケドニア王はダレイオスが自分を小アジアに閉じこめ、陸軍のみならずペルシアの全海軍力を投入して攻め寄せる前に沿岸地帯を制圧したいと思った。

一一月の初め頃、アレクサンドロスはタルソスの東方数キロのマロスに軍隊を集め、転進の準備をととのえた。ダレイオスがシリア平原にいるとの知らせがあったので、イッソスへ着いたとき、アレクサンドロスと臣下の将軍たちはそのまま海岸沿いに進むことにした。シリア平原へ進軍するのは誤りだと信じたのである。ダレイオスは数においてはるかに優勢な軍隊をもって、アレクサンドロス軍を包囲できる態勢にあったからだ。それに反し、海の間近に山脈がそそり立つ沿岸地帯を固守すれば、局限された地域での戦闘にダレイオスを引きこむことができるし、ここでならダレイオスの大軍に勝てる見込みも大きいだろう。そこで、アレクサンドロスはさらに南進し、二日かかってイッソスの南およそ三〇マイルのミリアンドスに達した。その夜、アレクサンドロスのもとへ知らせが届き、ダレイオスはアレクサンドロスを追ってイッソスへ入り、いまや小アジアへの退路が閉ざされたことがわかった[273]。

　アレクサンドロスにとって、これはまったく思いがけない知らせだった。こうした事態の進展を予想しなかったのは、アレクサンドロスのおかした最大の誤りの一つだと考える歴史家は多い。ところが、アリアヌスやクルティウスをはじめとする古代の著作家が多かれ少なかれ共通して示唆しているのは、アレクサンドロスは故意にダレイオスを罠にかけたのだが、ペルシア王がこんなに早く餌にとびつこうとは思わなかったという見方である。しかし、これはおそらくアレクサンドロスの側の誤りにすぎなかったのだろう。けれども、彼は断固として誤りを正す手を打った。それに、戦局の新たな展開には希望の持てる要素もあった。

　ダレイオス軍はイッソスの南方数マイルに展開し、ピナロス川の土手に布陣して防御の態勢をとった。アレクサンドロスはその日、じっくりと時間をかけて将軍たちと協議したあと、逆に敵に向かって進軍するよう命令を発した。マケドニア軍は日が暮れてから進軍を始め、夜中の一二時頃に九マイル北のヨナ峠に着いた。翌朝――たぶん前三三三年一一月一二日のことで、この日は午後五時に日が沈みはじめ、六時半には真っ暗になった――アレクサンドロスは自軍の縦隊の先頭に立ってペルシア軍に向かって進んだ。ピナロス川に近づいたとき、マケドニア軍は縦隊から戦闘隊形に切りかえるという難しい機動作戦を開始した。戦闘が始まったのはその日の午後で、最近の見積もりによると午後四時になってからだというが、あるいはもっと早かったかもしれない。

ピナロス川沿いの戦線は地中海沿岸から周辺の丘陵まで、およそ二マイルから二マイル半におよんだ。ダレイオス軍の総兵力は一〇万の騎兵を含め六〇万だったとアリアヌスは言っているが、現代の歴史家は誰一人こんな膨大な数字を信じようとはしない。ペルシア軍の兵力がどれほどであったにせよ（騎兵二万を含めて一〇万というところか）アレクサンドロス軍をはるかにしのぐ人数であったが、平地があまり広くなかったのでアレクサンドロス軍はペルシア側に匹敵するだけの長さに横隊を展開することができた。ダレイオスは、横隊に先んじて一部の兵士をピナロス川を越えた左手の高地に配置していた。彼らは、ペルシア軍の左翼を側面攻撃から守っただけでなく、アレクサンドロス軍の右翼をおびやかす役割を果たした。これに対抗するため、アレクサンドロスは散兵と騎兵の小部隊を派遣してペルシア人部隊を丘陵のさらに奥へ追いこみ、戦闘の埒外に置いた。

ダレイオスの作戦計画は、全騎兵を右翼に集め、海岸の近くの平地をうまく利用することだった。そして、パルメニオンの指揮するアレクサンドロス軍左翼に大規模な突撃をかけてこれを粉砕し、さらに騎兵隊を方向転換させて槌と鉄床戦法でマケドニア軍後衛をつき、これを撃破しようと狙っていたのである。ピナロス川に近づいたとき、アレクサンドロスはペルシア軍の展開を見て、テッサリア人騎兵隊を左翼へ移動させ、パルメニオンの陣営を強化した。

皮肉なことだが、アレクサンドロスの作戦は本質的に敵と異なるところがなかった。この戦闘によってはっきりわかるのは、古代近東とギリシア・マケドニアの戦闘方法がいかに融合しあい、区別がつかなくなっていたかということである。アレクサンドロスはダレイオス軍の左翼中央を騎兵隊の突撃で突破し、さらに方向を転じて、敵と寸分たがわぬ槌と鉄床戦法でペルシア軍中央の後衛をつこうと考えていた。ペルシア軍の陣地に迫ったとき、アレクサンドロスはクナクサの戦いでキュロスを攻めたときのペルシア軍とまったく同じように、軍隊をゆっくりした歩調で前進させた。やっと、マケドニア軍が弓矢の射程距離、おそらく一〇〇ヤードくらいのところまで来たとき、アレクサンドロスは駆け足で攻撃に出るよう命じた。右には騎兵数部隊をともない、すぐうしろには援軍の歩兵隊を従えて、アレクサンドロスは速歩で川に向かって突進した。ペルシア軍の最前列にいた散兵はおそらく恐慌状態におちいって後退したであろう。そして、ペルシア軍左翼中央の主力

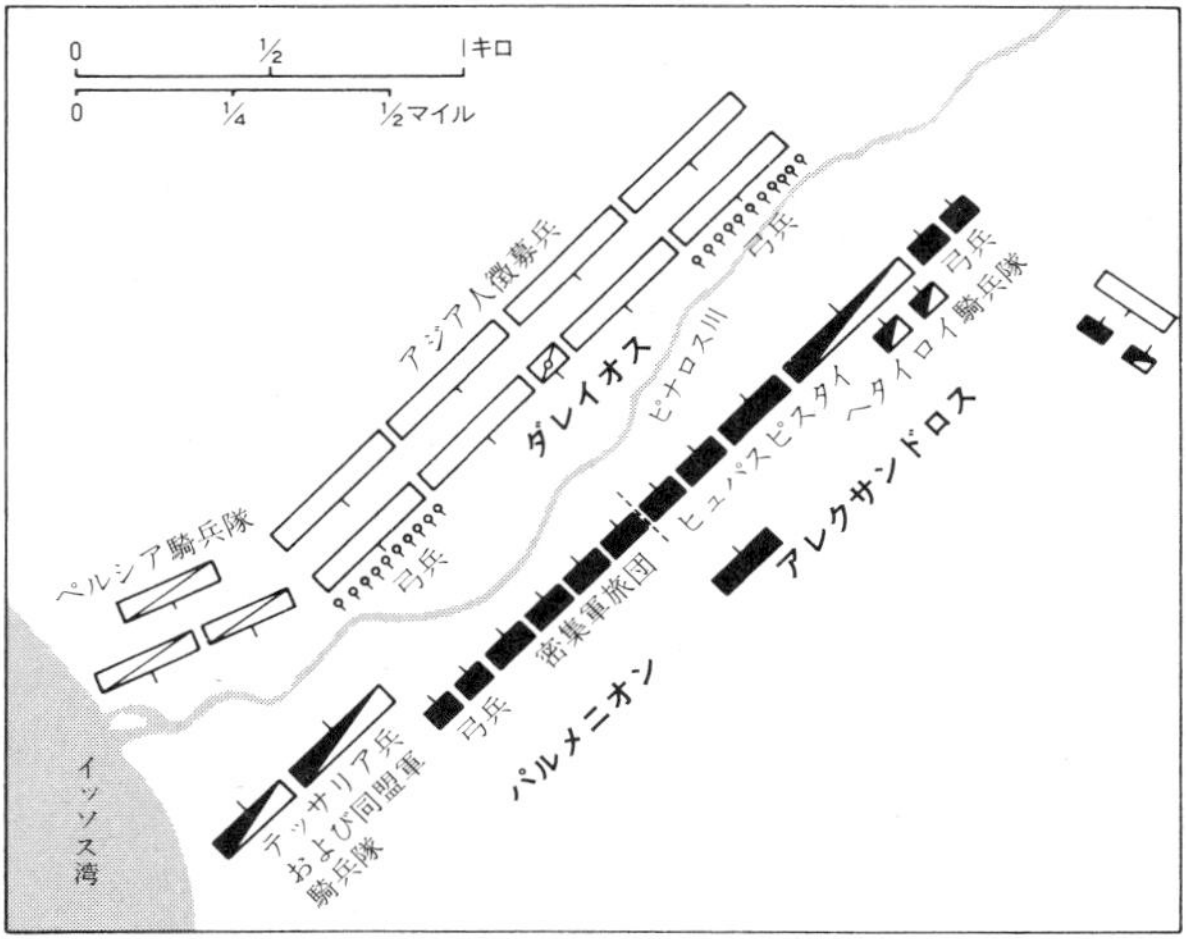

イッソスの戦い（前333年）

歩兵隊に混乱が生じたところへアレクサンドロスが突入し、破竹の勢いで敵を撃破したのである。ダレイオスはマケドニア軍が向きを変えてペルシア軍の中央に攻めかかるのを見ると、狼狽して戦車で逃げ出した。そのあと間もなく、ダレイオスは自分の武器を投げ捨て、馬に乗って逃走したのである。ところが、あいにく、アレクサンドロスが性急に突撃したため、マケドニア軍の右翼中央に間隙が生じ、ダレイオス軍に加わって戦っていたギリシア人傭兵の装甲歩兵部隊がその隙をついて攻めこんだ。アレクサンドロスはそれを迎え撃って戦わなければならず、逃走するペルシア王を追うチャンスを逸した。
アレクサンドロス軍の左翼では、パルメニオンが敵の猛攻に苦戦を強いられていたが、ペルシア軍騎兵隊も味方の中央が総くずれとなり国王が戦場を放棄したのを知ると、算を乱して敗走した。アリアヌスによれば、「それをきっかけに全軍の潰走が始まった」のである。

これは誰の目にも明らかだった。重装備の兵士を乗せた馬は耐えがたい苦しみをなめ、恐慌をきたした何千という兵士たちは先を争って狭い山道を逃げようとして絶望的な混乱におちいっていた。彼らのうち、味方に踏みつぶされて死んだ者は、追跡する敵に切り殺された者と変わりがないほど多かったのである[274]。

日が暮れてあたりが闇にとざされたため、アレクサンドロスは追跡をつづけることができなくなったが、ダレイオスの戦車と楯と外套と弓を捕獲しただけでなく、ダレイオスの母親と妃と幼い息子、二人の娘を捕らえることができた。さらに、そのあと、パルメニオンはダマスカスでペルシアの軍用金庫を奪取した。

この戦いのあいだ、アレクサンドロスはつねに戦闘の真っ只中にあった。戦いの冒頭、まだ両軍がぶつかる前に、彼は横隊の端から端まで馬上から閲兵し、上級および下級士官の名を大声で呼んでは称賛と激励の言葉をかけた。実を言えば、アレクサンドロスは、腿に剣の突き傷——重傷ではなかったが——を受けていた。その翌日、彼は戦功をあげた兵士に賞金を与え、昇進をもって報いた。ダレイオスとペルシア軍にたいする勝利の結果、マケドニア人があらゆる障害をものともしない若い国王の才能に絶大な信頼を抱くようになったのは疑いない。

アレクサンドロスの軍人としての生涯について最も造詣が深い現代の権威の一人、N・G・L・ハモンドが最近主張しているところによると、アレクサンドロスは緒戦では歩兵旅団を率いてダレイオス軍の横隊に突入したにちがいないという。その根拠は「騎兵隊は歩兵隊の横隊には決して正面から突撃をかけない[275]」からである。しかし、すでに見たように、この種の一般原則にはかならず例外がある。この戦闘の場合、原則は通例とちがってこう規定すべきである——騎兵隊が重装歩兵の陣形に真っ向から突撃をかけても、歩兵隊が踏みとどまって戦い、パニックにおちいらないかぎり、成功しない、と。成功の鍵は、いつ突撃すれば歩兵隊

イッソスの戦いにおけるアレクサンドロス——シドンにあった「アレクサンドロスの石棺」（前310年頃）の細部。

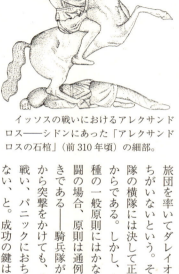

が混乱におちいるかのタイミングをつかむことである。アレクサンドロスは、不意打ちをかければ（それによって、おそらくペルシア軍の散兵を歩兵隊の隊列の中へ追い返せるだろう）、敵は意気阻喪して混乱におちいるだろうと、一か八かの思いきった作戦に出たのである。イッソスの戦いで、アレクサンドロスが馬に乗らないで戦った（だが、結局はハモンドのようにこの戦闘の後半でアレクサンドロスが再び馬上の人となったのを認めなければならないが）と考える必要はない。

テュロスの攻囲戦

イッソスにおける勝利は戦略的に決定的な意味を持っていた。これによって、アレクサンドロスはガウガメラの野でダレイオスと再び対決する前に一年以上の猶予を得て、地中海沿岸の支配を完全に固めることができたからである。指揮官としてのアレクサンドロスの最もすばらしい特質の一つは、敵を追跡すべきときと追跡してはならないときをよくわきまえていたことである。イッソスの戦いのあとも、アレクサンドロスはひきつづき戦略的任務と目的を果たすべく地中海周辺を行軍し、ペルシア海軍に陸上の基地を使わせないようにしてこれを無力化した。アレクサンドロスが南に向かって進むと、ビブロスやシドンのようなフェニキアの大都市は降伏した。

テュロスは、それまでの一連の都市のように苦もなく制圧するわけにはいかなかった。

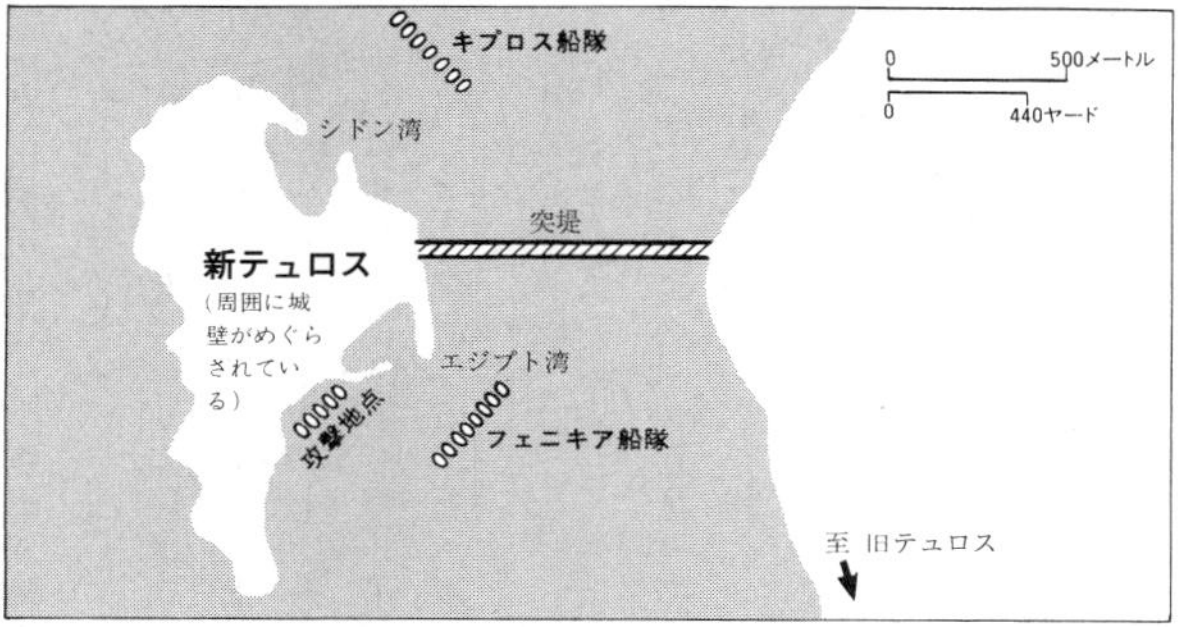

テュロスの攻囲戦（前332年）

この都市は周囲ほぼ三マイルの島で、高度に要塞化され、高さ一五〇フィートの城壁をめぐらしていた。沖合およそ〇・五マイルにあったので、テュロスはまわりを取りかこむ深さ約二〇フィートの海によっても守られていたわけである。テュロス市民は包囲攻撃に持ちこたえられる自信があったので、降伏はしないで、中立を守ることをアレクサンドロスに申し出た。しかし、アレクサンドロスはこれほど強力な海軍基地を支配下におさめずに放置しておくわけにはいかないと考え、テュロスを占領するよう自軍に命令を発した(276)。

前三三二年一月、マケドニア軍は沿岸からテュロスまで届く幅二〇〇フィートの突堤の築造に着手した。建設が進んで突堤がテュロスの近くまでのびてくると、テュロス市民はアレクサンドロス軍の兵士にたいし弩砲で攻撃をしかけたり、船を繰り出して攻めたてたりするようになった。アレクサンドロスはこれに対抗して、突堤の先端に一五〇フィートの塔を二つ建て、生革の幕を張ってテュロス市民の射かける火矢を防ぐとともに、弩砲を備えて逆にテュロス市内や敵船を攻撃した。最後に、テュロス市民は馬匹輸送船を特別に改造した船に可燃物を積みこんでアレクサンドロスの塔に向かって曳航し、塔を焼き払った。これにたいし、アレクサンドロスは突堤の幅を広げて、その上に塔をもっと建てるよう部下に命じた。

アレクサンドロスの海軍政策が思わぬ効果をあげはじめたのはこのときである。この地域の諸都市に駐留していたペルシア軍のフェニキア人部隊が逃亡して沿岸を離れ、アレクサンドロス軍に合流したのだ。思いがけなく約二〇〇隻の船を手に入れたアレクサンドロスは、テュロスを封鎖し、海上の攻撃から突堤を守れるようになった。さらに若干の船をテュロスの城壁の別の箇所へ差し向けた。そこで、アレクサンドロスはそれらの船をつなぎ合わせれば破城槌の足場として使えることに気づいた。テュロス側の潜水工作員はマケドニア軍が船の錨をおろすのを防ごうとして海中にもぐって綱を切ったが、アレクサンドロスはそれを鎖に切りかえた。また、テュロス側の兵士がアレクサンドロスの作戦を妨害しようとして落とした大きな丸石を取り除く必要もあった。

攻囲作戦が進むとともに、防衛側はアレクサンドロス軍にたいして、城壁の上から熱砂や煮え立った油を投下するなど、攻囲戦につきもののありとあらゆる術策を駆使して抵抗した。テュロス側は城壁の上に独自の塔を建てさえしたが、海上から破城槌をふるっていたマケドニア側は、ついに南側の城壁の一部を破った。このとき、攻囲戦が始まってからすでに七カ月が過ぎていた。前三三二年七月、アレクサンドロスは城壁の破れ目から総攻撃をかけ、テュロスの二つの港を目指すとともに、突堤の先端からも攻め入るよう命じた。マケドニア兵は若干の王直属の楯持ち兵（ヒュパスピスタイ）からなる決死隊を先頭に大挙して市内に侵入した。彼らは欲求不満と苦痛からいきりたっていたし、テュロス側が以前マケドニア人捕虜を城壁から投げ捨てたことに憤激していたので、敵にたいしまったく情け容赦がなかった。八〇〇〇人以上のテュロス市民が殺され、三万人が奴隷として売られた。古代の戦争史上最も有名な攻囲戦の一つが終わり、アレクサンドロスはギリシア人およびマケドニア人が結局、古代近東の攻囲戦法を完全に自分のものにしたことを立証してみせたのである。

さらにエジプトへ向けて進軍したとき、アレクサンドロスはガザで再び抵抗を受けたが、高い城壁のまわりに大きな土塁を築いて襲撃した。しかし、ガザが陥落したとき、アレクサンドロスは弩砲から放たれた太弓を肩に受けて負傷していた。[27] またも流血の大虐殺が行なわれた。生き残った者は主に女と子どもであり、奴隷として売られた。アレクサンドロスの覇業にともなう人的犠牲は増える一方だった。いまやエジプトへの進路に立ちはだかるものは何もなく、前三三二年一一月、マケドニア軍がエジプトへ入ったときには抵抗する者もなく、人命の犠牲もなしにすんだ。こうして、地中海東海岸全域がまだ二五歳にもならないマケドニア王の支配に帰した。電撃戦《ブリッツクリーク》が世界を変えたのである。

槌と鉄床——ガウガメラの戦い

前三三二年から三三一年にかけての冬を、アレクサンドロスはエジプトで過ごした。軍隊を率いてペルシアへ侵入し、帝国の中心地でダレイオスに戦いを挑むための準備をととのえていたのである。イッソスの戦いで勝利を収めた結果、アレクサンドロスはダレイオスをペルシアへ追い返したばかりでなく、ペルシア海軍を完全に無力化できる時間的余裕を得た。その間に、マケドニアの提督が制海権を確保し、それによってアレクサンドロスはエジプトに駐留している陸軍への掩護を強化することができた。アレクサンドロスの命令で小アジアにとどまっていたアンティゴノスは、ペルシア軍の反撃を辛うじて食い止め、マケドニアの占領地を守ることに成功した。

イッソスの戦いのあと、ダレイオスはアレクサンドロスのもとへ使者を送り、捕らわれたペルシア王家の者を送還してくれるなら同盟を結ぶ用意があると申し出た。それにたいして、アレクサンドロスは高飛車な態度で答えた。

貴殿の先祖は当方がなんら挑発行為をしていないのに、マケドニアとギリシアを侵略し、わが国に甚大な災厄をもたらした。この行為——その責任はあげて貴国にある——

にたいしてペルシアを懲罰せんと欲したがゆえに、余は全ギリシアの最高司令官としてアジアに侵入したのである……まず最初の戦闘で、余は貴国の将軍や太守どもを破り、こんどはほかならぬ貴殿の自ら率いる軍隊を撃破した……。

それならば、自身、余のもとに出向くがよい、アジア大陸の支配者に謁見したいというのなら……さあ、自ら出向いて、母親や妻や子どもたちなど、なんでも望みのものがあれば願い出るがよい。望みはかなえられるだろう。それだけでなく、どんなことであれ、余を説得して手に入れるがよかろう。

なお、今後余に書簡をもって伝えたいことがあったら、宛名にはかならず全アジアの王とするように。書簡の中で余と対等に語りかけてはならない……ところで、もし貴殿に王座を争う意志があるなら、立ち上がって戦うがよかろう。敵に背を見せて逃げ出してはならない。どこへ隠れようと、余はかならず探しだしてみせる。(278)

その後、テュロスの攻囲戦のさなかに、ダレイオスはより具体的な提案をした。ペルシア王の家族の送還にたいしては身代金一万タラントを支払い、ユーフラテス川以西のペルシア領を割譲し、なおかつダレイオスの娘をアレクサンドロスに嫁がせて同盟を結ぶという内容だった。アレクサンドロスがマケドニア軍の将軍たちに相談をもちかけたとき、パルメニオンは「私がアレクサンドロスなら受諾するだろう」と言ったとされているが、アレクサンドロスはこう答えたものである。「私も受諾するだろう。もし自分がパルメニオンならば」と。ダレイオスの申し出にたいするアレクサンドロスの見方は、確かに正しかった。ダレイオスがアレクサンドロスに提供しようと申し出たのは、自分自身がすでに手中にしていたものの一部にすぎなかったし、ペルシアがメソポタミアに強力な地歩を保持している以上、アレクサンドロス帝国の東部辺境を防衛できる保証はなかったのである。

最近、ギリシア時代の戦争に関する屈指の権威が、アレクサンドロスはテュロスの陥落後ペルシアへ向かって一気に攻めこむべきだったと主張している。アレクサンドロスがエジプトに入ったのは軍事的に見て必要のないことであり、「軍事的な計算よりもむしろ霊感を受けた想像力」(279)の所産だったというのである。しかし、地中海沿岸の支配を固めなければならない理由は充分にあったのであり、アレクサンドロスはテュロス陥落後の数カ月を自軍の強化にあてたのだ。とにかく、兵站計画を練る間もなしに、夏も終わる頃になってペルシアの中心部へ向かって侵略を始めたとしたらまさに狂気の沙汰だっただろう。

いずれにしても、前三三一年の春、アレクサンドロスはエジプトを出発して長駆ペルシアへ向かった。(280) シリア・パレスチナ沿岸を逆方向に進軍するにあたって、いまや四万七〇〇〇の軍隊に食糧を海路でたやすく補給できるようになった。そして、ついに方向を転じてユーフラテス川に向かった。八月初め、ユーフラテス川に到着したとき、アレクサンドロスはダレイオスがはるか南方のバビロン付近で大軍を率いて自分を待ち受けていることを知った。しかし、アレクサンドロスは敵の誘いにのってユーフラテス川沿いを南下しようとはしなかった。そんなことをすれば食糧の補給がきわめて困難となり、ペルシア軍にとって願ってもない平地でダレイオスと戦う羽目になるだけだったからである。それどころか、実のところ、アレクサンドロスは川に橋をかけて対岸に渡り、しばらく北上してからこんどは東に転進した。そして、左手に広がるアルメニア山地の麓にあたる丘陵地帯に陣どった。この地方は、馬の餌になる牧草や軍隊のための食糧が豊富だったのである。

ダレイオスは、結局バビロンの陣地を捨て、北へ移動してティグリス川を渡った。この川をアレクサンドロス軍にたいする防衛線にしたいと思っていたのだ。アレクサンドロスは、捕虜になったペルシア軍偵察兵からダレイオスの意図を聞きだすと、ティグリス川に向かって進軍を強行し、渡河して、敵の妨害を受けることなくダレイオスの陣営の北側へ出た。そのあと、マケドニア軍は数日休んでから南に向かって進み、四日後にはペルシア軍騎兵隊の前衛と接触した。アレクサンドロスは捕虜から得た情報で、この付近にダレイオスが全ペルシア軍を率いて布陣していることを知っていた。マケドニア軍は四日の休養をとるとともに、軍の装備や随行者用の野営地の防備を固めたので、そのあとでアレクサンドロスが出陣の号令を発したときにはすっかり整備されて大いに機動力に富んだすばらしい戦力となっていた。野営地から三、四マイル南の平原まで来たとき、アレクサンドロスはさらに三、四マイル先にペルシア軍の野営地があるのを初めて目にした。時に前三三

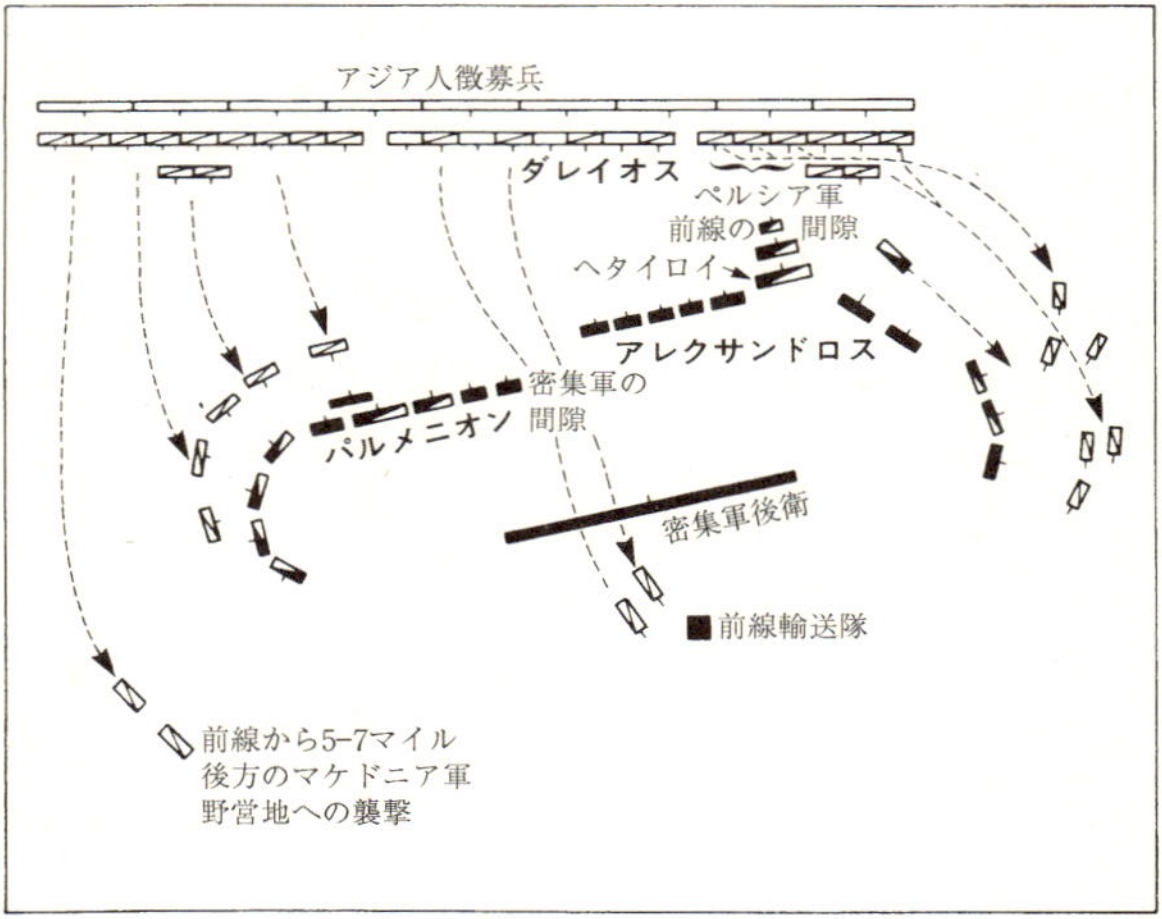

ガウガメラの戦い（前331年）

一年九月三〇日。翌一〇月一日には、付近の村のガウガメラで戦闘が起こるのである。

アレクサンドロスがティグリス川を渡って北へまわったため、ダレイオス陣営は方向を逆転しなければならなかった。それにもかかわらず、ダレイオスは首尾よく自軍に有利な戦場を選ぶことができた。マケドニア軍の将軍の中にはペルシア軍の位置を確認するやただちに攻撃に出るよう主張する者もいたが、アレクサンドロスはこんどはパルメニオンの言うことを聞いて攻撃を一日延ばし、偵察隊を出して両軍を隔てている土地の地形を点検させることにした。その間に、マケドニア軍は新しい陣地に野営地を設営したのである。

ペルシア軍の兵力は膨大だった。一〇〇万人以上というアリアヌスの数字はまったく信用できないだろうが、およそ一〇万から二五万の兵士をダレイオスがこの戦場に動員していたことは考えられる。その兵力がどれくらいであったにしても、騎兵および歩兵の数でアレクサンドロス軍の四万七〇〇〇をかなり大幅に上まわっていたのである。そのうえ、ダレイオスはアレクサンドロスの思いもよらない驚くべき戦力を用意していた。騎兵隊と歩兵隊からなる大軍に加えて、ペルシア王は両輪に大鎌を装備した戦車隊四大隊を配備していた。各大隊は五〇台の戦車からなり、二頭立てと四頭立ての馬に引かせていた。また、一五頭の軍用インド象も持っていた。このときの戦闘ではどうやら象の出番はなかったようだ――その後、ペルシア軍の野営地に収容されるときに姿を現わすまで、象について触れた記録は見当たらない――が、ダレイオスは秘密兵器である戦車を大いに頼みとして戦術計画を練っていた。

ペルシア軍の横隊は、当然のことながらマケドニア軍よりずっと長かった。両軍が歩兵隊の両翼に騎兵隊を配してたがいに接近したとき、アレクサンドロスはペルシア軍の戦車大隊の正面の土地が平らにならされているのに気づいた。そこで自軍に命令を発して斜めに前進させ、敵の戦車がいやでも起伏の多いほうへ進まざるをえないようにした。ダレイオスが敵を二重に包囲しようとしていたことはほぼ間違いない。マケドニア軍の両翼に騎兵隊による大規模な攻撃をかけ、さらに戦車による攻撃でマケドニア軍中央の歩兵隊をおびやかそうと考えていたのだ。

パルメニオンの指揮する左翼が敵に包囲されるのを防ぐため、アレクサンドロスは左翼に梯形陣形をとらせた。イッソスの戦いで採用した作戦と同様、パルメニオンが左翼に踏みとどまって戦い、敵の攻撃を食い止めるあいだに、ヘタイロイ騎兵隊を率いたアレクサンドロスが機を見て右翼からペルシア軍の横隊を破り、再びダレイオスをマケドニア騎兵隊の槌と密集軍の鉄床ではさみうちにしようというわけである。ダレイオスはアレクサンドロス軍が斜め右へ向かって進んでくるのを見ると、最右翼の騎兵隊にアレクサンドロス軍の右翼を目指して突撃するよう命じた。それにたいして、アレクサンドロスは騎兵の数個大隊をもって敵に立ち向かわせ、ここに小規模ながら激しい戦闘が始まった。そのとき、ダレイオスは戦車による攻撃開始を合図した。しかし、主に投げ槍を手にしたアレクサンドロス軍の散兵は正規の陣形から離れて戦うために横隊より前へ出ていたので、敵戦車がマケドニア軍めがけて猛進したとき、とっさに向きを変えて戦車に攻撃をかけることができ、御者か馬を倒したのである。突入してきた戦車にたいして、マケドニア側は列を散開させてかわすとともに、後衛にいた騎兵隊の馬番が無人の戦車に乗りこんで走り去った。こうして、秘密兵器は不発に終わった。散兵の働きと練兵場での教練の成果があいまってマケドニア軍の勝利に結びついたのである。

そのあと、ダレイオスはアレクサンドロス軍の左翼に猛攻を加えるよう命じた。左翼では、パルメニオンが側面をつかれ、しかもペルシア軍の数部隊がマケドニア軍の左翼中央を突破して、アレクサンドロス軍は絶望的な状況に追いこまれていた。アレクサンドロス軍が救われたのは、マケドニア側の横隊を破って側面をついたペルシア兵たちが方向を転じて後衛を襲うかわりに、マケドニア軍の野営地を略奪しつづけたからにほかならない。とはいえ、パルメニオンは敵に圧倒されて敗北の一歩手前だった。

ダレイオスが勢いにのってアレクサンドロス軍の右翼を攻めにかかったとき、ペルシア軍騎兵隊の一部が先頭を切って突進したが、そのためにペルシア軍左翼の歩兵隊と騎兵隊とのあいだに間隙が生じた。その間隙が広がるのを見て、アレクサンドロスはすぐに向きを変え、楔形陣形をとって敵の間隙をめざして突撃した。そこを突破すると、こんどはペルシア軍の中央に向かい、中央にいたダレイオスを目標として真っ直ぐに進んだ。このときには、騎兵隊につづいてマケドニア軍歩兵隊が敵の間隙をついて大量に攻めこんでおり、ダレイオスはイッソスの戦いのときと同じようにすっかり狼狽して逃げ去った。あいにく、アレクサンドロスは追跡することができなかった。パルメニオンを助けなければならなかったのである。パルメニオンと戦っていたペルシア兵たちは国王が逃亡したことを知らなかったからだ。アレクサンドロスは退却するペルシア軍部隊――中にはなお陣形を維持している部隊もあった――と戦いながら、進路を切り開いて左翼の救援に向かわなければならなかった。「そのあとに起こったのは、この戦いを通じて最も激しい戦闘だった」と、アリアヌスは書いている。アレクサンドロスがパルメニオンの救援にかけつけたときには、パルメニオンの指揮するテッサリア人騎兵隊が反撃に転じており、ペルシア軍は総くずれとなっていた。そこで、アレクサンドロスはダレイオスを捕まえにかかったが、時すでに遅かった。ペルシア王は面目を失いはしたものの、命からがら逃げおおせたのである。

　マケドニア軍はすばらしい力を発揮したし、アレクサンドロスの用兵も見事だった。ダレイオスはガウガメラの戦いに敗れたことで壊滅的な打撃をこうむった。アレクサンドロスはいまやペルシアの中心部を手中におさめており、バビロンとスサを奪取したときには抵抗する者さえなかった。ペルセポリスは四万のペルシア軍が守っていたが、アレクサンドロスはここも占領し、さらに防備の固いペルシア城門を強引に突破するか、少なくとも包囲した。前三三〇年一月、アレクサンドロスはペルセポリスのアケメネス朝の王宮に火をつけるとともに、反ペルシア十字軍の戦いが終わったことを宣言した[281]。これ以後、彼はコリントス同盟の盟主ではなく、アジアの王として振る舞うのである。ギリシアの同盟諸国軍は帰国を許されたが、傭兵としてとどまることを望む者はその希望をかなえられた。

　アレクサンドロスとしてはペルシアを完全に征服することを目指していた。そして、初夏になると、ダレイオスの逃げたエクバタナへ向かって出発した。さらにペルシア王を追ってカスピ海方面まで迫ったが、そのときイラン北東部の貴族たちがいまやまったく信頼できなくなった国王を殺してしまったのである。前三二九年から三二七年にかけて、アレクサンドロスは不案内なバクトリアとソグディアナの辺境地方でこれらの貴族らを相手に困難な遊撃戦をたたかった。[282]彼がバクトリアの王女ロクサネと結婚したのは、この戦いのさなかであった。遠方での作戦行動から緊張が高まったうえ、アジアの支配者としてアレクサンドロスがますます傲慢な態度をとったため（それとともに彼がひどく深酒をしたという問題もあった）軍隊内に重大な意見の対立が生まれ、パルメニオンをはじめ一部の人びとが処刑されたが、アレクサンドロスは軍隊の統一を保ち、ついに反対派をおさえた。[283]

ヒュダスペス川の戦い

ペルシアを完全に掌握したアレクサンドロスは、前三二七年、カイバル峠を越えてインドに侵入した。[284]アレクサンドロスのインドでの軍事作戦とバビロンに帰るまでの経緯は軍事史家から見て興味に満ちているが、古代軍事史の概説書である本書ではイッソスおよびガウガメラの戦いと並んで、アレクサンドロスの戦った大きな戦闘の一つにあげられるパンジャブ地方ヒュダスペス川の戦いに焦点を合わせることにしよう。[285]

インダス川の支流のヒュダスペス川でアレクサンドロスを待ち受けていた敵は、身長およそ七フィートの「巨人」ポロス王であり、この人物にたいして、アレクサンドロスは戦いが終わったあとで敬意を抱くようになった。ポロスは少なくとも三万人の歩兵、四〇〇〇人の騎兵、三〇〇台の戦車、二〇〇頭の象からなる軍隊を指揮していた。インドにおけるアレクサンドロス軍の全兵力は約七万五〇〇〇におよんだであろうが、前三二六年五月にポロス軍と戦ったとき、アレクサンドロスが直接動かすことができたのはおよそ五〇〇〇人の騎兵と、おそらく一万五〇〇〇人の歩兵にすぎなかった。(286)

アレクサンドロスの進撃を阻止すべく、ヒュダスペス川沿いに構えたポロスの陣地は、きわめて強固だった。川そのものが深く、ヒマラヤ山脈の雪解け水を集めた流れも激しかった。軍用象は、アレクサンドロス側にとって特に厄介なものだった。心理的効果――アレクサンドロス軍の兵士がこの巨大な動物を見て肝をつぶしたことは間違いない――だけでなく、マケドニア軍騎兵隊にたいして象は特に有効だったろう。馬は生来、象をこわがる性質があり、象に慣れさせるには訓練が必要である。(287) たとえアレクサンドロスが真っ向から渡河攻撃を敢行したとしても――どんな状況のもとであれこれは困難な作戦である――イカダの上の馬はインド象を見ておびえ、逃げだしたであろう。アリアヌスはこのときの状況を見事に要約して述べている。

対岸にポロスが布陣しているこの地点で渡河を敢行するわけにいかないのは、（アレクサンドロスには）はっきりしていた。アレクサンドロス軍が渡河を試みれば、上陸しようとするときに強力かつ有能な軍隊の攻撃を受けるのは避けられないだろう。敵は装

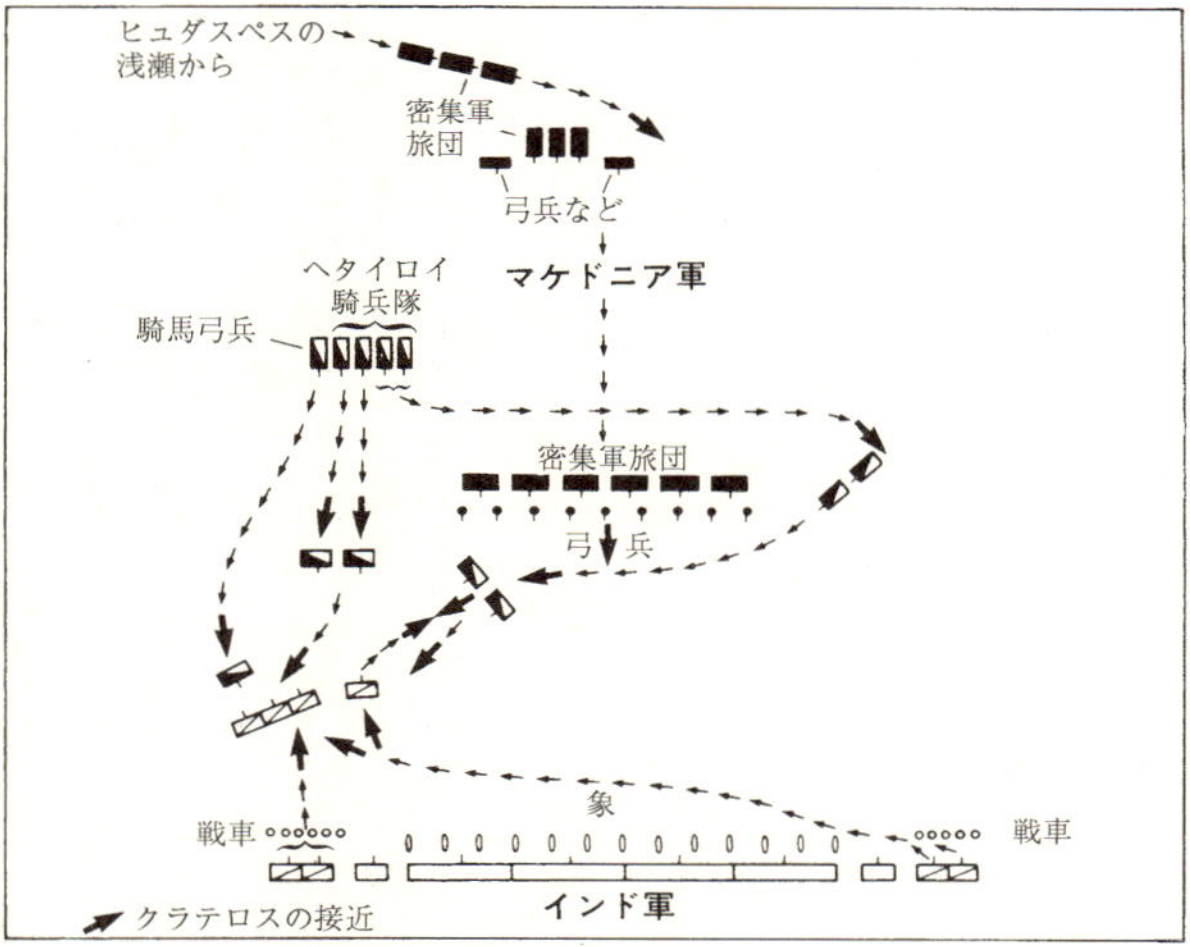

ヒュダスペス川の戦い（前 326 年）

備がすばらしかったうえ、多数の象という援軍を持っていた。それだけでなく、象の攻撃をまともに受けたら、馬は象を目のあたりにし、ラッパの音のような奇妙な鳴き声を聞いてすっかりおびえ、上陸させようにも言うことを聞かないだろうと、アレクサンドロスは思った——それどころか、馬はおそらくイカダの上にとどまってはいまい。遠くに象がいるのを見ただけで恐怖に動転して、向こう岸へ着かないうちに水中へ飛びこんでしまうだろう(288)。

そこで、アレクサンドロスは策略を弄することにした。何日もつづけて、夜間、騎兵隊に川沿いを往復行進させたのである。マケドニア騎兵隊員はこの作戦中、できるだけ騒々しい声をあげるように指示された。そのため、ポロスは象をつれて敵のあとを追わなければならなかった。数日後、ポロスは無益な追跡をつづけるのがいやになり、自分の陣地に戻って腰を据えた。

アレクサンドロスはそのあと、部下の将軍クラテロスを五〇〇〇人以上の部隊と騎兵数大隊とともに残して最初の基地を守らせ、自らはその他の全部隊を率いて暗闇にまぎれ、激しい風雨をついて北へ一八マイル移動した。この戦闘におけるアレクサンドロスの対敵諜報活動は目ざましかった。前もって、川の水量が減るまで渡河を控えるつもりでいるという噂を流しておいたうえ、部下の一人を変装させてアレクサンドロスに仕立て上げ、本隊の基地にとどまらせるようなことまでしたのである。こうしたことは、すべてポロスを油断させ、積極的な行動に出ないようにさせようとの意図にもとづいていたが、どうやらその目的は達せられたらしい。

アレクサンドロスが渡河地点として選んだのはもっと上流の湾曲部で、そこには島があって、川の流れが二つに分かれていた。彼はクラテロスに指示を与え、インド軍司令官がマケドニア軍の主力攻撃部隊を迎え撃つために転進し、しかもポロスが本隊の陣地から象をすべて引き揚げさせた場合にのみ川を渡るように告げておいた。象が渡河を防ぐために残された場合は（実際にそうなったのだが）、クラテロスはアレクサンドロスの指揮する部隊がインド勢を撃退するまで待機することになっていた。

翌朝、アレクサンドロスは北方で川を渡り（ほとんど肩まで水につかっての困難な作戦だった）、騎兵隊とともに馬を駆って進んだ。歩兵隊は二マイル半ほど遅れてあとにつづいた。ポロスは、アレクサンドロスが渡河をくわだてていることを偵察兵から知らされると、対岸を守るために息子を二〇〇〇人の騎兵および一二〇台の戦車とともに北方へ送ったが、インド側の対応は遅すぎた。インド勢の姿が目に入ると、アレクサンドロスは敵をめざして突撃し、次々と大隊を繰りだして波状攻撃をかけたのでインド側はパニックにおちいって逃げ去った。ポロスの息子は戦死し、マケドニア軍は首尾よく敵の戦車をすべて捕獲した。

ポロスはそこで、アレクサンドロスにたいし軍隊を差し向けることにしたが、クラテロスの渡河を防ぐために、数頭の象とともに小守備隊を残しておいた。ポロスは歩兵三万人、騎兵四〇〇〇人、戦車三〇〇台、象二〇〇頭を擁し、数においてはアレクサンドロスをしのいでいた。アレクサンドロス側には歩兵が六〇〇〇人しかいなかったが、五〇〇〇人の騎兵のおかげで、アレクサンドロスはこの戦闘で決定的に優位に立った。ポロスは、最近降った雨によるぬかるみがそれほどひどくない場所を選んで、延長二マイル強の横隊を展開した。それにたいし、アレクサンドロス側は歩兵が八列横隊を組んでいたが、その長さは敵側の半分にも満たなかった。(289)

ポロスは両翼にそれぞれ二〇〇〇人の騎兵と二戦車大隊一五〇台を配した。二〇〇頭の象は、インド軍歩兵隊の正面に五〇フィートほど離れて一列に並んでいた。アレクサンドロスは騎兵隊を右翼に集め、ポロスが指揮をとるインド軍左翼の騎兵隊を急襲すべく態勢をととのえた。そして、コイノスの指揮する騎兵小隊（およそ一〇〇〇人）を切り離して、インド軍右翼の騎兵隊を攻撃するために左へ移動させたが、ポロスがアレクサンドロスの集中攻撃に備えるべく右翼の騎兵隊を左翼へ移動させることを見越して、コイノスに、そうなった場合はインド軍の背後をまわって自分と合流するよう指示しておいた。

アレクサンドロスは、まず右翼から騎馬弓兵を繰りだした。騎馬弓兵はインド軍の戦車をあっさりと片づけ、大量の長距離攻撃でインド軍左翼の騎兵隊を混乱におとしいれた。次いでアレクサンドロスは、ヘタイロイの縦隊を率いて自ら出撃し、インド軍左翼に包囲および側面攻撃をかけた。インド軍騎兵隊を歩兵隊の援軍から切り離すのが狙いだった。インド軍右翼の騎兵隊は、ポロスの命令で自軍の横隊の正面を通って左翼へ向かったが、コイノスは対峙する両軍歩兵隊のあいだを駆け抜けて追跡し、その後衛を襲った[290]。そのため、ポロスが両翼の騎兵隊を結集しきれないうちに、アレクサンドロスはポロスを激しく攻めたてた。この決定的な猛攻と時を同じくして、マケドニア軍歩兵隊が前進し、ポロスがアレクサンドロス率いる騎兵隊に象を差し向けるのを食い止めた。アレクサンドロス軍の散兵は象にたいする攻撃では特に威力を発揮した。アリアヌスはこう書いている。

乗り手を射落とし、さらに象そのものの体めがけて四方から雨あられと矢玉を浴びせた。これは以前のどんな戦いともまったく様相を異にする奇妙な戦闘だった。怪物のような象が歩兵隊の横隊の中であちこちへ突進し、マケドニア密集軍の堅固な布陣に大きな穴をあけた。一方、インド軍の騎兵は歩兵とぶつかりそうになって向きを変え、マケドニア軍騎兵隊を攻めにかかった。(291)

しかし、アレクサンドロス勢は敵の騎兵隊を撃退し、再び象のほうへ追いやった。

このときには、象はまわりを軍隊に取り巻かれて動きがとれなくなっており、作戦の立てようがなかった。象がまごまごと動き、向きを変えてあちこちへ突進するうちに、敵の兵士と同じくらい多数の味方の兵士を踏み殺したのである。

インド軍はついに混乱のうちに敗走した。クラテロスはこの機をとらえて川を渡り、新手の兵力をもって追跡し、敵を大量に殺戮した。ポロスは傷ついて捕虜となった。アレクサンドロスの前に連れてこられ、どのような処分を望むかと問われると、「国王として処分してもらいたい」とポロスは答えた。アレクサンドロスはその返事を聞いて非常に感心し、ポロスを国へ帰してやった。二人は親しい友人となった。

この戦闘を通じて、アレクサンドロスの統率力は傑出していた。彼は迅速かつ果断な行動をとり、それでいて慎重な計画と兵站面への配慮を怠らなかった。アレクサンドロスがインダス川を渡り、大きな戦闘に従事しながら、なお遠くマケドニアにまでおよぶ兵站線を維持したという事実はとりわけ最も驚嘆すべきことだろう。戦線を拡大しすぎたのは確かであり、バビロンへ帰るまでの行軍で、戦線を広げすぎたつけの大きさを自ら思い知るのだが、彼はパンジャブ地方に入ってからも、ペルシアおよびそれより遠くの基地から連絡を絶たれて見知らぬ世界をあてもなくさまよっていたわけではない。もしアレクサンドロスが往路をそのまま戻っていたら、あれほどの困難に遭遇することもなかったであろう。いまやギリシア世界の地理および戦略上の概念は、ペリクレスやエパメイノンダスの思い描いた果てしない夢を超えて大きく広がっていたのである。

アレクサンドロスがワーテルローで戦っていたら
――戦争の歴史に占めるアレクサンドロスの地位

アレクサンドロス以後、戦争は大きな変貌をとげる。彼は戦闘の技術を高度な水準に引き上げた。アレクサンドロスの時代からナポレオンの時代まで二〇〇〇年以上のあいだに、戦闘技術でアレクサンドロスに匹敵する水準に達した者はまれであり、ましてや彼をしのいだ者はいっそう少ない。技術上の革新——特に中世後期に火薬が導入されたことや、さらには古代後期に弩砲の設計理論が進歩したこと——の結果、アレクサンドロスの思いもよらないような戦法が可能になった。しかし、だからと言って、アレクサンドロスがあれほど見事に磨き上げた戦闘技術の上に重要な変化が起こったわけではない。

もちろん、産業革命以前に戦争が到達した高度な技術的水準を、すべてアレクサンドロスの功績に帰することはできない。指揮官たる者としては、やみくもに戦闘の真っ只中へ飛びこまずに、じっと待つ自制心を身につけることも必要だったのである。アレクサンドロスが勇猛ぶりを発揮して戦場で部下に範を示したので、兵士たちも奮い立って信じられないような頑張りを見せたが、アレクサンドロスは向こう見ずの度がすぎて何度も重傷を負ったし、致命傷を負う危険もないわけではなかった。それに、前線での彼の戦いぶりからして、いったん戦闘に突入したら戦術計画を変更することは困難であり、不可能に近かった。しかし、指揮官としてのアレクサンドロスにたいするこうした批判は的を射ているけれども、その点を強調しすぎると誇張になりかねないだろう。ナポレオン時代に至るまで、戦闘の中で大きな危険に身をさらした将軍は、カエサルやウェリントンをはじめとして数多いのである。ネイ元帥は砲火をも恐れぬ勇猛さで鳴りひびいていたし、ナポレオン時代の将軍で自らを危険にさらしたのは、独りネイだけではなかった。半島戦争で有名なサラマンカの突撃（一八一二年）を指揮したパケナム元帥はニューオーリンズの戦い（一八一五年）で戦死したのだし、ロス元帥はワシントンDCを炎上させたあと、ボルティモア攻撃の際に傷つき、斃れたのである。ナポレオンはのちに見るように、ワーテルローの戦いで軍のはるか後方にとどまっていたため、取り返しのつかない結果を招いてしまった。

アレクサンドロスの統合軍が採用した槌と鉄床戦法は、基本的な戦闘方法として今日もなお残っている。アレクサンドロスは、ハンニバルがカンネーの戦いで行なったような古典的な二重包囲を成功させたことはないが、二重包囲は槌と鉄床戦法の変形の一つにすぎないのである。ただし、それを首尾よく遂行するのは難しい。槌と鉄床戦法が戦闘において持つ重要性を一般的に例証するには、第二次世界大戦中にマッカーサーがホランディア（現在はインドネシアのジャヤプラ）からフィリピンのレイテ島にかけて展開した軍事作戦を指摘すればよいだろう。これは「きわめて大胆であり、ヨーロッパにおけるパットンの作戦にくらべてもいっそう果断で、しかもはるかに複雑な」作戦とされ、「戦略的構想の点でも作戦遂行の点でも、大戦全体を通じて最も輝かしい場面」として描きだされてきた。マッカーサーはその『回想録』の中で、この軍事作戦について次のように述べている。「レイテを鉄床として、私は日本軍を槌で打ちのめし、フィリピン中部で降伏に追いこむことを狙っていた。それを足がかりにして、さらにルソン島を制圧し、いよいよ日本本土への攻撃に向かうという段どりだった」(292)

指揮官としてのアレクサンドロスのもう一つの特徴として、当然ながら高く評価されているのは、兵士を大切に扱ったことである。「戦闘の犠牲者をこれほどわずかしか出さなかった征服者はほかにいない」と、N・G・L・ハモンドは書いている。「その理由は、アレクサンドロスが「やみくもな人海戦術」をとらず、ただ勝つためではなく最も効率よく勝つために頭を使ったことにある」[293]。指揮官には人命の犠牲をほとんど出さずに勝てるような策を練る義務――もっぱら指揮官としての義務であって、政治的理由からではない――があることをはっきり理解していた点でも、マッカーサーは近代の将軍たちの中で傑出している。この面でアレクサンドロスが成功したのは、充分な訓練をほどこされ、厳格な規律と高い目的意識のある軍隊なら、むやみに人命の犠牲を出すものではないという認識を持っていたところからもきている。

指揮官としてのアレクサンドロスの（そしてアレクサンドロスが率いた軍隊の）真価を知るためには、もう一人の有名な将軍とある程度詳細にわたって比較してみるのが最もよい。比較の対象として、私はナポレオンを選んだ。これは勝手な思いつきではない。両者の比較は、軍事史家たちによって、ことのついでにしばしば行なわれてきたからである。ナポレオンの用兵術の研究家として今日もっとも有名なデヴィッド・チャンドラーはこう述べている。「ナポレオンは、確かに軍事上の奇才であり、近代史を通じて最も偉大な軍人であった。あるいは歴史を通じて最も傑出した軍人であったかもしれない。その点で彼の地位をおびやかす好敵手としては、マケドニアのアレクサンドロス大王とモンゴル皇帝チンギス・ハーンがあるのみである」[294]。アレクサンドロスを専攻する歴史家たちも同様の指摘をしてきた。E・W・マーズデンは、アレクサンドロスの戦略を論じた著書の中で、一方がペルシアへ、他方がロシアへ侵入しようと準備をととのえていたとき「二人が直面した戦略的課題は、驚くほど似かよったものだった」と述べている。そして「ナポレオンはロシアで失敗したが、アレクサンドロスはペルシア征服に成功した。ナポレオンはエジプト遠征中、秘書にアリアヌスを朗読させたが、そこからアレクサンドロスの成功の秘密を学びとらなかったのは明らかだ」[295]とつけ加えている。

この二人の将軍を比較するのは論理的にも不自然ではない。アレクサンドロスの時代からナポレオンの時代までに戦争の実態が多くの点で変わったのは明らかだが、仔細に検討してみると、その変化が想像されるほど大きくなかったことがわかるし、戦闘技術にたいするアレクサンドロスの貢献が途方もなく大きかったこともはっきりするだろう。そこで、私は提案したい。ワーテルローの戦い（一八一五年）を俎上にのせ、まずアレクサンドロスがナポレオンの立場にあってフランス軍の総指揮をとっていたとすれば、どうなっていたかを検討し、次いでウェリントンがアレクサンドロス自ら率いるマケドニア軍と対決していたら、どう戦ったかを考えてみてはどうか、と。ワーテルローの戦いを選んだのは――これも気まぐれではなく――それが近代史において最も重要な戦闘の一つであり、デヴィッド・チャンドラーが言っているように「これほど頻繁に研究の対象となったのは、ゲッティスバーグの戦いを除いてほかにない[296]」からである。もちろん読者には、事情をくみとって大目に見ていただかなければならない点が若干あるだろうが、私が読者の斟酌をお願いしたい重要な問題は、火薬の爆発力がアレクサンドロスとその兵士たちに与える心理的影響を考慮の外におくことだけである。その影響が大きかろうということを認めるのにやぶさかではないが、実際のところは知るよしもないからである。

問題が煩雑になるのを避けるため、戦いの当日、すなわち一八一五年六月一八日の朝にナポレオンが直面していた問題から始めることにする。そこに至るまでの複雑な戦略的要因は、ここで検討の対象とするにはあまりにも込み入りすぎていて手に負えないからである。その日の朝までに、二つのことがはっきりしていた。戦闘はその日、ウェリントンが選んだ場所で戦われるだろうということ、そしてナポレオンは付近にいるブリュッヒャーの率いるプロイセン軍が敵軍に合流するまでに、ウェリントンを撃破しなければならないということである[297]。

ナポレオンは楽観的で、勝算は九対一で自分にあると見ていた。ナポレオンの幕僚たちはその日の晩、ブリュッセルで晩餐をとる計画をたてていた。午前九時の会議で、ナポレオンは「セポイの将軍」ウェリントンをあなどって、その軍隊がフランス軍の攻撃を持ちこたえる可能性を頭から否定し、グルーシーの指揮する右翼にフランス軍から援軍を求めてはどうかという提案を一蹴した。デヴィッド・チャンドラーの示唆しているところによると、この朝の会議に時間をとられたため、ナポレオンの戦闘開始が遅れた。最初の銃声が聞こえたのは午前一一時半になってからであり、本格的な戦闘は午後一時になってから始まったのである。

ウェリントンが布陣しようとしていたワーテルローの真南の尾根は、およそ二マイルにわたって延びており、イギリス軍はかねてから自軍前線のやや前方に二つの要塞を確保していた。その一つである右翼のウーグモンは、果樹園のある城館だった。一方のラ・エイ・サントはウェリントン軍中央の前方にあって、果樹園と庭園と馬小屋のある農場だった。ナポレオンの作戦は、連続的な正面攻撃によりウェリントンの陣地を襲おうというもので、ネイ元帥がフランス軍の作戦指揮をまかされ、ナポレオンは皇帝近衛部隊とともに後方にとどまり、決定的瞬間に戦闘に加わることになっていた。デヴィッド・チャンドラーが言っているように、「皇帝は単純そのものの戦法で迅速に勝利を収めようと狙っていた」。ナポレオン自身、「半時間もすれば敵を木端微塵に打ち破ってみせる」[298]と言ったとされている。

ウェリントン軍の前線中央は、二列のマスケット銃兵が守りを固め、騎兵隊と砲兵隊がそれを掩護していた。ネイはウェリントン軍右翼前方のウーグモンを攻撃し、戦闘の火蓋を切った。おそらくイギリス軍中央から兵力の一部を引き離す狙いの陽動作戦だったであ

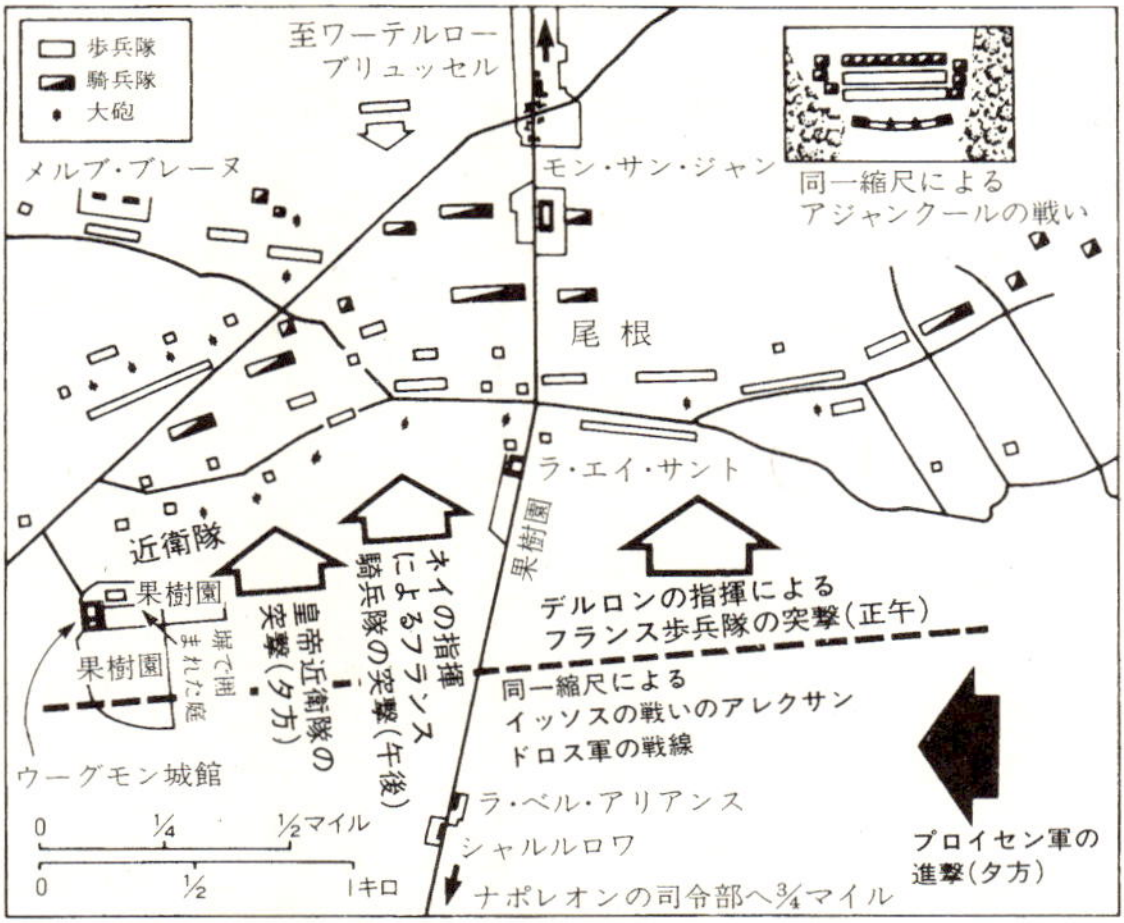

ワーテルローの戦い（1815年）とアジャンクール（1415年）およびイッソス（前333年）の戦いを同一縮尺によって図示してみた。古代の戦闘は一般に考えられているより規模が大きく、進んでいた。

ろうが、それが終日つづく血みどろの戦いとなり、結局イギリス軍を引き寄せる以上に、フランス軍が投入される結果になった。友軍が残らず撃退されたあとの午後八時になっても、フランス軍一個師団がなお砲兵隊に掩護されてウーグモン付近で戦っていた。

　午後一時頃、フランス軍砲兵隊はウェリントン軍中央からほぼ七〇〇ヤードの地点で集中砲火を浴びせはじめた。イギリス軍はウェリントンが選んだ尾根の背後に隠れて身を守ることができたので、フランス軍の砲撃もほとんど敵に損害を与えなかった。総じて、ワーテルローの戦いでは大砲は重要な意味を持たなかった。デルロンの指揮する兵力およそ一万七〇〇〇のフランス歩兵四個師団は、一列二〇〇人、二七列の重装備大隊数個大隊からなるイギリス軍に向かって進軍を開始した。フランス軍歩兵隊はイギリス側の大砲の絶好の目標となったが、デルロンは前進をつづけ、ラ・エイ・サントを通り過ぎ、イギリス軍の横隊に攻撃をしかけた。この危機にあたって、サー・アクスブリッジ麾下のウェリントン軍騎兵隊がフランス軍歩兵隊めがけて突撃し、デルロンの援軍の騎兵隊を追い返すとともに、歩兵隊を強引に押し戻し、多数の敵を殺した。しかし、サー・ウィリアム・ポンソンビーの率いる一騎兵連隊、スコットランド・グレイ軍は深追いしすぎて馬を息切れさせてしまった。そこをフランス軍の槍兵が追いかけ、多数の敵を倒した。ポンソンビーは落馬し、戦死した。フランス軍の一度目の突撃は失敗したが、ウェリントンは、多数の騎兵を失ったのである。

午後四時頃、ラ・エイ・サントでの苦戦にもかかわらず、ネイは騎兵隊を率いてウェリントンの陣地に大規模な突撃をかけることにした。この攻撃には五〇〇〇人の騎兵が動員され、ネイは自ら先頭に立ってウェリントン軍右翼中央の歩兵隊方陣にむかって突撃した。彼らはぬかるみをついて八〇〇ヤードの前線に沿って、しかも驚いたことに歩兵の掩護もなしに進んだのである。どうやらネイは、イギリス軍の戦列内に弱点があるのに気づいたらしく、このチャンスをものにしようとはやりすぎて、しかるべき攻撃隊形をとることができなかった。まる一時間にわたって、フランス軍騎兵隊はイギリス軍の方陣に向かって波状的に突撃を繰り返したが、ウェリントン軍は持ちこたえた。午後五時、ネイは重ねて誤りをおかし、フランス軍騎兵隊の残り五〇〇〇人を投入した。しかし、イギリス軍は方陣への敵の猛攻にもかかわらず、再び陣地を固守した。

その間に、ブリュッヒャーが近づきつつあった。フランス軍騎兵隊は撃退されたが、午後六時頃、ネイはついにラ・エイ・サントを奪取し、ナポレオンに近衛部隊を繰りだすよう求めた（六時半頃）。午後七時頃になって、ナポレオンはやっと選りぬきの歩兵隊である近衛部隊を率いて自ら出陣し、前線まで六〇〇ヤード以内に迫ったが、そこで方向を転じてネイのほうへ進んだ。このときには、プロイセン軍が戦場に姿を現わしていた。七時半頃、近衛部隊は大規模に幅広く展開した陣形で「皇帝万歳」の叫び声をあげながらウェリントン軍の右翼中央へ向かって前進した。彼らがイギリス軍の前線まで二〇ヤード以内に迫ったとき、尾根の陣地に身を伏せていたメイトランド旅団が飛び出して、幅広く展開したフランス軍めがけて至近距離から激しい銃撃を浴びせた。さらに銃剣武装兵の突撃で近衛部隊は混乱におちいり、しかもその側面も銃火にさらされた。ウェリントン軍は銃撃と銃剣兵の突撃を断続的に繰り返すことによってフランス軍を戦場から駆逐した。まかされて敵を追跡したのはブリュッヒャーだった。ナポレオンは自軍の方陣内に身を隠して、幕僚が救出してくれるのを待たなければならなかった。戦いは完敗であり、味方は粉砕されたのだ。

ヨーロッパの歴史の方向を決定したこの戦闘は、これまで机上の軍事理論家たちによって何度となく仔細に検討されてきた。本書でいま一度同じテーマを取り上げるわけだが、その意図はワーテルローの戦いを尺度として指揮官としてのアレクサンドロスの能力を判定するとともに、戦闘技術における彼の貢献度の大きさを考えてみようというところにある。アレクサンドロスがナポレオンの立場に置かれていたら、はたしてこの戦闘をどのように戦っていただろうか。まず銘記しておかねばならないのは、戦闘の規模の大きさ——兵力の点でも、戦場の広さでも——でアレクサンドロスがたじろぐことはなかったろうということだ。アレクサンドロスはほぼ同じ長さの戦線で、ウェリントン軍以上の兵力を擁する敵と戦ったことがある。火薬は知らなかったろうが、射程距離と破壊力でいくらか劣るとはいえ、弩砲を野砲として使った経験も多少はある。実を言えば、ワーテルローの戦いでは、フランス軍の大砲もイギリス軍の大砲も決定的な役割を果たさなかった。騎兵隊と歩兵隊が単独あるいは共同で敵と白兵戦を交えることによって戦いの帰趨が決まったのである。ワーテルローの戦いでは大砲が使われたけれども、白兵戦を避けることはできなかった。

ナポレオンとネイがワーテルローの戦いでいくつかの重大な誤りをおかしたという点で、

すべての軍事史家の意見は一致しているが、アレクサンドロスの生涯についてわかっている事実にもとづいて言えば、彼ならそんな誤りはおかさなかったと考えても差し支えあるまい。もちろん、理論上では、アレクサンドロスもナポレオンと同様、敗戦の憂き目をみることはありうるが、アレクサンドロスはナポレオンとちがって現実にそのような敗北を喫した経験が一度もないのである。いずれにしても、重要なのは、アレクサンドロスが指揮官としてナポレオンよりすぐれていたことを証明することではない。アレクサンドロスがナポレオンより二〇〇〇年ほど前に、戦闘技術をほとんど近代的水準にまで引き上げていたことを証明できればよいのだ。

周知のように、アレクサンドロスは統合軍を正しく使いこなすすべを心得ていた。統合軍の構想は、彼が父とともに古代近東から借用し、すぐれた重装歩兵のマケドニア密集軍を展開することによってさらに磨きをかけたものである。

ナポレオンがおかした第一の誤りは、ウェリントンにたいする最初の攻撃をあれほど遅らせたことだ。プロイセン軍がイギリス軍の救援に駆けつけようとしていただけに、この誤りはいっそう高くついたのである。アレクサンドロスについてわかっているすべての事実から察するところ、彼ならこれほどのろまではなく、優柔不断でもなかったろう。グラニコス川およびイッソスで、アレクサンドロスは縦隊から戦闘隊形に展開し、ただちに敵を攻撃した。その他の戦いでも、ひとたび作戦行動に入ったらつねに断固として手をゆるめることなく敵と激突した。それだけでなく、アレクサンドロスは騎兵隊を使うにしろ歩兵隊を使うにしろ、別の兵種による掩護なしに攻撃を開始することは決してなかった。ネイが歩兵隊の掩護なしに騎兵隊を投入したことは、今日までなおほとんど説明のつかない謎である。そして、決定的なのは、アレクサンドロスならナポレオンのように前線から離れて後方にとどまっていはしなかったということだ。ウェリントンとネイは一日中危険に身をさらしていた。ネイは午後の戦闘で五頭も馬を乗りつぶしたが、ナポレオンは前線からあまりにも遠く離れた後方にいたため、作戦行動に口をはさむことができなかった。ナポレオンはネイがフランス軍騎兵隊を動員して最初の突撃をかけたときに腹を立てたと伝えられているが、あまりにも遠く離れたところにいたので、それをやめさせることができなかったのである。戦場におけるナポレオンの存在は、ウェリントンの言によれば「四万人の兵士と同等の価値があった」(これは、アレクサンドロスについても同じように言えることだ)が、ワーテルローではあまりにも遠い後方にとどまっていたため、その効果がすっかり薄められてしまった。アレクサンドロスがこのような誤りをおかすとは考えられない。

アレクサンドロスの業績の意義を全面的に評価するには、彼がフランス軍ではなくマケドニア軍を率いてウェリントンとどう戦ったかをしばらく考えてみなければならない。火薬の爆発力がマケドニア軍に与える心理的影響を度外視すれば、アレクサンドロスの軍隊が他の点でイギリス軍の火器によって決定的な影響を受けるかどうかは疑問である。ナポレオンの軍隊は、マケドニア密集軍とくらべ、いっそう幅広く展開した陣形で攻め寄せたから、イギリス軍の砲兵にとってなおさら絶好の攻撃目標となったけれども、運命を決めた最後の突撃で、フランス軍は敵の砲火を浴びながらもイギリス軍の前線から二〇ヤード以内に迫ることができた。たぶん、アレクサンドロス軍も同じことをやってのけたであろう。

歩兵隊のマスケット銃も、別に恐れるほどの武器ではなかった。一〇〇ヤード離れたところからでは役に立たず、五〇ヤードになるとある程度の威力を発揮したが、ナポレオン時代の戦闘では一般に「敵の白目が見えるまで待て」の指令が出されていた。それに、近衛部隊はウェリントンが手勢を差し向ける前に二〇ヤード以内に迫っていた。二〇ヤードの距離なら、ウェリントンにとって一三フィートの槍を持つマケドニア密集軍のほうがナポレオンの近衛部隊よりも恐ろしい敵だったはずである。もちろん、イギリス軍の火器が銃剣兵の突撃とあいまってナポレオンの近衛部隊を打ち破ったように、マケドニア軍を撃破する可能性もなかったとは言えない。しかし、銃剣兵の突撃はマケドニア軍にたいしては効果がなかったであろう。マスケット銃は弾丸を再装塡するのに数秒かかったし、イギリス軍にはマスケット銃の横隊は二列しかなかったのだから、必要に応じて駆け足で突撃できるよう訓練されていたマケドニア兵が五〇ヤード以内に接近できれば、イギリス軍歩兵隊との白兵戦で敵に壊滅的な打撃を与えることができたろう。火器による最初の集中攻撃でマケドニア側に大量の死傷者が出るのは避けられまいが、それでもなお持ちこたえたと仮定して、至近距離での戦闘となればマケドニア密集兵はイギリス歩兵を圧倒したと考えられる。

アレクサンドロス軍の散兵は、ワーテルローでは古代の戦闘で発揮した以上の働きを示すはずである。弓や投石器はマスケット銃より有効射程距離が長かったし、一九世紀初期の兵士はほとんど甲冑をつけていなかったから、弓矢や投石による被害もそれだけ大きかったろう。マケドニア騎兵が鐙《あぶみ》をつけたイギリス騎兵とどう戦ったかについては議論の余地が多いだろうが、マケドニア人の乗馬術はきわめてすぐれていたし、マケドニア軍騎兵隊の槍は恐るべき武器だった。ワーテルローの戦いでフランス軍槍騎兵に苦戦したため、イギリス軍は翌年、独自の槍騎兵隊を組織したほどである。

もちろん、一八一五年にアレクサンドロスの率いるマケドニア軍がウェリントン軍を尾根から駆逐しえたと断言することはできないが、たいへんな接戦になった可能性はあるだろう。このような比較を試みるのは荒唐無稽かもしれないし、大した実益もないということは筆者にも充分にわかっている。幸いなことに、戦闘はやりなおしがきかない。デヴィッド・チャンドラーがワーテルローの戦いについてこう述べている。

この名高い戦闘の……結果を分析するにあたっては、かならず心理的要因と物理的要因とを区別しなければならない。士気の高さや指揮のよしあしは前者の範疇に入り、人数や兵器および戦術理論や組織は後者に属する。最終的な結果を特定の一つの原因に帰することはできない。どんな戦いでもそうだが、それは有形無形のさまざまな要因の組み合わせの結果だったのである。完全に公正な評価をくだすのは、事実上不可能である……[299]。

ましてや、ある時代の戦闘技術を別の時代のそれと比較するのはいっそう困難である。しかし、それを明示するにせよしないにせよ、比較の対象となりうる別の場所での実績とくらべてみなければ、ある時代の到達点を充分に評価することはできない。ワーテルローの戦場でアレクサンドロスがどう戦ったにしても、彼はとにかくそれより二〇〇〇年も前に戦闘技術を高い水準に引き上げていたのである。その後、ローマ人が歩兵隊の編制を改善したが、古代の将軍でアレクサンドロス大王ほど戦闘技術に多くの根本的貢献をなしとげた者はいないのである[300]。

本書では、戦争の起源をテーマに、先史時代から前四世紀までの歩みを概観してきた。戦術――先史時代における縦隊と横隊の採用――が初めて考えだされて以来、マケドニア統合軍によって高度な槌と鉄床戦法が適用されるまで、その進歩は概して緩慢だった。統合軍を生み出すうえで古代近東が果たした役割は、一般に考えられているより大きいが、ギリシアの重装歩兵はペルシアのそれよりすぐれていた。この両者の伝統を組み合わせて、フィリッポスとアレクサンドロスがマケドニア軍を創設するにおよんで定まった戦闘方法は、その後若干の技術上ないし組織上の変革があったにしても、ナポレオン時代まで基本的に変わらなかった。二〇世紀になって桁はずれに大規模な陸軍と飛行機、潜水艦、機関銃、速射小銃が登場し、さらにいまや核兵器が出現するに至ってはじめて戦闘に根本的な変化が起こったのである。

原注

第一章

1 Keegan 1976, p. 141 から引用〔高橋均訳、中央公論新社〕。メルシェについてはHowarth 1969 にくわしい。

2 Keegan 1976, p. 197

3 Engels 1978

4 Keegan 1976, p. 171

5 Eccles 1965

6 Turney-High 1971, p. 23

7 Keegan 1976, p. 150 から引用（傍点は私による）

8 Keegan 1976, pp. 173-4

9 Turney-High 1971 のほか、以下を参照されたい。Quincy Wright, *A Study of War*（Chicago 1942）, I, pp. 53-100 ; Leon Bramson および George W. Goethals 編 *War : Studies from Psychology, Sociology, Anthropology*（New York 1964）の中の（pp. 275-83）Joseph Schneider, 'Primitive Warfare : A Methodological Note' ; Robert Carniero, 'A Theory of the Origin of the State,' *Science*, 169（1970）, pp. 733-8 ; David Webster, 'Warfare and the Evolution of the State : A Reconsideration,' *American Antiquity*, 4（1975）, pp. 464-70, Wenke 1980, pp. 357-61

10 Turney-High 1971, p. xiii
11 Wenke 1980, pp. 357-61
12 最新の簡潔な概説としては、Boyce Rensberger, 'Ancestors, A Family Album,' *Science Digest*, 89 no. 3 (April 1981), pp. 34-43 および *The First Men*, Time-Life Series, 'The Emergence of Man' (New York 1973) を見よ。より詳細な労作は、以下の注の中で列挙する。
13 Bramson および Goethals 編 *War* の中の (pp. 21-31) William James, 'The Moral Equivalent of War'
14 Sigmund Freud, *Civilization and Its Discontents* (London 1930), p. 86〔「文化への不満」浜川祥枝訳（フロイト著作集3、京都・人文書院)〕および Bramson, Goethals 編 *War* 収録 (pp. 75-7) の 'Why War ?' (the letter to Einstein)〔「戦争はなぜ」佐藤正樹訳（フロイト著作集11、同上)〕
15 Bramson, Goethals 編 *War*, pp. 269-74
16 Raymond Dart, 'The Predatory Transition from Ape to Man,' *International Anthropological and Linquistic Review*, I (1954), pp. 207-8
17 Dart 1959, p. 113〔山口敏訳、みすず書房〕
18 Ardrey 1961, 1966, 1970, 1976〔徳田喜三郎・森本佳樹・伊沢紘生訳、筑摩書房〕。また Desmond Morris, *The Naked Ape* (London and New York 1967)〔『裸のサル』日高敏隆訳、角川文庫〕および *The Human Zoo* (London and New York 1969)〔『人間動物園』矢島剛一訳、新潮選書〕も参照せよ。
19 Lorenz 1966〔日高敏隆・久保和彦訳、みすず書房〕
20 Montagu 1976〔尾本恵市・福井伸子訳、どうぶつ社〕、Leakey 1979〔岩本光雄訳、平凡社〕
21 Richard E. Leakey and Roger Lewin, *People of the Lake : Mankind and Its Beginnings* (New York 1979), p. 233〔『ヒトはどうして人間になったか』寺田和夫訳、岩波書店〕
22 Lorenz 1966, p. 239

23 Franz Weidenreich, 'Six Lectures on Sinanthropus,' *Bulletin Geological Society of China*, 19 (1939) および S. L. Washburn 編 *Social Life of Early Man* (New York 1961) 中 (pp. 176-93) の Kenneth P. Oakley, 'On Man's Use of Fire, with Comments on Toolmaking, and Hunting' を見よ。また Montagu 1976, pp. 109-11 も参照せよ。

24 *Atlas of Primitive Man in China* (Beijing 1980), pp. 32-55

25 Yehudi A. Cohen 編 *Man in Adaptation : The Biosocial Background* 第二版 (Chicago 1974) 中 (pp. 285-95) の Alice M. Brues, 'The Spearman and the Archer'

26 Kenneth P. Oakley, *Man the Toolmaker*, 4th ed (London and Chicago 1964), p. 72. また Grahame Clark, *The Stone Age Hunters* (London 1967), pp. 23-37 と Jacques Bordaz, *Tools of the Old and New Stone Age* (New York 1970) も参照せよ。

27 Grahame Clark and Stuart Piggot, *Prehistoric Societies* (London and New York 1965), p. 60

28 数字に関しては Hadingham 1979, pp. 255-8 を見よ。性的意味を論じたものとして、また、洞窟芸術の最良の複製としては、André Leroi-Gourhan, *The Art of Prehistoric Man in Western Europe* (London 1968) を見よ。概説として最もすぐれているのは、Ucko and Rosenfeld 1967 である。また、P. R. S. Moorey 編 *The Origins of Civilization* (Oxford 1979), pp. 105, 114 も参照せよ。

29 弓の起源については、Gad Ransing, *The Bow : Some Notes on Its Origin and Development* (*Acta Archaeologica Lundensia*, ser. 8, no. 6 : Lund 1967) と Manfred Korfmann, *Schleuder und Bogen in Südwestasien von den Frühesten Belegen bis zum Beginn der historischen Stadtstaaten* (Antiquitas, 3, Band 13 : Bonn 1972) を見よ。また、Bridge Allchin, *The Stone-tipped Arrow* (London 1966) も参照せよ。

30 前記29に挙げた著作を見よ。旧石器時代後期の史料としては William Reid, *Arms Through the Ages*

(New York 1976) pp. 9–11を見よ。Hardy 1976, pp. 11–27も参照せよ。

31　新石器時代の岩石美術は世界中で発見されている。スペイン領レヴァントの美術については以下の著作を見よ。Johannes Maringer and Hans-Georg Bandi, *Art in the Ice Age : Spanish Levant : Arctic Art* (New York 1953); Andreas Lommel, *Landmarks of the World's Art : Prehistoric and Primitive Man* (New York 1966), pp. 47–8 ; Tom Prideaux, *Cro-Magnon Man* (in the 'The Emergence of Man' series, Time-Life : New York 1973), pp. 145–51〔『クロマニヨン人』早弓惇訳、タイム・ライフ・ブックス（ライフ人類100万年）〕。また次のものも参照せよ。Burchard Brentjes, *African Rock Art* (trans. by A. Dent, New York 1969); Robert R. R. Brooks and Vishnu S. Wakankar, *Stone Age Painting in India* (New Haven 1976); Torgny Säve-Söderbergen, ed., *The Rock Drawings* (*The Scandinavian Joint Expedition to Sudanese Nubia Publications*, 4 vols. : Odense 1970), Muvaffak Uyanik, *Petroglyphs of South-Eastern Anatolia* (trans. by Halük V. Saltikgil, Graz 1974)

32　最古の単純な弓の最大射程距離を、私は一〇〇―一五〇ヤードと推定しているが、これは高く見積もりすぎかもしれない。普通は、それよりずっと近い距離で使われ、至近距離の場合も少なくなかった。

33　この問題の研究に最良の貢献をしたのは新世界考古学である。Dennis Stanford, 'Bison Kill by Ice Age Hunters,' *National Geographic*, 155, no. 1 (Jan. 1979), pp. 114–21を見よ。この中では、特に一節を割いて、槍投げ器（槍発射器）の使用に触れ、マンモスがどのように殺されたかに言及している。

34　Turney-High 1971, pp. 26–8

35　その発掘の報告としては、Fred Wendorff, ed., *The Prehistory of Nubia* (Dallas 1968), vol. II, pp. 954–95を見よ。この遺跡については、Hoffman 1979にすぐれた論文がある。

36　David Howarth, *Waterloo : Day of Battle* (New York 1969), p. viii

37　James Mellaart, *Çatal Hüyük : A Neolithic Town in Anatolia* (London 1967)、初期の年代について若

干の修正を加えたものとしては、*The Archaeology of Ancient Turkey* (London and Ottowa 1978), pp. 9–22 を見よ。

38 投石器については Korfmann（前記29で挙げた）および K. G. Lindblom, *The Sling, Especially in Africa : Additional Notes to a Previous Paper* (Stockholm 1940) を見よ。また V. Gordon Childe, 'The Significance of the Sling for Greek Prehistory,' *Studies Presented to David M. Robinson* (St Louis 1951), pp. 1–5 および Korfmann の論文、'The Sling as a Weapon,' *Scientific American*, 229, no. 4 (Oct. 1973), 34–42 も参照せよ。

39 James Mellaart, *Excavations at Hacilar* (Edinburgh 1970), vol. I, p. 158 および *Çatal Hüyük*, p. 217

40 Korfmann（前掲29）, pp. 6–16 および Lindblom（前掲38）を見よ。

41 Xenophon, *Anabasis*, III, 3, 6–20 ; 4, 1–18〔『アナバシス――キュロス王子の反乱・ギリシア兵一万の遠征』松平千秋訳、筑摩書房〕。Hogg (1968) によると「好適な天候条件の下で使い手が熟練者なら、投石器の射程距離は約五〇〇ヤードに達した」。しかし、実際の戦場では、たいていの投石兵は、おそらくその半分の距離さえ飛ばせなかったろう。

42 Lindblom（前掲38）p. 26 から引用。

43 Lindblom（前掲38）p. 6 から引用。

44 Yadin 1963, vol. I, pp. 9–10 ; Adcock 1957, p. 16

45 Vegetius, II, 23. また G. R. Watson, *The Roman Soldier* (London 1969), pp. 60–1 も参照せよ。

46 Caeser, BC, III, 4.

47 Korfmann（前掲29）pp. 6–16 を見よ。

48 Mellaart 1975, p. 277

49 同書 p. 278

50 Charles L. Redman, *The Rise of Civilization : From Early Farmers to Urban Society in the Ancient Near East* (San Francisco 1978), pp. 215-6

51 この点についての最良の論考は、De la Croix 1972, pp. 12-4。また Paul Lampl, *Cities and City Planning in the Ancient Near East* (New York 1968)〔『古代オリエント都市——都市と計画の原型』北原理雄訳、東京・井上書院〕も参照せよ。

52 Kathleen Kenyon, *Digging Up Jericho* (London 1957), Margart Wheeler, *Walls of Jericho* (London 1956), および Yadin 1963, I , pp. 32-5 を見よ。

53 人口の数字に関する最良の論考は Roger Moorey および Peter Parr 編 *Archaeology in the Levant : Essays for Kathleen Kenyon* (Warminster 1978), pp. 11-8 に収められている Peter Dorell, 'The Uniqueness of Jericho' である。

54 Mellaart 1975, pp. 48-51

55 Jack R. Harlan, Jan M. J. De Wet および Ann B. L. Stemler 編の *Origins of African Plant Domestication* (The Hague 1976) 中の諸論文を見よ。

56 前掲53の Dorell の論文を見よ。

57 Mellaart, *Çatal Hüyük*. 年代の訂正に関しては Mellaart, *The Archaeology of Ancient Turkey*, p. 13 を見よ。

58 De la Croix 1971, p. 14

59 Turney-High 1971, p. 124

60 私が言わんとしているのは、もちろん新石器時代の戦士と青銅器時代の戦士との間に何の違いもなかったということではなく、戦闘における「英雄的」行為は両時代に共通して見られた現象だということだけである。

第二章

61 ウェストポイントの米陸軍士官学校で使っているElmer C. May および Gerald P. Stadler のすばらしいハンドブック（1980）は、ギリシア装甲歩兵に関する章から始まっている。

62 B. H. Liddell Hart, *Strategy*（New York 1954）〔『戦略論——間接的アプローチ』森沢亀鶴訳、東京・原書房〕は、ギリシア人から説き起こしているし、同じ著者の *A Greater Than Napoleon : Scipio Africanus*（London 1926）では、古代の戦闘技術の到達点にたいして賛嘆の念を隠していない。また、Fuller 1960 および同じく Fuller による *Julius Caesar Man, Soldier, and Tyrant*（London 1965）も参照せよ。

63 Yadin 1963. また Oakeshott 1960 も参照せよ。

64 前四世紀のギリシアにおける兵站学の発達については Engels 1978 を見よ。

65 一般的な見解としては James H. Breasted, *A History of Egypt*（New York 1909）, p. 84 あるいは John A. Wilson, *The Culture of Ancient Egypt*（Chicago 1951）, p. 82 を見よ。W. B. Emery, *Alchaic Egypt*（Harmondsworth 1961）, pp. 112-8 には、もう少しバランスのとれた見解が見られる。

66 Sir Alan Gardiner, *Egypt of the Pharaohs*（Oxford 1961）, p. 404

67 Gardiner, *Egypt of the Pharaohs*, p. 394

68 これらの数字などについては、R. Ernest Dupuy and Trevor N. Dupuy, *The Encyclopedia of Military History*（New York 1970）の該当箇所を参照せよ。

69 Yadin 1963, I, pp. 6-13

70 Jac Weller, *Weapons and Tactics : Hastings to Berlin*（New York 1966）, p. 18

71 Littauer and Crouwel 1979

72 Yadin 1963, I, pp. 7-8

73 同書Ⅰ, pp. 10–1
74 Turney-High 1971, p. 7
75 Eccles 1965, pp. 45–6. また Hart, *Strategy*, pp. 335–6 も参照せよ。
76 これらの理論家たちの見解を概観したものとしては、Earle 1943 の中の諸論文を見よ。リデル・ハートは、多くの点でクラウゼヴィッツを厳しく批判しているが、彼自身も、「間接的な」侵略によって勝利を得ようとする観点から判断していた。
77 (Baltimore 1976), pp. xi–xii
78 特に R. O. Faulkner, 'Egyptian Military Organization,' *Journal of Egyptian Archaeology*, 39 (1953), 32–47 ; A. W. Lawrence, 'Ancient Fortifications,' *Journal of Egyptian Archaeology*, 51 (1965), 69–94 および Schulman 1964 を見よ。
79 Emery, *Archaic Egypt*, pp. 112–8
80 Gardiner, *Egypt of the Pharaohs*, pp. 94–8
81 Faulkner, *Journal of Egyptian Archaeology*, 39 (1953), 32–6
82 同 33–4
83 同 36–41
84 この点についてはフォークナーのほかに、Schulman 1964, p. 21 の若干ちがった見解を見よ。論文と併せて付録の関係文献目録が参考になる。
85 「王子の防壁」については、Lawrence, *Journal of Egyptian Archaeology*, 51 (1965), 71 を見よ。
86 同 71
87 Gardiner, *Egypt of the Pharaohs*, pp. 148–72. また John Van Setera, *The Hyksos* (New Haven 1966) も参照せよ。

88 Lawrence, *Journal of Egyptian Archaeology*, 51 (1965), 88.

89 エジプトの軍隊については Yadin 1963, I, pp. 111-4 および Robert Laffont, *The Ancient Art of Warfare*, I (Paris 1966), pp. 16-31 も参照せよ。

90 Eccles 1966 では、随所でこの問題に言及しているので参考にされたい。

91 U. S. Grant Sharp, *Strategy for Defeat* (San Rafael 1978) は、主に北ヴェトナムへの空爆に重点をおいているが、南ヴェトナムでのウェストモーランド将軍の戦略にも、ある程度論及している。

92 メギドについては、Yadin 1963, I, pp. 100-3 および George Steindorff and Keith C. Seele, *When Egypt Ruled the East* (Chicago 1957), pp. 53-6 を見よ。また R. D. Faulkner, 'The Battle of Megiddo,' *Journal of Egyptian Archaeology*, 28 (1942) も参照せよ。

93 この引用文および次の引用文は Yadin 1963, I, pp. 100-3 からとった。

94 カデシュの戦いについては、Gardiner 1960 および Breasted の今なお有用な研究 (1903) を見よ。併せて Simon Goodenough, *Tactical Genius in Battle* (London 1979), pp. 29-32 および Yadin 1963, I, pp. 103-10 を参照せよ。

95 例えば、カエサルは、ムンダで自ら最前線に出て戦ったが、そのあとで、こう語っている。自分は、勝つために戦ったことはしばしばあるが、ムンダでは、自分の命を守るために戦った、と (Plut., Caesar, 56〔『プルターク英雄伝』第九、河野与一訳、岩波書店〕)。第六章で見るように、アレクサンドロスも、戦場で同様に恐れを知らない勇猛ぶりを発揮した。

96 Hans Goedicke, 'Considerations on the Battle of Kadesh,' *Journal of Egyptian Archaeology*, 52 (1966), 71-80 によると、ステフ師団がカデシュ付近のラムセス軍に加わっていなかったのは確かである。ステフ師団は本隊から離れて海岸沿いに北上しており、おりよく西方から到着した傭兵隊は、作戦上ステフ師団に配属された。

97 David Howarth, *Waterloo : Day of Battle* (New York 1969), p. 142を見よ。「公爵は終始、戦闘の真っただ中で、馬を駆って前線をまわり、騎兵隊が突撃するたびに方陣の中に身を隠した」。この戦闘については、Chandler 1980も参照せよ。

98 戦車については、前掲71およびYadin 1963, I, pp. 4-5, 37-40を見よ。

99 Yadin 1963, II, pp. 253-87 ; Herzog and Gichon 1978, またJohn Ellis, *A Short History of Guerrilla Warfare* (New York 1976), p. 9も参照せよ。

第三章

100 ギボンは、もちろん「洗練された《ボライト》」という言葉を、「行儀がよい」という意味で使っているのではなく、文字どおり「あかぬけした、教養のある」という意味で使っているのである。アッシリアとローマとの比較という点では、とりわけA. T. Olmstead, *History of Assyria*, pp. 645-55、また別の関連からはA. Leo Oppenheim, *Ancient Mesopotamia* (Chicago 1977), p. 90を参照せよ。

101 この時期の発展の概観としてはSamuel Noah Kramer, *The Cradle of Civilization* (New York 1969), pp. 51-9およびOppenheim, *Ancient Mesopotamia*, pp. 163-7を見よ。またGeorges Roux, *Ancient Iraq* (Harmondsworth 1964), pp. 234-9も参照せよ。

102 James Muhlyのすぐれた論文'How Iron Technology Changed the Ancient World and Gave the Philistines a Military Edge,' *Biblical Archaeology Review*, 8, no. 6 (Nov./Dec. 1982), 40-54を見よ。論文とともに付録の関係文献目録が参考になる。

103 Yadin 1963, II, 291-302

104 W. G. Lambert, *Babylonian Wisdom Literature* (Oxford 1960), pp. 146-7 (前掲102のMuhlyに引用されている)。

105 この三つの前線を論じた Oppenheim, *Ancient Mesopotamia*, pp. 165-7 を見よ。

106 同書 p. 167

107 Luckenbill, 1926, II, p. 152

108 Luckenbill, 1926, I , pp. 144-5

109 W. Manitius, 'Das stehende Heer der Assyrerkönige und seine Organization,' *Zeitschrift für Assyriologie und vorderasiatische Archäologie*, 24 (1910), 97-149 ; pp. 185-224 は、時代遅れになってしまってから久しいとはいえ、この問題を扱った論文として今日なお規範となるものである。また H. W. F. Saggs, 'Assyrian Warfare in the Sargonid Period,' *Iraq*, 25 (1963), 145-154 および J. E. Reade, 'The Neo-Assyrian Court and Army : Evidence from the Sculptures,' *Iraq*, 34 (1972), 87-112 も見よ。

110 H. W. F. Saggs, *The Greatness That Was Babylon* (London and New York 1962), p. 254 を見よ。

111 Postgate 1974

112 同書 p. 17

113 General Sir Evelyn Wood, *Cavalry in the Waterloo Campaign* (London 1895), p. 14 また David Chandler, *The Campaigns of Napoleon* (New York 1966), pp. 351-6 および M. Adolpe Thiers, *History of the Consulate and the Empire under Napoleon* (Philadelphia 1865), vol. 5, p. 566 も見よ。

114 この点については Littauer and Crouwel 1979, pp. 11-2 中の論考を参照せよ。

115 Yadin 1963, II, pp. 313-28

116 この点に関する古典的な論考は、F. Thureau-Dangin, *Une Relation de la Huitième Campagne de Sargon* (1912) である。その英訳は Luckenbill 1926, II 73-99 に引用されている。また Georges Contenau, *Everyday Life in Babylon and Assyria* (New York 1966), pp. 149-54 および Olmstead, *History of Assyria*, pp. 229-42 も参照せよ。

117 Luckenbill 1926, II, pp. 73-99. この遠征に関する次の引用文も同書から。

118 革命時代のフランス陸軍の縦隊による攻撃を論じたものとしては、Chandler, *The Campaigns of Napoleon*, pp. 67-8 を見よ。

119 Hdt., I, 103 (translation Rawlinson, New York 1875)〔ヘロドトス『歴史』松平千秋訳、岩波書店〕

120 ペルシアについては、とりわけ A. T. Olmstead, *History of the Persian Empire* (Chicago 1948), Richard N. Frye, *The Heritage of Persia* (Cleveland 1963) および J. M. Cook, *The Persian Empire* (London and New York 1983) を見よ。

121 Hdt., III, 89-94

122 スキタイ人については Tamara Talbot Rice, *The Scythians* (London and New York 1957) を見よ。

123 ペルシア陸軍については Olmstead, *History of the Persian Empire*, pp. 230-47 ; Hignett 1963, pp. 40-55 ; Burn 1962, pp. 321-36 を見よ。Grundy 1901 は、時代遅れにはなったが、今でも参考になるところが多い。

124 Hdt., VII, 61-99

125 Hdt., I, 80

126 Keegan 1976 には、騎兵戦についてのすぐれた指摘が随所に見られる。ギリシアおよびペルシアの時代に関しては、Tarn 1930, pp. 50-100 と Adcock 1957, pp. 47-53 を見よ。

127 Paul Rahe のすぐれた論文 'The Military Situation in Western Asia on the Eve of Cunaxa,' *American Journal of Philology*, 101 (1980), 79-96 を見よ。

128 ペルシア船隊については Hignett 1963, pp. 51-5 を見よ。

129 互いに相対する見解として Morrison and Williams 1968, pp. 129-31 および Casson 1971, p. 81, n. 19 を参照せよ。また Alan B. Lloyd, 'Triremes and the Säite Navy,' *Journal of Egyptian Archaeology*, 58 (1972), 268-79——この著者は、三橈漕船の起源はギリシアに発したものと考えている——と Lucien Basch,

'Phoenician Oared Ships,' *The Mariner's Mirror*, 55 (1969), 139ff., 227ff も参照されたい。Lloyd の回答 'Were Necho's Triremes Phoenician ?,' *Journal of Hellenic Studies*, 95 (1975), 45-61 および *Journal of Hellenic Studies*, 100 (1980), 195-9 における両者（Lloyd と Basch）の論争も参照せよ。

130 R. O. Faulkner, 'Egyptian Seagoing Ships,' *Journal of Egyptian Archaeology*, 26 (1941), 3-9. また Yadin 1963, II, pp. 251-2 も見よ。

131 前掲128-130の諸文献のほか、Vernard Foley および Werner Soedel の論文、'Ancient Oared Warships,' *Scientific American*, 244, no. 4 (April 1981) が初心者には役に立つだろう。また Chester G. Starr, 'The Ancient Warship,' *Classical Philology*, 35 (1940), 353-74 も参照せよ。

132 Hdt., VIII, 10

133 Hdt., VIII, 60 また私の論文、'Herodotus and the Strategy and Tactics of the Invation of Xerxes,' *American Historical Review*, 72 (1966), 102-15 も参照せよ。

134 Morrison and Williams 1968, pp. 135-43, 313-20

第四章

135 この問題の概説としては、Greenhalgh 1973 特に pp. 156-72 を見よ。これには厖大な文献目録が付いている。その他の重要な著作には、J-P. Vernant, *Problèmes de la Guerre en Grèce Ancienne* (Paris 1968), pp. 93-117 に収められている G. S. Kirk, 'War and the Warrior in the Homeric Poems' のほか、J. V. Luce, *Homer and the Heroic Age* (London and New York 1975), D. L. Page, *History and the Homeric Iliad* (Berkeley 1959) および Snodgrass 1964 がある。

136 とりわけ Chester G. Starr, 'The Myth of the Minoan Thalassocracy,' *Historia*, 3 (1955), 282-91 を見よ。

137 テラ島のフレスコ画に描かれた船と、R. O. Faulkner, 'Egyptian Seagoing Ships,' *Journal of Egyptian*

Archaeology (1941) の挿絵Ⅳに描かれているエジプト船とを比較せよ。Avner Raban, 'The Thera Ships : Another Interpretation,' *American Journal of Archaeology*, 88 (1984), 11-19 は、本書の出版には間に合わず、参考にすることができなかった。

138 ミノア人は必ずしも平和的な民族でなかったということを認めようとしない傾向が、今でも根強く残っている。Christos G. Doumas, *Thera : Pompeii of the Ancient Aegean* (London and New York 1983), pp. 129-33 を見よ。

139 John Chadwick, *The Mycenaean World* (Cambridge 1976), pp. 159-79 〔『ミュケーナイ世界』安村典子訳、みすず書房〕

140 この点については、Arther Ferrill および Thomas Kelly 編の *Chester G. Starr Essays in Ancient History* (Leiden 1979), pp. 97-101 に収録されている Chestar G. Starr, 'Homeric Cowards and Heroes' を見よ。

141 Chadwick, *The Mycenaean World*, p. 167. また、ピュロスで発見された戦車目録の書字板について触れている p. 170 も参照せよ。

142 Chadwick, *The Mycenaean World*, p. 173.

143 Carol Thomas, 'A Dorian Invation ? The Early Literary Evidence,' *Studi micenei ed egeo-anatolici*, 19 (1978), 77-87 ; N. G. L. Hammond, *Migrations and Invations in Greece and Adjacent Areas* (Park Ridge 1976).

144 Greenhalgh 1973, p. 142, Aristotle, *Politics*, 1297 b. 16-9 〔アリストテレス『政治学』山本光雄訳、岩波書店〕

145 これに関する文献は数限りなくある。最も重要な参考文献は、J. Salmon, 'Political Hoplites ?,' *Journal of Hellenic Studies*, 97 (1977), 84-101 であろう。また A. Snodgrass, 'The Hoplite Reform and History,' *Journal of Hellenic Studies*, 85 (1965), 110-22 も参照せよ。

146 Adcock 1957, pp. 14–28 ; Connolly 1981, pp. 37–50

147 甲冑については、P. Cartledge, 'Hoplites and Heroes,' *Journal of Hellenic Studies*, 97 (1977), 12–15 の最新の事実に基づいた見解のほか、Snodgrass 1967, pp. 48–88 や Connolly 1981, pp. 51–63 を見よ。

148 俸給については Pritchett 1971, I, pp. 3–29 を参照せよ。

149 A. J. Holladay, 'Hoplites and Heresies,' *Journal of Hellenic Studies*, 102 (1982), 94–103 および Cawkwell 1978, pp. 150–3 を見よ。この二人の見解については前節で触れた。

150 du Picq 1921, p. 94 (一八六〇年代にフランス語で書かれた)。

151 同書 p. 48

152 Anderson 1970, pp. 25–51——古代の史料が挙げられている——および Connolly 1981 pp. 37–8 を見よ。

153 Thuc., V, 66 〔トゥキュディデス『戦史』久保正彰訳、岩波書店〕。軍隊の指揮官としてのスパルタ王については、Carol Thomas, 'On the Role of the Spartan kings,' *Historia*, 23 (1974), pp. 257–70 を見よ。

154 スパルタの政策については、W. G. Forrest, *A History of Sparta 950–192 B. C.* (London 1968) p. 39 を見よ。

155 Jordan 1975 および Morrison and Williams 1968 は参考になるところが多い。

156 ペルシア戦争の概説としては Hignett 1963 および Burn 1962 を見よ。Green 1970 も参照せよ。Ernle Bradford, *The Battle for the West : Thermopylae* (New York 1980) は、興味深い読み物として定評がある。イオニア人の反乱については、Donald Lateiner, 'The Failure of the Ionian Revolt,' *Historia*, 31 (1982), 129–60 を見よ。

157 マラトンの戦いについては、Gordon Shrimpton のすぐれた論文 'The Persian Cavalry at Marathon,' *Phoenix*, 34 (1980), 20–37 と Hammond 1973, pp. 170–250 の委曲をつくした論考を見よ。古代の弓の射程距離については、Wallace McLeod, 'The Range of the Ancient Bow,' *Phoenix*, 19 (1965), 1–14 and 26

(1972), 78–82 を参照せよ。

158 Hdt., VI, 112 また W. Donlan and J. Thompson, 'The Charge at Marathon : Herodotus 6. 112,' *Classical Journal*, 71, (1976), 339–43 および 'The Charge at Marathon Again,' *Classical World*, 72 (1979), 419–20 を見よ。

159 N. G. L. Hammond, 'The Narrative of Herodotus vii and the Decree of Themistocles at Troezen,' *Journal of Hellenic Studies*, 102 (1982), 75–93. この決議は偽者だとする学者もいる。偽物説については、*Hermes*, 89 (1961), 1–35 に掲載されている C. Habicht の論文を参照せよ。

160 Hdt., VII, 141

161 ヘロドトスの挙げている数字の信用性について、断定的な結論を下すことはできない。私は、最近の学界の傾向に従って、船の数については大体信用できるものと見なし、ペルシア陸軍の兵力に関しては、これを割引して考えた。船の数を少なめに見積もる学者もいるが、その場合も、ペルシア軍とギリシア軍の軍船の比率には変わりがないと見るものが多い。

162 N. Robertson, 'The Thessalian Expedition of 480 B. C.,' *Journal of Hellenic Studies*, 96 (1976), 100–20

163 私の論文 'Herodotus and the Strategy and Tactics of the Invation of Xerxes,' *American Historical Review*, 72 (1966), 102–15 および J. A. S. Evans, 'Notes on Thermopylae and Artemisium,' *Historia*, 18 (1969), 389–406 を見よ。

164 Hdt., VII, 211

165 Hdt., VIII, 11

166 サラミスについては、Hammond 1973, pp. 251–310, W. Marg, 'Zur Strategie der Schlacht von Salamis,' *Hermes*, 90 (1962), 116–9 および W. K. Pritchett, 'Salamis Revisited,' *University of California Publications in Classical Studies*, I (1965), 94–102 を見よ。

167 前掲156に挙げた労作のほかに、W. K. Pritchett, 'Plataea Revisited,' *University of California Publications in Classical Studies*, I (1965), 103-21を見よ。

168 大勢の兵士を動かすのは、とかく考えられがちなほど容易なことではない。ウェリントンは、次のように語ったことがある。「もし三〇〇〇人の兵がハイド・パークにぎっしりと詰めて整列したとしたら、再び彼らを公園の外へ導き出せる人は、ヨーロッパ中でも三人といない」と。Anderson 1970, p. 103を参照せよ。

169 Hdt., IX, 59

170 そのことを指摘しているのはHignett 1963, p. 50である。もっとも、著者は、さらに槍の威力が弓よりまさっていたことを主張しているのだが。

171 Chester G. Starr, 'Why did the Greeks Defeat the Persians?' 〔Arther Ferrill および Thomas Kelly 編 *Chester Starr Essays on Ancient History* (Leiden 1979), pp. 193-204 に収録〕

172 Thuc., I, 69, 5

173 Grundy 1948, G. E. M. de Ste. Croix, The Croix, *The Origins of the Peloponnesian War* (Ithaca 1972); Kagan 1974

174 Thomas Kelly, 'Thucydides and Spartan Strategy in the Archidamian War,' *American Historical Review*, 87 (1982), 25-54; A. J. Holladay, 'Athenian Strategy in the Archidamian War,' *Historia*, 27 (1978), 399-427

175 Thuc., II, 84 (Crawley訳。以下の引用も)

176 John Wilson, 'Strategy and Tactics in the Mytilene Campaign,' *Historia*, 30 (1981), 144-63

177 Wilson 1979

178 Thuc., IV, 40

179 Thuc., IV, 33-4

180 Thuc., IV, 40

181 シチリア遠征については、Kagan 1981, Green 1970 および W. Liebeschuetz, 'Thucydides and the Scilian Expedition,' *Historia*, 17 (1968), 289-306 を見よ。また C. A. Powell, 'Religion and the Scilian Expedition,' *Historia*, 28 (1979), 15-31 も参照せよ。

182 Thuc., VI, 64

183 スペイン無敵艦隊については、私は Garret Mattingley, *The Defeat of the Spanish Armada* (Boston 1959) および David Howarth, *The Voyage of the Armada : The Spanish Story* (New York 1981) に依拠した。

184 A. Andrews, 'The Generals in the Hellespont,' *Journal of Hellenic Studies*, 73 (1953), 2-9

185 Xenophon, *Hellenica* 〔『ギリシア史』根本英世訳、京都大学学術出版会。Xenophon, *A History of My Times*, transl. Rex Warner (Penguin Books, Harmondsworth 1966) から引用〕。Edmund F. Bloedow, *Alcibiades Reexamined* (Wiesbaden 1973), pp. 46-55 および A. Andrews, 'Notion and Kyzikos : The Sources Compared,' *Journal of Hellenic Studies*, 102 (1982), 15-25 も参照せよ。また R. J. Littman, 'The Strategy of the Battle of Cyzicus,' *Transactions of the American Philological Association*, 99 (1968), 265-72 も見よ。

186 Noel Robertson, 'The Sequence of the Events in the Aegean in 408 and 407 B. C.,' *Historia*, 29 (1980), 282-301

187 Jennifer Tolbert Roberts, *Accountability in Athenian Government* (Madison 1982), pp. 124-41 および A. Andrews, 'The Arginusae Trial,' *Phoenix*, 28 (1974), 112-22 を見よ。

188 Hdt., VII, 9

189　最も重要な論考は、Anderson 1970, pp. 1-9, P. Cartledge, 'Hoplites and Heroes,' *Journal of Hellenic Studies*, 97（1977）, 18-24 および A. J. Holladay, 'Hoplites and Heresies,' *Journal of Hellenic Studies*, 102（1982）, 97-103 である。

190　*Third Philippic*, 48-51

191　Anderson 1970, p. 1

192　Lawrence 1979 および Winter 1971

193　Anderson 1970, p. 86

第五章

194　Paul A. Rahe, 'The Military Situation in Western Asia on the Eve of Cunaxa,' *American Journal of Philology*, 101（1980）, 88

195　マケドニアと比べた場合のギリシアの兵站組織については、Pritchett 1971, I, pp. 30-52 および Anderson 1970, pp. 43-66 を見よ。

196　傭兵一般については、Parke 1933 および Griffith 1968 を見よ。

197　クセノフォンの『アナバシス』のほかに、J. K. Anderson, *Xenophon*（London 1974）pp. 73-145 を参照せよ。

198　周知のように、ペルシアのこととなると、前四世紀になっても、まだ数字をはっきりさせることは難しい。ジョージ・コークェルが Rex Warner 訳の *Xenophon : The Persian Expedition*（Harmondsworth 1972）への序文の中で試みている無理のない見積もりを参照せよ。クセノフォンによると、アルタクセルクセス軍は、戦場に九〇万の兵を擁していたうえ、さらに三〇万が戦場へ向かっていた。Anderson, *Xenophon*, pp. 99-100 では、コークェルより少ない数字が挙げられている。私がここで示している数字は、それぞれが対応しており、アルタクセルクセス軍が一〇万なら、キュロス軍は八万ということになる。

199　Polybius, III, 6

200　クレアルコスにはキュロスの命令に従うわけにいかない理由があったとしても、だからといって、彼の不服従を正当化できるものではない。実際、クレアルコスの率いる部隊は、相当数の騎兵隊によって側面を守られていたのだし、幹部将校が戦闘のさなかに総司令官の命令に従わないことが全く許されないのは、スパルタ人クレアルコスには分かりきっていたはずである。

201　Xenophon, *Anabasis*, III, 3-4

202　事実、馬術に関する諸著作は言わずもがなのこと、*Hellenica*, *Recollection of Socrates*（『ソークラテースの思い出』佐々木理訳、岩波書店）、*Constitution of the Lacedaemonians* を始めとするクセノフォンのほとんどの作品には、軍事問題についての多くの情報が盛り込まれている。

203　クセノフォンの *Agesilaus* は、このスパルタ王を好意的に描いているが、前四世紀初めの軍事史に関する多くの貴重な資料をも含んでいる。アゲシラオスの戦略については、Ober 1980, Chap. II および Charles D. Hamilton, 'The Generalship of King Agesilaus of Sparta,' *Ancient World*, 8 (1983), 119-27 を見よ。

204　Hamilton 1979 を見よ。

205　ネメアの戦いについての最良の論考は、Anderson 1970, pp. 141-50 および W. K. Pritchett, 'The Battle Near the Nemea River in 394 B. C.,'〔*Studies in Ancient Greek Topography, Part II, Battlefields* (Berkeley 1969)に収録〕である。Hamilton 1979, pp. 220-2 も参照せよ。

206　Pritchett 1969, pp. 85-95, Anderson 1970, pp. 151-3 および Hamilton 1979, pp. 225-6

207　Xenophon, *Hellenica*, IV, 5, 10-6（前掲185の Warner 訳）。これに関連した論考として Anderson 1970, pp. 123-6 および Hamilton 1979, pp. 285-6 を見よ。

208 Xenophon, *Hellenica*, IV, 5, 7（前掲185の Warner 訳）。

209 Diodorus, 44, 1-4 これは、Harry J. Dell 編集の *Ancient Macedonian Studies in Honor of Charles F. Edson*（Thessaloniki 1981）、の中の G. T. Griffith, 'Peltasts, and the Origins of the Macedonian Phalanx,' p. 161 に注解つきで引用されている。

210 Anderson 1970, pp. 129-31 グリフィスが 'Peltasts,' p. 166 で示唆しているところによれば、イフィクラテスがエジプトで指揮したのは装甲歩兵であって、小楯兵ではなかった。

211 Anderson 1970, pp. 89-90 コルネリウス・ネポスは、イフィクラテスおよびカブリアスの二人の伝記を書いた。

212 Xenophon, *Anabasis*, I, 8

213 Anderson 1970 p. 90 軍隊精神《エスプリ・ド・コール》については、Parke 1933, p. 54 を参照せよ。

214 Thuc., V, 10, 5-6

215 Arist., *Politics*, 8, 3, 4 1338b（trans. Barker, London 1946）. Pritchett 1974, II, p. 209 の論考を参照せよ。

216 Adcock 1957, pp. 6-7

217 Thuc., V, 71

218 Anderson 1970 pp. 94-5, 105

219 Cicero, *Brutus*, 112, *Ad Fam.*, IX, 25, 2, *Tusculan Disputations*, II, 62 また Anderson, *Xenophon*, pp. 2-6 も参照せよ。

220 XI, 8

221 III, 1-4〔trans. Anna S. Benjamin, *Recollections of Socrates*（Indianapolis 1965）〕

222 職業としての将官の地位については、Parke 1933, p. 39 を見よ。

223 III, 4

224 この時期全般については、Buckler 1980 を見よ。

225 この戦いに関する最良の論考は、Buckler 1980, pp. 62-9 および 'Plutarch on Leuktra,' *Symbolae Osloenses*, 55 (1980), pp. 76-93 である。Anderson 1970, pp. 192-220 も参照せよ。A. M. Delvine, 'Ernboln : a Study in Tactical Terminology,' *Phoenix*, 37 (1983), 201-17 は、エパメイノンダスが左翼で楔形陣形をとったという魅力的な仮説を立てている。

226 Xenophon, *Hellenica*, VI, 4, 12（前掲185の Warner 訳）

227 神聖軍団がどこに陣地を占めていたかについては、大いに議論の余地がある。私は Buckler 1980 pp. 63-4 の説に従うが、神聖軍団はエパメイノンダスの縦隊の後衛に位置していたとする歴史家もいる。

228 Xenophon, *Hellenica*, VI, 4, 5（前掲185の Warner 訳）

229 Plut., *Pelopidas*, 23 (Dryden)〔『プルターク英雄伝』第四、河野与一訳、岩波書店〕

230 マンティネイアの戦いを詳細に論じたものとしては、Anderson 1970, pp. 221-4 および Buckler 1980, pp. 213-19 を見よ。一般にエパメイノンダスの持つ重要な意味については、C. Mitchell James, *Epaminondas and Philip II : a Comparative Study of Military Reorganization* (Ph D dissertation, Univ. of Kentucky 1980) を参照せよ。

231 Marsden 1969 p. 60. 初心者には、Werner Soedel and Vernard Forley, 'Ancient Catapults,' *Scientific American*, 240, n. 3 (March 1979), pp. 150-60 が参考になるだろう。また Lawrence 1979, pp. 43-9 も参照せよ。

232 Marsden 1969 p. 60

233 Arrian, *Anab.*, I, 6, 8〔Aubrey de Sélincourt の訳による Arrian, *The Campaigns of Alexander* (Penguin Classics, rev. edn 1971), copyright © The Estate of Aubrey de Sélincourt 1958 から Penguin Books Ltd. の許可を得て転載した〕（邦訳「アレクサンドロス遠征記」前田龍彦訳＝『アレクサンドロス古道』

京都・同朋舎出版に収録）。以下、アリアヌスの引用は、すべてこの版による。

234 Tarn 1930, p. 102.

235 J. I. S. Whitaker, *Motya*（London 1921）, pp. 75ff. Marsden 1969, pp. 99-100 および Lawrence 1979, pp. 37-8, 42-4 を見よ。

236 Marsden 1969, pp. 100-1

237 Ober 1980

238 アレクサンドロスの軍隊を論じたものとして代表的なのは、Fuller 1960, pp. 39-54, Hammond 1980, pp. 24-34 および Connolly 1981, pp. 68-75 などである。また、特にフィリッポスについては、Cawkwell 1978 pp. 150-65 ; Hammond and Griffith 1979, pp. 405-49 を参照せよ。

239 Peter A. Manti, 'The Cavalry Sarissa,' *Ancient World*, 8（1983）, p. 80. 筆者は、その証拠を挙げている。

240 N. G. L. Hammond, 'Training in the Use of the Sarissa, and Its Effect in Battle,' *Antichthon*, 14（1980）, 53-63. また M. Markle, 'The Macedonian Sarissa, Spear, and Related Armor,' *American Journal of Archaeology*, 82（1978）, 483-97 も参照せよ。

241 May and Stadler 1980, p. 27 には、マケドニア軍の槌と鉄床戦法について論じたすばらしい分析がある。一般に戦闘における槌と鉄床戦法の重要性に関しては、*Encyclopedia Britanica*（1942 edn）の 'Cavalry' の項目を見よ。

242 Best 1969 および前掲209の Griffith の論文を見よ。

243 厳格な規律の人としてのイフィクラテスについては、Anderson 1970, p. 121 を見よ。

244 Hammond 1980, p. 27（引用箇所）および p. 33（特別奇襲部隊の訓練に関して）

245 Dvornik 1974 ; Chester G. Starr, *Political Intelligence in Classical Greece*（Leiden 1974）; Donald Engels, 'Alexander's Intelligence System,' *Classical Quarterly*, 30（1980）, pp. 120-40. また Jack Balcer, 'The

Athenian Episnopos and the Achaemenid "King's Eye," *American Journal of Philology*, 98 (1977), pp. 252-63 も参照せよ。

246 Engels, *Classical Quarterly*, 30 (1980), 129-30 および Pritchett 1971, I, p. 132. 前五世紀にスパルタ人がある種の軍事情報の機密を保持していることは、広く知られていた。Thuc., V, 68を見よ。

247 Engels 1978, pp. 11-25. また、Ernest Badian による同書の書評、'Alexander's Mules,' *The New York Review of Books*, 26, no. 20 (20 Dec. 1979), 54-6 も参照せよ。

248 Front., *Strat.* 4, 1, 6 (Loeb edn, 1925).

249 Hammond 1980, p. 308, n. 10 を見よ。

250 Polyaenus, 4, 2, 10

251 Hammond 1980, p. 34

252 Anderson 1970, p. 53

253 David Chandler, *The Campaigns of Napoleon* (New York 1966), p. 45

254 同書 p. 160

255 Demosthenes, *Third Philippic*. 48-51 (Fuller 1960, p. 48 に引用されている)

256 Edwyn Gray, *A Damned Un-English Weapon : The Story of British Submarine Warfare 1914-18* (London 1971), pp. 12-4

第六章

257 将軍としてのアレクサンドロスの手腕については、前掲238の諸著作を見よ。また Bosworth 1980 と Atkinson 1980 も参照せよ。

258 前掲241を見よ。

259 カイロネイアの戦いについては、Hammond 1973, pp. 534-57を見よ。

260 アレクサンドロスが即位してから二年間の軍事的治績の詳細については、Hammond 1980, pp. 35-64を見よ。

261 Tarn 1948, p. 8

262 Fuller 1960, p. 89およびHammond 1980, pp. 67-8

263 Ulrich Wilcken, *Alexander the Great*, with a Preface by Eugene Borza (trans. by G. C. Richards, New York 1967), p. 77

264 アレクサンドロスがゲドロシア砂漠で直面した困難を取り上げたEngels 1978, pp. 135-43のすぐれた記述を参照せよ。

265 Cawkwell 1978, pp. 164-5

266 N. G. L. Hammond, 'The Battle of the Granicus River,' *Journal of Hellenic Studies*, 100 (1980), 73-88を見よ。この本の注解には、この戦いについての最新の研究を網羅した文献目録が含まれている。上のアリアヌスからの引用箇所については、Arrian, I, 13, in *The Campaigns of Alexander*（前掲233）を参照せよ。

267 Arrian, I, 15（前掲233）

268 この通俗的な見解については、Tarn 1948, p. 16を見よ。

269 Fuller 1960, p. 151

270 小文字で書かれる決死隊一般に関しては、W. F. P. Napier, *History of the War in the Peninsula*, vol. IV (London n. d.) pp. 89, 112およびC. W. Robinson, *Wellington's Campaigns*, 3rd edn, part II (London 1906), p. 221（「攻囲戦において突撃役を果たした縦隊は、一般的に言えば、この時代には、決死隊を先頭とする強襲部隊から成っていた。……」）を見よ。

271 ハリカルナッソスの攻囲戦については、Fuller 1960, pp. 200-206を参照せよ。

272 彼がどのようにして結び目を解いたかは、Hammond 1980, p. 88 を見よ。

273 イッソスの戦いについては、Fuller 1960, pp. 154-62 ; Hammond 1980, pp. 100-10 および前掲257に挙げた Bosworth と Atkinson の解説を参照せよ。

274 Arrian, II, 11（前掲233）

275 Hammond 1980, p. 104

276 テュロスについては、Fuller 1960, pp. 206-16 と Hammond 1980, pp. 112-15 そして、やはり前掲257の解説を参照せよ。

277 ガザについては、特に Fuller 1960, pp. 216-18 を見よ。

278 Arrian, II, 14（前掲233）

279 Cawkwell 1978, p. 164

280 この注で挙げた諸作品のほか、Marsden 1964 を見よ。

281 Eugene N. Borza, 'Fire from Heaven : Alexander at Persepolis,' *Classical Philology*, 67（1972）, 233-45

282 Fuller 1960, pp. 234-45 および Hammond 1980, pp. 150-86 を参照せよ。

283 E. Badian, 'Alexander the Great and the Loneliness of Power,' *Studies in Greek and Roman History*（Oxford 1964）, pp. 192-205 および 'The Death of Parmenio,' *Transactions of the American Philological Association*, 91（1960）, 324-8

284 この行軍については、Engels 1978, pp. 107-10 および Stein 1929 を見よ。

285 それ以外のインドにおける軍事行動については、Eggermont 1975 を見よ。

286 軍隊の兵力に関しては Hammond 1980. p. 203 を、ヒュダスペス川における戦線の長さについては、同 pp. 207-8 を参照せよ。

287 Scullard 1974

288 Arrian, V, 10（前掲233）

289 この戦いに関する記述で最もすぐれているのは J. R. Hamilton, 'The Cavalry Battle at the Hydaspes,' *Journal of Hellenic Studies*, 76（1956）, 26-31である。また、Fuller 1960, pp. 180-99とHammond 1980, pp. 204-11も参照せよ。

290 この点で、私はハミルトンと意見を異にする。アレクサンドロスが攻撃をかけたとき、ポロス軍左翼騎兵隊は象群の正面におり、右翼騎兵隊はアレクサンドロスがインド勢を象群の中に追い込む直前にポロスに合流したのだから、インド軍右翼騎兵隊は主力軍の横隊の正面を横切ったのにちがいなく、背後を回ったのではないはずである。

291 Arrian, V, 17（前掲233）

292 William Manchester, *American Caesar : Douglas MacArthur 1880-1964*（New York 1978）〔『ダグラス・マッカーサー』鈴木主税・高山圭訳、河出書房新社〕。前者はヴィンセント・シーアン、後者はマッカーサーからの引用。マッカーサーの言葉の中の傍点は私によるもの。

293 Hammond 1980, p. 256

294 Chandler 1980, p. 32

295 Marsden 1964, p. 1, Wilcken, *Alexander*, p. 84も参照せよ。

296 Chandler 1980, p. 9.

297 以下の記述については、Chandler 1980に依拠するところが多いが、私は、この戦闘に関する多数の文献に目を通した。読者は、前掲の注2、97、113に列挙した著作を参照してほしい。

298 Chandler 1980, p. 128

299 同書 p. 187

300 T・A・ドッジ大佐の評価（1890）, p. 662も参照せよ。「軍の指揮官として、アレクサンドロスは誰よりも多くの業績をあげた。彼に行動の手本となるものを残してくれた対等の先行者はいなかった。彼は世界に向かって、戦争とは、どのように行なうものかを、すべての人にさきがけ、しかも最も見事に教示した。そして、戦争の技術の最も重要な諸原則を定式化したのである。それはハンニバル、カエサル、グスタフ・アドルフ、テュレンヌ、ウジェーヌ皇子、マールバラ、フリードリヒ、ナポレオンによって、より綿密に練り上げられることになる」

訳者あとがき

本書は、Arther Ferrill : *The Origins of War : From the Stone Age to Alexander the Great*（Thames and Hudson, Ltd London, 1985）の全訳である。軍事史の記述は、これまでギリシアとペルシアのあいだに繰り広げられた戦争に始まるものがおおかただったが、本書のユニークな点は、戦争の起源を鉄器時代はおろか、青銅器時代以前の定住社会が成立した時点にまでさかのぼっている点にある。こうして本書は、従来かえりみられることの少なかった先史時代の戦争の実態から筆をおこして、アレクサンドロス大王の時代に至るまでの展開をあとづけているわけである。

著者が「はしがき」で述べているように、本書では戦争の社会・経済的原因や結果は考察の対象となっていない。分析の対象はあくまでも戦争の純軍事的な側面である。著者は、考古学および人類学の最新の成果をふまえて、ペルシア戦争以前の時代に焦点をあてているわけだが、その点が本書の特徴であり、新鮮なところだと言えるだろう。

著者のアーサー・フェリルは一九三八年のオハイオ生まれだから、まだ四〇代の終わりである。ウィチタ大学で歴史学を修めたあと、イリノイ大学でチェスター・G・スター教授の指導を受け、一九六四年に古代史の研究によりPh Dの学位を取得している。その後、ワシントン大学の助教授となり、現在は歴史学教授をつとめている。古代軍事史が専門で、多くの学術誌に寄稿しているが、まとまった著作を世に問うのは本書が初めてである。

翻訳にあたっては、石原が最初に全体を訳し、鈴木がその原稿を原書と照合しつつ検討して手を入れるというかたちで作業をすすめた。この種のノン・フィクション作品では何でもそうだが、特に厄介だったのは固有名詞（人名、地名）の表記である。原則として現地音主義に従ったが、なにぶん古代の地名などに関する資料は限られているので不備な点があるのはまぬかれないと思う。読者のご寛恕をお願いするとともに、至らぬところをご指摘いただければ幸いである。また、ヘロドトス、トゥキュディデスをはじめとする引用文については、邦訳のあるものはそれを参考にさせていただいたが、かならずしもそれにとらわれず、原書（英訳）にしたがって訳出した。誤りがあるとすれば訳者の責任である。

末筆ながら、本書を翻訳する機会を与えて下さった河出書房新社と編集を担当して何かと助言して下さった内藤憲吾氏に心からお礼申し上げる。

一九八八年七月　　　　訳　者

解説

古代軍事史の刷新――ギリシア中心主義を超えて

森谷公俊

学生時代のエピソードから始めたい。

西洋史学科に在籍していた私だが、古代ギリシア史を専攻したので、当然ながら西洋古典学科のゼミにも出席した。ある日の授業で担当教授（名前は伏せるが、ギリシア古典学の大家）がこんなことをつぶやいた。「重装歩兵の戦いというのは、要するに押しくらまんじゅうですよ。他のことでは優秀なギリシア人が、どうしてあんな頭の悪い戦いかたをしたのでしょうねえ」。学生たちは皆笑ったが、苦笑というか失笑というか、そこまでギリシア人の悪口を言っていいの、という気持ちだった。ただ、「頭の悪い戦いかた」という言い回しが妙に記憶に残った。

あれから約四〇年、本書を一読し、重装歩兵について著者がかの大先生と同じ評価を下していることに驚いた。著者によれば、重装歩兵の戦いは基本的に突撃戦であり、これは恐怖という人間の本性を抑えることで成り立つ点で、軍事史上に例を見ない。なぜギリシア人はこのように特異な戦法を採用したのか。「単純な説明」はこうだ。

「おそらくギリシア人が密集方陣の隊形をつくりあげたとき、彼らにはそれ以上の知恵がなかった（また、ありようもなかった）からであり、またペルシアから学ぶことができるようになったときには、密集方陣がすっかり社会に定着していて簡単に変更するわけにはいかなくなっていたからだ」（二四七頁）

身もふたもないとはこのことだ。さすがに「頭が悪い」とまでは言わないが、趣旨は同じ。ふつうのギリシア史家にはとても公言できない、鮮やかな指摘である。もう一つ、はっとする指摘がある。重装歩兵の「密集軍には戦争にはっきりした決着をつける力がなかった」（二四四頁）。ペロポネソス戦争が延々二七年も続いた原因を、これほど端的に述べた言葉を他に知らない。

もちろん一方的な悪口だけではない。密集方陣は「生活様式の表現であり、男らしさと倫理の規範を象徴する」、それは「ギリシア人にとって一つの社会制度としての意義を持っていた」（二四八頁）。こちらは真面目なギリシア史家もためらうことなく賛同できる。こうした正統的な解釈を十分にふまえた上で、なぜ著者は重装歩兵戦術の特異性、いやギリシア人の「知恵のなさ」を単刀直入に指摘できたのか。それは先史時代にまでさかのぼって古代オリエントの戦争の発展をたどり、そこに高度な達成を見てとったからだ。

従来の西洋古代戦争史は、古代ギリシアから始めるのが常だった。重装歩兵という語句は高校の世界史教科書にも載っているから、ご記憶の読者も多いだろう。だがこのために、重大な誤解が生じたという。本書の独創性は、古代オリエントの戦争を正面から取り上げ、ギリシア以前における戦争の骨太い発展史を描いたことにある。そのさい著者は総合戦略という概念を用い、エジプトからアッシリア、ペルシアにいたる大帝国が、いかに高度な戦略と戦術に達していたかを強調する。これらの国々の軍隊は、重装備および軽装備の歩兵、騎兵、戦車部隊、偵察兵からなる複雑な組織とゆきとどいた指揮系統をもっていた。軽装兵は槍兵、弓兵、投石兵、工兵から成っていた。これらが大規模な兵站部門や軍需産業に支えられ、その結果、大軍が長距離を踏破して迅速に行進し、大遠征を敢行できるようになったのである。こうした大局的な記述の中に、アッシリアでは国王直属の高官が一日あたり一〇〇頭もの馬を徴募したとか、初めて大規模な海軍を組織したのはギリシア人ではなくペルシア人であるといった話題がちりばめられ、興味は尽きない。とりわけ印象的なのは、オリエント諸国の軍隊を一九世紀までの西洋の軍隊と比較することで、その発展の度合いを明らかにしていることだ。たとえば前一三世紀のカデシュの戦いでは、エジプトは二万、ヒッタイトは一万七〇〇〇の兵力を動員したが、これは百年戦争からアメリカ独立戦争に至る時代の動員兵力に匹敵するか、それを上回るものだという。

こうして本書は日本におけるギリシア史研究にも反省を迫る。日本のギリシア史研究者は、軍事を扱うときも、ギリシア独自の国家であるポリスの政治的社会的特質に関連させて論じる傾向が強かった。重装歩兵の成立と編成はギリシア人の生活と倫理に深く根ざすものだ、といった主張がまさにそれである。このため純粋に軍事的な観点から戦争を究明する姿勢が不十分であり、重装歩兵がもつ本質的な弱点や限界は見過ごされてきたと言わざるを得ない。そもそもペロポネソス戦争についての包括的な研究すら、わが国ではなされていないのである。

本書の白眉は、アレクサンドロス大王の戦争を、古代から近代まで数千年という長大な軍事史の画期に位置づけたことにある。著者が言うには、古代には二つの独立した軍事的発展の系統があった。一つは先史時代からエジプトとメソポタミアに至り、アッシリアおよびペルシア帝国で頂点に達する。もう一つは前八世紀のギリシアに始まり、重装歩兵密集戦術が現われる。二世紀間にわたって相互の交流はなかったが、ペルシア戦争をきっかけに両者は接触を始める。前五世紀末以降、ギリシアはペルシアから騎兵や軽装兵の戦術を学び、ペルシアはギリシアから重装歩兵の使い方を学んだ。そして前四世紀後半、マケドニア王国のフィリッポス二世とアレクサンドロスがこれら二つの流れの最良の要素を融合させ、軍事的な戦略と戦術を最高度の水準に引き上げた。これに匹敵する水準に達した将軍は、ナポレオンまでほとんどいないという。

西洋古代史におけるギリシア中心主義の克服はすでに一九八〇年代から一つの潮流とな

っており、実際にペルシア史やアレクサンドロス大王の研究が具体的な成果を挙げている。そうした研究動向に照らす時、本書の原著の刊行が一九八五年という早い時期であることは、あらためて強調されてよい。たしかに個々の論点を見れば、多くのギリシア史家の指摘と重なるところも少なくない。しかし著者独自の巨視的な展望がどこまで注目され、また継承されてきたかと言えば、いささか心もとない面もある。アレクサンドロス大王を専門とする私には、巨大な鳥瞰図を与えられて心強い反面、あらためてオリエント史の観点から大王の戦略・戦術を再定義する必要性を感じるところである。

本書ではワーテルローにおけるナポレオンの戦争が繰り返し参照され、議論に奥行きを与えている。締めくくりは、「アレクサンドロスがワーテルローで戦っていたら」という問いだ。これは西洋の戦争史家が好んで取り上げてきた主題だが、著者はこれを興味本位の知的ゲームに終わらせず、二人の不世出の将軍が有した条件が全般的に類似していたことに着目し、本格的な事例研究にまで高めている。著者の答えは読者自身でご確認いただきたい。なお、アレクサンドロスとナポレオンに古代ローマのカエサルを加え、三人が三つ巴で戦ったら誰が勝利したかという問いもあることを付け加えておきたい。

索　引

ア　行

カ 行

サ　行

タ　行

ナ　行

ハ　行

マ　行

ヤ 行

ラ 行

ワ 行

参 考 文 献

Adcock, F. E., *The Greek and Macedonian Art of War* (Berkeley 1957).

Anderson, J. K., *Ancient Greek Horsemanship* (Berkeley 1961).

——, *Military Theory and Practice in the Age of Xenophon* (Berkeley 1970).

——, *Xenophon* (London 1974).

Ardrey, Robert, *African Genesis* (New York and London 1961).〔徳田喜三郎他訳『アフリカ創世記——殺戮と闘争の人類史』筑摩書房、1973 年〕

——, *The Territorial Imperative* (New York and London 1966).

——, *The Social Contract* (New York and London 1970).

——, *The Hunting Hypothesis* (New York and London 1976).〔徳田喜三郎訳『狩りをするサル——人間本性起源論』河出書房新社、1978 年〕

Atkinson, J. E., *A Commentary on Q. Curtius Rufus' Historiae Magni Books 3 and 4* (Amsterdam 1980).

Best, J. G. P., *Thracian Peltasts and Their Influence on Greek Warfare* (Groningen 1969).

Binford, Lewis, *In Pursuit of the Past* (London and New York 1983).

Bosworth, A. B., *A Historical Commentary on Arrian's History of Alexander* (Oxford 1980).

Breasted, James H., *A Study in the Earliest Known Military Strategy* (Chicago 1903).

Buckler, John, *The Theban Hegemony 371–362 B. C.* (Cambridge, Mass. 1980).

Burn, A. R., *Persia and the Greeks* (London and New York 1962).

Casson, L., *Ships and Seamanship in the Ancient World* (Princeton 1971).
Cawkwell, G. L., *Philip of Macedon* (London 1978).
Chandler, David, *Waterloo : The Hundred Days* (London 1980).
Connolly, Peter, *Greece and Rome at War* (London 1981).
Croix, Horst De la, *Military Considerations in City Planning : Fortifications* (New York 1972).〔渡辺洋子訳『城壁にかこまれた都市――防御施設の変遷史』井上書院、1983 年〕
Dart, Raymond, *Adventures with the Missing Link* (New York 1959).〔山口敏訳『ミッシング・リンクの謎』みすず書房、1974 年〕
Delbrück, Hans, *History of the Art of War within the Framework of Political History*, vol. I, trans. W. J. Renfroe Jnr (Westport, Conn. 1975).
Dodge, T. A., *Alexander*, 2 vols. (Boston 1890).
Du Picq, Ardant, *Battle Studies : Ancient and Modern Battle* (New York 1921).
Dvornik, Francis, *Origins of Intelligence Services* (New Brunswick 1974).
Earle, Edward Meade, ed., *Makers of Modern Strategy* (Princeton 1943).〔山田積昭他訳『新戦略の創始者――マキャベリーからヒットラーまで』上・下、原書房、1978–79 年〕
Eccles, Henry E., *Military Concepts and Philosophy* (Rutgers 1965).
Eggermont, *Alexander's Campaigns in Sind and Balucbistan and the Siege of the Brahmin Town of Harmatelia* (Louvain 1975).
Engels, Donald W., *Alexander the Great and the Logistics of the Macedonian Army* (Berkeley 1978).
Fuller, J. F. C., *The Generalship of Alexander the Great* (London 1958 and Rutgers 1960).
Gardiner, Sir Alan, *The Kadesh Inscriptions of Ramesses II* (Oxford 1960).
Green, Peter, *The Year of Salamis* (London 1970).
――, *Armada from Athens* (London 1971).

Greenhalgh, P. A. L., *Early Greek Warfare : Horsemen and Chariots in the Homeric and Archaic Ages* (Cambridge 1973).
Griffith, G. T., *The Mercenaries of the Hellenistic World* (Groningen 1968 : originally published in 1935).
Grundy, G. B. *The Great Persian War* (London 1901).
——, *Thucydides and the History of His Age*, 2nd edn (Oxford 1948).
Hadingham, Evan, *Secrets of the Ice Age : The World of the Cave Artists* (New York and London 1979).
Hamilton, Charles D., *Sparta's Bitter Victories : Politics and Diplomacy in the Corinthian War* (Ithaca, N. Y. 1979).
Hammond, N. G. L., *Studies in Greek History* (Oxford 1973).
——, *Alexander the Great : King, Commander and Statesman* (Park Ridge, N. J. 1980).
Hammond, N. G. L., and Griffith, G. T., *A History of Macedonia*, vol. II (Oxford 1979).
Hardy, Robert, *Longbow : A Social and Military History* (London and New York 1976).
Herzog, Chaim, and Gichon, Mordechai, *Battles of the Bible* (London and New York 1978).〔池田裕訳『古代ユダヤ戦争史——聖地における戦争の地政学的研究』悠書館、2014 年〕
Hignett, C., *Xerxes' Invasion of Greece* (Oxford 1963).
Hoffman, Michael A., *Egypt Before the Pharaohs* (New York 1979).
Hogg, O. F., *Clubs to Cannon : Warfare and Weapons Before the Introduction of Gunpowder* (London 1968).
Humble, Richard, *Warfare in the Ancient World* (London 1980).
Jordan, Borimir, *The Athenian Navy in the Classical Period* (Berkeley 1975).
Kagan, Donald, *The Archidamian War* (Ithaca 1974).
——, *The Peace of Nicias and the Sicilian Expedition* (Ithaca 1981).
Keegan, John, *The Face of Battle* (London and New York 1976).〔高橋均訳『戦場の素顔——アジャンクール、ワーテルロー、ソンム川の戦い』中央公論新社、2018 年〕

Lawrence, A. W., *Greek Aims in Fortification* (Oxford 1979).

Leakey, Richard E., and Lewin, R., *Origins* (London and New York 1979).〔岩本光雄訳『オリジン――人はどこから来てどこへ行くか』平凡社、1980年〕

Littauer, M. A., and Crouwel, J., *Wheeled Vehicles and Ridden Animals in the Ancient Near East* (Leiden 1979).

Lorenz, Konrad, *On Aggression* (trans. M. Wilson, London and New York 1966).〔日高敏隆・久保和彦訳『攻撃――悪の自然誌』みすず書房、1985年〕

Luckenbill, D. D., *Ancient Records of Assyria and Babylonia*, 2 vols. (Chicago 1926).

McCartney, Eugene S., *Warfare by Land and Sea* (New York 1963).

Marsden, E. W., *The Campaign of Gaugamela* (Liverpool 1964).

——, *Greek and Roman Artillery : Historical Development* (Oxford 1969).

May, Elmer C., and Stadler, Gerald P., *Ancient and Medieval Warfare* (West Point 1980).

Mellaart, James, *The Neolithic of the Near East* (London and San Francisco 1975).

Montagu, Ashley, *The Nature of Human Aggression* (New York 1976).〔尾本恵市・福井伸子訳『暴力の起源――人はどこまで攻撃的か』どうぶつ社、1982年〕

Morrison, J. D., and Williams, R. T., *Greek Oared Ships 900–322 B. C.* (Cambridge 1968).

Oakeshott, R. Ewart, *The Archaeology of Weapons* (New York 1960).

Ober, Josiah, *Athenian Reactions to Military Pressure and the Defense of Attica, 404–322 B. C.* (PhD dissertation, University of Michigan 1980).

Parke, H. W., *Greek Mercenary Soldiers* (Oxford 1933).

Postgate, J. N., *Taxation and Conscription in the Assyrian Empire* (Rome 1974).

Pritchett, W. K., *The Greek State at War*, 2 parts (Berkeley 1971

and 1974).
——, *Studies in Ancient Greek Topography*, 4 parts (Berkeley 1965–82).
Rodgers, W. L., *Greek and Roman Naval Warfare* (Annapolis 1937).
Sandars, Nancy, *The Sea Peoples* (London and New York 1978).
Schulman, Alan R., *Military Rank, Title and Organization in the Egyptian New Kingdom* (Berlin 1964).
Scullard, H. H., *The Elephant in the Greek and Roman World* (London and Ithaca, N. Y. 1974).
Snodgrass, A. M., *Early Greek Armour and Weapons* (Edinburgh 1964).
——, *Arms and Armour of the Greeks* (London and Ithaca, N. Y. 1967).
Stein, Sir Aurel, *On Alexander's Track to the Indus* (London 1929). 〔谷口陸男・澤田和夫訳『アレクサンダーの道——ガンダーラ・スワート』白水社、1984年〕
Tarn, W. W., *Alexander the Great* (Cambridge 1948).
——, *Hellenistic Naval and Military Developments* (Cambridge 1930).
Turney–High, H. H., *Primitive War : Its Practice and Concepts*, 2nd edn (Columbia, S. C. 1971).
Ucko, Peter J., and Rosenfeld, André, *Palaeolithic Cave Art* (London and New York 1967).
Warry, John G., *Warfare in the Classical World* (New York 1980).
Wenke, Robert J., *Patterns in Prehistory* (Oxford 1980).
Wilson, John, *Pylos 425 B. C.* (Warminster 1979).
Winter, F. E., *Greek Fortifications* (Toronto 1971).
Yadin, Yigael, *The Art of Warfare in Biblical Lands in the Light of Archaeological Study*, 2 vols. (London and New York 1963).

本書は、一九八八年一〇月、河出書房新社より刊行された。文庫化に際しては、一九九九年三月刊行の新装新版を底本とした。

世界システム論講義 川北稔

近代の世界史を有機的な展開過程として捉える見方、それが〈世界システム論〉にほかならない。第一人者が豊富なトピックとともにこの理論を解説する。

裁判官と歴史家 カルロ・ギンズブルグ 上村忠男／堤康徳訳

一九七〇年代、左翼闘争の中で起きた謎の殺人事件。冤罪とも騒がれるその裁判記録の分析に著者が挑み、歴史家のとるべき態度と使命を鮮やかに示す。

中国の歴史 岸本美緒

中国とは何か。独特の道筋をたどった中国社会の変遷を、東アジアとの関係に留意して解説。初期王朝から現代に至る通史を簡明かつダイナミックに描く。

大都会の誕生 喜安朗 川北稔

都市型の生活様式は、歴史的にどのように形成されてきたのか。この魅力的な問いに、碩学がふたつの都市の豊富な事例をふまえて重層的に描写する。

共産主義黒書〈ソ連篇〉 ステファヌ・クルトワ／ニコラ・ヴェルト 外川継男訳

史上初の共産主義国家〈ソ連〉は、大量殺人・テロル・強制収容所を統治形態にまで高めた。レーニン以来行われてきた犯罪を赤裸々に暴いた衝撃の書。

共産主義黒書〈アジア篇〉 ステファヌ・クルトワ／ジャン=ルイ・マルゴラン 高橋武智訳

アジアの共産主義国家は抑圧政策においてソ連以上の悲惨を生んだ。中国、北朝鮮、カンボジアなどでの実態は我々に歴史の重さを突き付けてやまない。

ヨーロッパの帝国主義 アルフレッド・W・クロスビー 佐々木昭夫訳

15世紀末の新大陸発見以降、ヨーロッパ人はなぜ次々と植民地を獲得できたのか。病気や動植物に着目して帝国主義の謎を解き明かす。（川北稔）

民のモラル 近藤和彦

統治者といえど時代の約束事に従わざるをえなかった18世紀イギリス。新聞記事や裁判記録、ホーガースの風刺画などから騒擾と制裁の歴史をひもとく。

増補 大衆宣伝の神話 佐藤卓己

祝祭、漫画、シンボル、デモなど政治の視覚化は大衆の感情をどのように動員したか。ヒトラーが学んだプロパガンダを読み解く「メディア史」の出発点。

ユダヤ人の起源
シュロモー・サンド
高橋武智監訳
佐々木康之／木村高子訳
〈ユダヤ人〉はいかなる経緯をもって成立したのか。歴史記述の精緻な検証によって実像に迫り、そのアイデンティティを根本から問う画期的試論。

中国史談集
澤田瑞穂
皇帝、彫青、男色、刑罰、宗教結社など中国裏面史を彩った人物や事件を中国文学の碩学が独自の視点で解き明かす。怪力乱「神」をあえて語る！（堀誠）

同時代史
タキトゥス
國原吉之助訳
古代ローマの暴帝ネロ自殺のあと内乱が勃発。絡みあう人間ドラマ、陰謀、凄まじい政争を、臨場感あふれる鮮やかな描写で展開した大古典。（本村凌二）

秋風秋雨人を愁殺す
武田泰淳
辛亥革命前夜、疾風のように駆け抜けた美貌の若き女性革命家秋瑾の生涯。日本刀を鍾愛した烈女秋瑾の思想と人間像を浮き彫りにした評伝の白眉。

歴史（上・下）
トゥキュディデス
小西晴雄訳
野望、虚栄、裏切り――古代ギリシアを殺戮の嵐に陥れたペロポネソス戦争とは何だったのか。その全貌を克明に記した、人類最古の本格的「歴史書」。

日本陸軍と中国
戸部良一
中国スペシャリストとして活躍し、日中提携を夢見た男たち。なぜ彼らが、泥沼の戦争へと日本を導くことになったのか。真相を追う。（五百旗頭真）

カニバリズム論
中野美代子
根源的タブーの人肉嗜食や纏足、宦官……。目を背けたくなるものを冷静に論ずることで逆説的に人間の真実に迫る血の滴る異色の人間史。（山田仁史）

近代ヨーロッパ史
福井憲彦
ヨーロッパの近代は、その後の世界を決定づけた。現代をさまざまな面で規定しているヨーロッパ近代の歴史と意味を、平明かつ総合的に考える。

売春の社会史（上）
バーン＆ボニー・ブーロー
香川檀／家本清美／
岩倉桂子訳
売春の歴史を性と社会的な男女関係の歴史としてとらえた初の本格的通史。図版多数。「売春の起源」から「宗教改革と梅毒」までを収録。

売春の社会史（下）
バーン&ボニー・ブーロー
香川檀／家本清美／
岩倉桂子訳
様々な時代や文化的背景における売春の全体像を十全に描き、社会政策への展開を探る。「王侯と平民」から「変わりゆく二重規範」までを収録。

ルーベンス回想
ヤーコプ・ブルクハルト
新井靖一訳
19世紀ヨーロッパを代表する歴史家ブルクハルトが、「最大の絵画的物語作者」ルーベンスの絵画の本質を、作品テーマに即して解説する。新訳。

はじめてわかるルネサンス
ジェリー・ブロトン
高山芳樹訳
ルネサンスは芸術だけじゃない！　東洋との出会い、科学と哲学、宗教改革など、さまざまな角度から光をあてて真のルネサンス像に迫る入門書。

匪賊の社会史
エリック・ホブズボーム
船山榮一訳
抑圧的権力から民衆を守るヒーローと讃えられてきた善きアウトローたち。その系譜や生き方を追い、暴力と権力のからくりに迫る幻の名著。

20世紀の歴史（上）
エリック・ホブズボーム
大井由紀訳
第一次世界大戦の勃発が20世紀の始まりとなった。この「短い世紀」の諸相を英国を代表する歴史家が渾身の力で描く。全二巻、文庫オリジナル新訳。

20世紀の歴史（下）
エリック・ホブズボーム
大井由紀訳
一九七〇年代を過ぎ、世界に再び危機が訪れる。不確実性がいやますなか、ソ連崩壊が20世紀の終焉を印した。歴史家の考察は我々に何を伝えるのか。

アラブが見た十字軍
アミン・マアルーフ
牟田口義郎／新川雅子訳
十字軍とはアラブにとって何だったのか？　豊富な史料を渉猟し、激動の12、13世紀をあざやかに、しかも手際よくまとめた反十字軍史。

ディスコルシ
ニッコロ・マキァヴェッリ
永井三明訳
ローマ帝国はなぜあれほどまでに繁栄しえたのか。その鍵は〝ヴィルトゥ〟。パワー・ポリティクスの教祖が、したたかに歴史を解読する。

戦争の技術
ニッコロ・マキァヴェッリ
服部文彦訳
出版されるや否や各国語に翻訳された最強にして安全な軍隊の作り方。この理念により創設された新生フィレンツェ軍は一五〇九年、ピサを奪回する。

ちくま学芸文庫

戦争《せんそう》の起源《きげん》

石器《せっき》時代《じだい》からアレクサンドロスにいたる戦争《せんそう》の古代史《こだいし》

二〇一八年十月十日　第一刷発行

著　者　アーサー・フェリル

訳　者　鈴木主税（すずき・ちから）
　　　　石原正毅（いしはら・まさき）

発行者　喜入冬子

発行所　株式会社　筑摩書房
東京都台東区蔵前二―五―三　〒一一一―八七五五
電話番号　〇三―五六八七―二六〇一（代表）

装幀者　安野光雅
印刷所　明和印刷株式会社
製本所　株式会社積信堂

ISBN978-4-480-09890-0 C0120